塑料海洋
PLASTIC OCEAN

[美] 查尔斯·穆尔（Charles Moore）
卡桑德拉·菲利普斯（Cassandra Phillips）/ 著

张元标 潘　钟 陈泓哲 郭辉革 / 译

周秋麟 / 校

U0195547

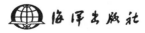

海洋出版社

2019 · 北京

图书在版编目（CIP）数据

塑料海洋/（美）查尔斯·穆尔（Charles Moore），（美）卡桑德拉·菲利普斯（Cassandra Phillips）著；张元标等译.—北京：海洋出版社，2019.11
　　书名原文：Plastic Ocean
　　ISBN 978-7-5210-0385-7

　　Ⅰ.①塑…　Ⅱ.①查…②卡…③张…　Ⅲ.①塑料垃圾-影响-海洋环境-研究　Ⅳ.①X145
　　中国版本图书馆CIP数据核字（2019）第141958号

塑料海洋 SULIAO HAIYANG

作　　者：[美] 查尔斯·穆尔　卡桑德拉·菲利普斯
译　　者：张元标　潘　钟　陈泓哲　郭辉革
校　　对：周秋麟
策划编辑：高英　责任编辑：高英　周婧
出版发行：海洋出版社
发 行 部：(010) 62132549　　总编室：(010) 62114335
承　　印：北京朝阳印刷厂有限责任公司
版　　次：2019 年 11 月第 1 版第 1 次印刷
开　　本：889mm×1194mm　1/32
印　　张：12　字数：239 千字　　定价：48.00 元
地　　址：北京市海淀区大慧寺路 8 号（100081）
经　　销：新华书店
网　　址：http://www.oceanpress.com.cn
本书如有印、装质量问题可与发行部调换

对《塑料海洋》的赞誉

"一位海洋英雄的行动号召。"

——福布斯网站

"快节奏的、令人兴奋的故事。穆尔的故事是'一半是事实、一半是臆想的科学'的最好诠释。"

——《柯克斯书评》

"发人深省、令人激情澎湃。"

——《出版人周刊》

"可读性强、思想深刻、诚实果决,《塑料海洋》是一本具有持久力的书。"

——书单网站

"穆尔船长发现漂浮在海洋中的塑料资源巨大浪费，使人们更加关注我们所有产品的设计迫切需要保证其能在生物或技术周期内完全回收和再利用。只有这样，我们人类大家庭才能成为我们这个强大而脆弱的星球繁荣昌盛地进入无限未来的组成部分。"

——迈克尔·布朗嘉特，《从摇篮到摇篮》的作者

"穆尔船长驾船横渡太平洋，看到了其他人忽视的海洋塑料灾害。这本伟大的新书解释了那种开创性的发现以及我们随用随弃的文化是如何损害海洋生物的。"

——劳瑞·大卫，环境激进主义者和
《家庭晚餐》的作者

"我们奇妙海洋中的生命正在停滞不前……这就是《塑料海洋》的真正意义所在：21 世纪的《寂静的春天》"。

——约翰·W. 科斯特船长，美国海岸警卫队
远东活动指挥官

"查尔斯·穆尔把他童年时代对海洋的热爱，转化为保护他钟爱的海洋的毕生追求。他因其开创性的工作而广受尊重……这本书早该出版了。他和他的合作者卡桑德拉·菲利普斯做了一件大好事！"

——唐·沃尔什，美国海军上尉（退休），博士，

海洋学家和探险家，探险家俱乐部荣誉主席

"查尔斯·穆尔本人就是一篇真实的文章。他深刻的观察和宏观抨击是海洋保护的必要条件。他改变了人们的生活目标，实现了他们积极主义者的梦想。如果没有他开创性的工作和支持，我们不太可能于2007年在旧金山禁用塑料袋，这是西半球第一个开始反击塑料灾害的地方。"

——简·伦德伯格，独立石油行业分析师，

文化改革网站

致当今尚未出生的后代人，
愿他们创造的世界绝对没有塑料污染！

查尔斯·穆尔船长（查尔斯·穆尔供图）

◄ 2008 年东部垃圾带夜间拖网样品：灯笼鱼和塑料。奥吉利塔海洋研究基金会杰夫·恩斯特摄

小海龟在游向大海途中，在卡米罗海滩塑料中寻找方向，2009 年。珍妮丝·坦纳·韦斯特摄 ►

▲ 幽灵网招引着鱼类和潜水员（穆尔船长），北太平洋中部环流区，2009 年。奥吉利塔海洋研究基金会琳赛·霍晓摄

库雷环礁上的黑脚信天翁，
2002 年。奥基利塔海洋研究
基金会辛西亚·万德利普摄
▶

◀　海洋科考船"阿尔基特"
号顶风停航时游泳和拍照。
奥吉利塔海洋研究基金会琳
赛·霍晓摄

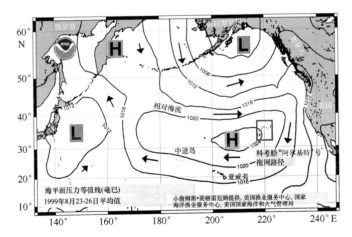

▲　1999 年第一次环流区采样期间平均海表条件。小詹姆斯·英格
雷厄姆。作为论文"北太平洋中部环流区塑料和浮游生物的比较"
的插图发表于《海洋污染通报》。

查尔斯·穆尔船长，马库斯·埃里克森和乔迪·莱蒙在操作曼塔网，2005年环流区航次。奥吉利塔海洋研究基金会劳里·哈维摄 ▶

◀ 柯蒂斯·埃贝斯迈尔在卡米罗海滩拾荒，2007年。查尔斯·穆尔摄

环流区样品，2002年。奥吉利塔海洋研究基金会马特·克莱默摄 ▶

采集的附着藤壶的环流区垃圾，2005 年。奥吉利塔海洋研究基金会乔迪·莱蒙摄 ▶

◀ 环流区采上来的化学工业瓶盖，2009 年。奥吉利塔海洋研究基金会杰夫·恩斯特摄

卡米罗海滩塑料沙子，2007年。奥吉利塔海洋研究基金会杰夫·恩斯特摄 ▶

死亡的黑背信天翁胃容物，大多数是瓶盖，2002 年于库雷环礁。奥吉利塔海洋研究基金会辛西娅·范德利普摄 ▶

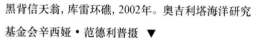

◀ 艾伦·沃蒂和在塑料处理过程中泄漏的塑料米，2004年。查尔斯·穆尔船长摄

黑背信天翁，库雷环礁，2002年。奥吉利塔海洋研究基金会辛西娅·范德利普摄 ▼

▲ 死亡的黑背信天翁幼鸟胃容物，大多数是瓶盖，2002 年于库雷环礁。奥吉利塔海洋研究基金会辛西娅·范德利普摄

▲ 穆尔船长在卡米罗收集的样品，2007 年。查尔斯·穆尔船长摄

库雷环礁上的蓝脸鲣鸟和漂浮物，2002 年。奥吉利塔海洋研究基金会辛西娅·范德利普摄 ▶

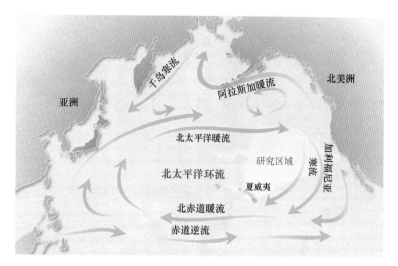

图中文字：
千岛寒流
阿拉斯加暖流
北美洲
亚洲
北太平洋暖流
研究区域
北太平洋环流
加利福尼亚寒流
夏威夷
北赤道暖流
赤道逆流

▲　环流区图展示"阿尔基特"号研究区域。奥吉利塔海洋研究基金会让·肯特·乌纳丁制

◀　东部垃圾带曼塔网夜间捕获的样品，2008 年。查尔斯·穆尔船长摄

单只灯笼鱼的胃容物，含 83 个塑料碎块，和天然食物对比，2008 年。奥吉利塔海洋研究基金会杰夫·恩斯特摄 ▶

◀ 穆尔船长从被缠绕的螺旋桨上切断幽灵网，2009年。奥吉利塔海洋研究基金会斯库巴·德鲁·惠勒摄

长滩半岛海岸清洁日的分类瓶盖，2005年。查尔斯·穆尔船长摄 ▶

▲ 库雷环礁上被幽灵网缠绕的僧海豹，2002年。奥吉利塔海洋研究基金会辛西娅·范德利普摄

目　录

I　/ 给读者的一封信

Ⅲ　/ 推荐序

001　/ 第一章　一锅塑料汤

022　/ 第二章　化学合成物的发展

047　/ 第三章　在学习的曲线上冲浪

063　/ 第四章　净化:已是全球垃圾桶的海洋

082　/ 第五章　我们周围的塑料海洋

102　/ 第六章　一次性生活方式的发明

119　/ 第七章　塑料的危害

136　/ 第八章　塑料时代

163　/ 第九章　一半是事实、一半是臆想的科学

182　/ 第十章　信息自我找到传播媒介

204　/ 第十一章　散落的渔网

224　/ 第十二章　不可消化的物品

255　/ 第十三章　有害的化学品

287　/ 第十四章　塑料垃圾现场取证

311　/ 第十五章　清除我们的塑料足迹

338　/ 第十六章　拒绝塑料

V　/ 致谢

一名船长的偶然发现如何开启一场拯救海洋的决心之旅……

给读者的一封信

　　这本书的写作格式有些不合常规，但与我本人迄今为止的人生"格式"并无二致。我们把好几个故事拼接成本书。书中一是反映我作为一名民间科学家，边干边学怎么剪辑和汇总信息，发现自己乐在其中的故事，另一些可以说是关于塑料的"全盘曝光"的故事。塑料改变和重塑了人们的生活，它是无法回避的物质材料。起初，塑料看起来像是一个有趣的新朋友，但随着时间的推移，就显示出其令人烦恼的"本色"的一面。我只希望人们能早点注意到它们，不要期望本书是严格按照年月顺序撰写的。因为本书的故事，无论在空间、地点和时间上，都是由片段组成的，其中的陆海边界断断续续、似有若无，但却环环相扣。这也是一个"爱情"故事，如果不是因为一生对海洋的挚爱，我也就不会去做这些事。

　　两位作者还希望在此简要说明两人合作写书的缘起。一切都开始于2008年9月夏威夷比格岛。当时，在檀香山的一场报告会后，查尔斯·穆尔船长住到了乡下的家中。在离家不到两英里的一家兰圃中，卡桑德拉·菲利普斯启动了由美国农业部资助的回收塑料作为兰花生长基质调查的二期项目。在兰花初步生长试验中，她注意到塑料并不像声称的那样属于惰性物质。有些品系的兰花发育不良，有些品系的兰花快速生长，还有些品系的兰花竟然死亡（种植在合成地毯的那些兰花）。当地图书馆正在举办一场"零垃圾"会议，查尔斯和卡桑德拉都出席了这个会议。查尔斯出席是因为他认识来自美国本土的咨询专家，卡桑德拉出席是因为她希望联系到循环利用的塑料源。查尔斯对兰花生长的试验很好奇，他很快来到苗圃边上，讲起了自己关于塑料的研究和发现。卡桑德拉和她的丈夫鲍勃，情不自禁全神贯注地听着。卡桑德拉沮丧地听到了许多令人不安的塑料的特性，这远比她自己所观测到的第一手信息多得多。最后，鲍勃一锤定音，说："这可以写成一本书。"

推荐序

　　近年来国际社会高度重视海洋塑料污染问题，2015年联合国发布的《第一次全球综合海洋评估》报告指出，海洋塑料垃圾威胁海洋生态健康；2016年的联合国大会第71届会议第54次全体会议秘书长报告（A/71/74）指出，海洋塑料垃圾是"一个影响到世界各大洋的全球性问题"。海洋塑料污染作为与全球气候变化、臭氧耗竭和海洋酸化等并列重大的全球环境问题，多个国家、国际组织出台了一系列法案和行动计划应对海洋塑料垃圾问题。2015年，联合国将预防和大幅减少海洋垃圾列为2030年可持续发展目标的指标之一。2019年5月《巴塞尔公约》缔约方大会通过了塑料废物附件修正案，对塑料废物越境转移采取了更严格的管控要求。2019年6月G20领导人《大阪宣言》提出2050年实现海洋塑料垃圾零增长的愿景。据联合国环境署统计，截至2018年已有67个国家和地区针对一次性塑料袋的使用，采取禁止、部分禁止或征税等措施。2017年印尼发布了海洋垃圾行动计划，承诺到2025年要将本国海洋塑料垃圾减少70%。欧盟和加拿大2021年起将全面禁止使用一次性塑料制品。

　　海洋塑料污染问题在实质性污染管控和全球治理层面得以快速推进，得益于国际学术界、环保组织等在该领域开展的卓有成效的工作，著名的海洋环保和研究人士查尔斯·穆尔（Charles Moore）船长在北太平洋所开展的开创性工作和研究则具有里程碑意义。1997年夏季，本书的作者查尔斯·穆尔船长在完成横渡太平洋竞赛后，自檀香山出发航行返家。为了快速抵达加州，他与船友抄捷径穿越北太平洋副热带环流区——这片少风、船迹罕至的辽阔海域，向来有"海洋沙漠"之称。在那里，查尔斯·穆尔发现他的游艇竟被海面上一望无际的废弃塑料垃圾包围，他首度惊见地球上最大的垃圾场——一大片有如旋涡星云般的漂浮塑料垃圾，由此揭开了大太平洋垃圾带的神秘面纱。

查尔斯·穆尔船长在《塑料海洋》中记述了他在北太平洋的警世发现，揭露了骇人的海上塑料垃圾带，以及塑料材质不为人知的特性和使用历程。从牛奶罐到塑料瓶盖以及肉眼看不见的塑料聚合物分子，塑料制品对海洋生物及其脆弱的栖息地构成了比气候变化更具破坏性的巨大威胁，如果不加以遏制，海洋中的塑料可能很快就会威胁到人类的健康和福祉，查尔斯·穆尔在书中紧急呼吁人类必须采取迫切的行动来拯救海洋。本书客观描述了海洋塑料的分布，同时分析了与塑料相关的管理政策和公众生活方式间的关系。既是一本环保爱好者的科普读物，也是海洋垃圾研究工作者的参考书。最后，感谢本书的译者，自然资源部第三海洋研究所的同事们，将《塑料海洋》这本21世纪的《寂静的春天》介绍给中国的读者。

研究员

国家海洋环境监测中心

2019年9月1日

第一章　一锅塑料汤

海面看上去像蓝色的玻璃纸一样光滑，仿佛夏天的池塘一般。船帆松弛了，我们原本希望进行一次欢快的横跨太平洋航行，现在看来我们的计划要破灭了。我们被困在太平洋中部的高压带区，这不是我们大家想要的结果。不是同船的世交老友霍华德·哈尔，一位退休的预科学校的辅导主任和数学教师、一名资深的大洋水手想要的结果；也不是一对新婚夫妇，霍华德的儿子约翰和他的新娘丽莎想要的结果，他俩把这次航行当做蜜月旅行；也不是我这个"阿尔基特"号船长想要的结果。"阿尔基特"号是一艘在塔斯马尼亚建造的50英尺海洋双体科考船，船还非常的新，新得让我们彼此仍在相互了解与磨合中。

在航海探险的启航前，没有什么比绘制航线图、储备物资、解开缆绳、调转船头面向大洋、检查风向，以及爬上桅杆扬起船帆等准备工作更重要的了。但是此刻，在离开港口8天后，我们最大的担忧是如何在燃料耗尽和情绪变槽之前，从檀香山抵达圣巴巴拉。由于异常天气条件的影响，我们偏离了标准航线。后来证实那是有记录以来规模最大的厄尔尼诺事件，当时它正在北太平洋四周扩散。再过几周，这场厄尔尼诺要在智利引发暴雨和洪涝。逃离了水温过高的墨西哥水域的马林鱼，却在华盛顿州沿岸海域被捕获。信风好似屏住了呼吸，我们只好启动"阿尔基特"号的引擎。此刻闪过我脑海的是古诗《老水手行》①，从一场婚礼开始，在无风寂静的赤道海面结束，像我们现在，"就像一艘画中的船，悠闲地停在一幅如画的海面上"。

我已人到中年，从技术上讲，也是一名经验丰富的老水手。虽然我有过两次从加州到夏威夷群岛的航行经历，但这却是我第一次从夏威夷横渡到加州。我们走的是标准航路，也就是先从夏威夷向北航行，然后乘着西向信风直接越洋到加州。现在，吹动我们驶向北纬35度的信风已经减弱，悄无声息了。我们原计划是顺风坚持到北纬40度，然后再右转抵达西海岸。我查看了美国国家海洋与大气管理局的每日气象传真，注意到和往常相比，西风带出现稍有偏南的迹象。所以，我们决定赌一把，向东南方向航行，进入了"北太平洋高压区"，也就是"赤道无风带"或者叫"回归线无风带"。在这里，早年的航海人将船上的牲畜扔入海中，以减轻船的负重

---

① 英国诗人和评论家塞缪尔·泰勒·柯勒律治（Samuel Taylor Coleridge，1772—1834年）的代表作，也译为《古舟子咏》，是一首令人难以忘怀的音乐叙事诗，该诗简洁的结构和朴素的语言向人们讲述了一个生动的罪与赎罪的故事。在这首诗中，一位古代水手讲述了他在一次航海中故意杀死一只信天翁的故事（水手们认为它是象征好运的一种鸟）。这个水手经受了无数肉体和精神上的折磨后，才逐渐明白"人类、鸟类和兽类"作为上帝的创造物存在着超自然的联系——译者注。

并节约淡水。这是通往我们目的地的捷径，但是最终证实走捷径其实是走了一条弯路。风力确实有增强……但是仅持续了几个小时，很快我们启动了柴油动力。我和霍华德都认为，这种平静不太可能持续太久，但要真是这样，我们就会陷入燃料困境，我们需要燃料来启动发电机。没有发电机，船载海水淡化装置就无法运行，通讯设备的电池也无法充电。我们食物储备虽然充足，但是我们唯一淡水来源就是这台海水淡化系统，万一我们陷入险境，我们还需要用发射无线电来寻求帮助……

　　我开始注意到这片光滑的"画中的海面"似乎到处都是，怎么说呢，似乎到处都是垃圾。海面上三三两两漂浮着垃圾碎块和碎片，大部分都是塑料制品，看上去显得怪异而又不可思议。第一次看到这个场景时，我没有在航海日志中记录下来，所以不太记得确切的日子和时间，我想最可能是在1997年8月8日或者9日。在接下来的日子，我也没有记录下我所看到的，因为当时我还没有制定出游戏规则。在海上的日子总是要忙于应对不断变化的条件、要处理设备故障，同时还要遵守航海规程，因此在掌舵时每小时都要记录航海日志，要巡查引擎室，如果在凌晨交班的话还会偶尔到厨房找点吃的或者在铺位上小憩一下。我的游戏规则是这样的：每次我从驾驶台出来走到甲板上时，都会和自己打赌"这一次"不会再看到塑料碎片了，但是我赌一次，输一次，从来没有赢过。每一天，无论何时，无论看多少次，每隔几分钟，都会看到塑料块在海面上漂浮闪过。这儿一个瓶子，那儿一个瓶盖，到处是塑料薄膜碎块、绳子或渔网片段，还有它们崩解次生的碎片。

如果我们是在洛杉矶南部的母港附近航行时看到这个场景，虽然令人沮丧，但可能还算是"正常"。可是，我们是在夏威夷和加州之间的海域，这里距离陆地一千英里，你可能认为，这是一个比月球更不容易受垃圾影响的地方。然而在接下来的每一天，当我们驶过太平洋中部赤道无风带海面时，塑料碎片总是在那里，像迷失方向的飞蛾一样在遥远的深海水面上飞舞。我不胜其烦，与此同时，也被一些舆论说法困扰着。

让我们直截了当地说，我们偶然遇到的"不是"垃圾山，"不是"垃圾岛，"不是"垃圾筏，也"不是"垃圾漩涡，所有这些词只是媒体添油加醋捏造出来的。它将以"太平洋垃圾带"这个名称为大家所知，这是一个实用的术语，但也包含了其他一些意思。它过去是，现在仍然是一道淡淡的塑料汤，用塑料碎片稍微调了一下味道，其中"水饺"载浮载沉，它们是浮标、网团、漂浮物、板条箱和其他"大型垃圾"。我不是发现塑料新大陆的现代哥伦布。我只是一个在太平洋中部发现了一个巨型垃圾带的海员，这片广大区域大致处于夏威夷和美国西海岸之间，到处散落着漂浮的塑料碎片，对此我一开始也是非常怀疑，但是后来越来越确证了它的真实存在。

我现在认为这次越洋航行既是一个终点也是一个起点。后来证实其他人也曾经看到过我注意到的场景，但我对此一无所知。看到和注意到是两码事，它们的区别就好比认为这件事是错的和努力去纠正错误二者之间的区别。在 1997 年的夏天，我恰巧是一个对大自然抱有高度敏感性的海员，无法拒绝它要引领我去的地方。

海洋是地球上最大的生物栖息地，是比陆地物种数量多两倍以上物种的家园，而且其中还有更多的新物种不断地被发现。海洋是地球生命的摇篮。生命在早期温暖的海水中神秘诞生。在第一个生物，孢子或者种子，到达陆地并且生存下来之前，生命已经在海洋中进化了30 亿年。海洋深深吸引着我们。我们为滨海住宅支付保险费等高额费用，在海岸带陶冶情操，在波峰浪谷锻炼勇气。我们与海洋共存，但我们是否真正了解海洋呢？海洋就像和我们比邻而居的另一座星球，其中的生物比我们想象的来自外太空的生物还要陌生。当我们步履沉重地在坚实的地面上跋涉的时候，海洋中的有鳍动物却能在巨大的液体空间快速移动，而我们必须依靠发明才能避免重压或者花费太多的时间到达我们想去的地方。现在地球上已经有太多的"我们"，几乎达到了 70 亿，加上我们所拥有的东西，太多的东西，太多的能轻易离我们而去的东西。眼看着漂荡在海洋中的塑料小块，我就觉得陆地和海洋之间的铰链似乎摆动得有点太宽了。

因为她的无限变化，我喜欢浩瀚的海洋。我的一生已经归于大海，甚至把自己当作一个海洋哺乳动物。我生于阿拉米托斯湾畔的一座房子里，现在仍然生活在那里。这是一个宜居的港湾，距离洛杉矶南部 21 英里。在那里，海滨的房子栉比鳞次，大多数的家庭都有小艇和出入的水道。整个夏天以及放学后，我们都在游泳、跳水、冲浪、滑水，划艇，还有就是和父亲一起乘坐他的长40英尺的"粉红女郎"号帆船出航。是的,这条船是粉红色的。这是一条纽波特造的双桅帆船,买来之后名字和颜色就没有改变过,因为航海人迷信,认为改名会带来坏运气。1961年,当我才十来岁的时候,我们(父亲、母亲、两个妹妹和我)驾驶着"粉红女郎"号到夏威夷。在这个时期,装苏打水用的是带金属盖子的可回收玻璃瓶,比克打火机还没有取代芝宝金属打火机,人们用纸袋子把购买的物品带回家,渔民用的网是用大麻、马尼拉麻或者棉制成的,装上空心玻璃球或者木制浮体再投放到海里。

如果在那次航行中遇到过人造垃圾,我应该会记得,因为我父亲会因此而大发雷霆。他比任何人都热爱海洋,而且他对在什么地方应该出现什么东西合适更敏感。他是我外公公司的工业化学师,但是天生好奇心让他走到更远的野外去,比如,垃圾堆场对他有特殊的吸引力。全家出外度假,往往可能顺路看看当地垃圾场。到了垃圾场,我们全都下车,四周仔细查看。我现在无法确切回忆起当时他在调查什么,但这些略显怪异的突然造访让我们印象深刻。在二十世纪五十年代,我父亲每周数次驾着他的平底小渔船在阿拉米托斯湾巡弋,他开始留意漂浮垃圾。他到市里建议政府和他签订协议,委托他出海时清理港湾垃圾,但这个建议没有获得采纳。官员拒绝了父亲的提议,这对未来环境管理工作的发展是有影响的。当局都有一个议事日程表,但不一定是正确的。我呢,正朝着带着独立标签的环保主义者转变。

我在二十世纪六十年代成年,深受反战运动的影响。

我入学加州大学圣迭戈分校，在马上要获得化学和西班牙语学位的时候，我转学到了伯克利分校。我们建立了一个都市社群并拥有一台印刷机。我们分发传单，以为由此可以带来新秩序，这种秩序应该有利于人民而不是企业，有利于和平而不是战争。我们质疑一切假设，这是我从未放弃的习惯。后来我决定做生意，加入了圣巴巴拉的一家家具公司，在那里我学会了木工手艺。我回到长滩市做了一段时间的家具加工的工作。再后来，我开了一个家具修理店，修理各种各样损坏的器件，包括属于影星文·斯卡利的古旧落地式大摆钟、洛杉矶道奇队的珍贵唱片，以及演员格雷戈里·派克（饰演阿提库斯·芬奇为人所知）的钢琴。这家店我经营了 25 年。在此期间，我着手建立了长滩市第一个商业有机蔬菜园，建造了属于我自己的 26 英尺长的"凯马努"号（Kai Manu）单轨帆船，而且成为美国动力组织（USPS）长滩分会的管理人，这是个提供海事教育的国家组织。我和我那具有耐心而且忠诚的生活伙伴萨马拉·坎农（昵称山姆）一起，有了一个安定、舒适，又略带点反主流文化的生活。

我不能不注意到我成长的沿海社区正在变得不那么招人喜欢。我已经被打上海洋的烙印，看到失控的发展夺走了湿地和人们热爱的冲浪胜地，污染了河口和海湾，使沙滩变得杂乱，并将大量污染物排入沿岸水域，我感到非常痛心。我从小到大在阿拉米托斯湾游泳，但是到了八十年代，有些时候就不再想去了，就连吃码头附近抓的鱼的时候，都会考虑一下再吃。在九十年代初，我继承了家族的遗产，决定把资金投在养育我 30 年的地方。我在 1994 年成立了奥吉利塔海洋研究基金会，打算尽我所能地帮助受污染的沿岸水域恢复到它的最初面貌。同时，我创办了长滩有机园，把很多空置的城区变成了有机社区花园。奥吉利塔（Algalita）这个基金会名字是我无意中取的一个新词。我可以流利地讲西班牙语，但不是语言学者，我觉得藻类（algae, alga）这个名词的"小名"应该是 Algalita，就好像洛拉（Lola）的小名是洛丽塔（Lolita）一样。我喜欢读单词时如莎士比亚所说的"在舌头上流畅地翻滚"的感觉。我选择这个名字是因为我成立基金会的初衷就是用巨藻来重新绿化加州的沿岸水域，巨藻在学术上属于"大型藻类"。这段至关重要的沿岸生境正在逐渐遭受着环境污染、过度捕捞，厄尔尼诺影响也导致沿海水体温度逐渐上升。我花费了很大的代价成为 501（c）（3）非营利组织①的合法成员，为了保留奥吉利塔这个名字，我按时向加州政府缴费。一切就绪后，位于恩塞纳达的南加州②自治大学的一位大型藻类教授好心地告诉我，世界上根本没有"奥吉利塔"这个词，可是我既然生造了这个词，事实证明，我会有第二次机会使它正确。

---

① 501（c）（3）是美国税法关于志愿者组织，包括宗教、慈善、教育等组织免税的条款。有两种免税待遇：第一，组织不需交所得税；第二，捐赠者将钱捐赠给 C3 机构，捐赠的钱将从个人所得税中减掉。企业也有减税待遇，如果捐赠给美国慈善机构，企业也可减税。这是鼓励个人和企业给 C3 组织捐赠——译者注。

② 加利福尼亚州是美国西部太平洋沿岸一个狭长的州，习惯上人们将以旧金山为核心的湾区地带称为北加州，而将洛杉矶都市带称为南加州，也称下加州——译者注。

我在环境激进主义方面的初次尝试，是和一个游说制定保护修复加州重要湿地生境法律的团体一起开展的。我是普罗·埃斯特罗斯组织的早期成员，这个双边团体致力于保留南加州的湿地；我也是冲浪运动基金会的早期成员，这是一个似乎不太可能成立，但的确已经由冲浪运动员组成的组织，它的出发点是引导公众参与到保护冲浪海滩的行动，后来逐步发展为一个高效的国际海岸带生态保护组织。我领导了当地的蓝水任务工作组，这个工作组让我招募具有环保意识的市民参加近岸水质监测培训，监测内容也涉及垃圾和碎屑，但是那个时期我们的焦点是来自洛杉矶盆地流域的偷排污染物：细菌、营养盐和化学污染物。我们沿着海岸线和城市河流采集样品，然后把样品送到经国家认证的实验室进行分析。再后来，我们在自己的实验室分析。在那个时期，也就是二十世纪九十年代初期，我的印象是污染影响范围离我们越来越远。人类的"城市径流"质量日益恶化，而且慢慢地影响到外海。驾着我的"凯马努"号离岸远航，我开始关注在开阔大洋中的固体垃圾。在以前，你可能能看到垃圾搁浅在湿地和滞留在港湾中，但是在外海是看不到的。我想在这些水域开展一些样品采集工作，但是"凯马努"号不是一艘理想的调查船。

所以我开始寻求换一艘船。一条合适的海洋科考船可能耗资数百万，当然它也不可能具备灵活的帆船的经济性和乐趣。对我来说，理想地承担基金会工作的船可能是一条通过特许经营权途径拥有的双体船。

自从我的第一个冲浪板的制造商霍比·阿尔特于

1969 年发明了霍比·凯特（一种漂亮的小型运动双体船）以来，双体船就一直出现在阿拉米托斯湾。我曾经看到它们掠飞过水面。双体船具有无与伦比的稳定性，如果不幸搁浅，双体船会直立着，不会像单体船一样突然倾斜倒下，这是非常大的一个优点！我喜欢双体船即使在微风中也能疾驰，因为它们不受压舱物重力的影响。这令人高兴，而且还能节省燃料。双体船的驾驶也是早期南太平洋波利尼西亚人所熟知的一种颇显机智而古老的技术，古代波利尼西亚人曾驾驶巨型双体船航行五千英里到达夏威夷海岸。我设想着如果建造这么一条船，就可以把我从加州带到夏威夷群岛，航程仅是古波利尼西亚人航程的一半。另外，为了实用，我需要一艘吃水浅的船只来监测南加州的海湾和河口。我心目中的双体船应该是这样的：它是一艘监测水域的船，并能确实地把新成立的奥吉利塔基金会带到一个为人所知的新水平。

这样，我就开始了筹建"阿尔基特"号的过程，因为我已经决定要按照单词的正确变形，把"藻类"（alga）变形为这艘船的名称——"阿尔基特"号（Alguita）。不过，整个筹建过程并非一帆风顺。

首先，我需要找到"阿尔基特"号的船模。我翻阅船型目录，最终聚焦在澳大利亚双体船设计先驱洛克·克劳瑟身上。他公司有款船型包含我要寻找的船型的大部分特征，但是这款设计特别的船只造了一艘，现在归一个澳大利亚人所有。本着尽职尽责的精神，我联系了这位船东，他友善地邀请我到澳大利亚凯恩斯市试驾他的"太阳鸟"号船。在快速旋转前进试驾后，以我对多功能的、先进的科考船的理解，我意识到需要采取一些特定方案来改进这艘 50 英尺的铝壳船。

下一步是要找到一家造船厂。我发出了标书，最终选择了报价最低的澳大利亚塔斯马尼亚省霍巴特市的制造商理查森·德文海洋建造公司，这是长滩市的一个老朋友的丈夫推荐的，我这个老朋友算是与她的"塔西"号船终身为伴了。合同签署后，我飞到塔斯马尼亚省和我的团队协商。我想抬高客舱的顶部，加大窗户尺寸来降低主舱像洞穴一样压抑的感觉。我还需要反转游泳台阶的横梁以方便潜水员进入水中，以及希望桅杆更靠近船头。桅杆的位置能放得下更大的主帆，就意味着它能有更快的速度和抢风行驶能力，而且它必须是用铰链固定的，这样在通过我们阿拉米托斯母港 12 英尺高的桥下时可以降落下来。

9 个月以后，也就是 1995 年 11 月，伴随着两瓶香槟的洗礼，"阿尔基特"号正式投入使用。我站在远处，欣赏着这艘船，真是一艘形态整洁、功能齐全的船。每个船体有 3 个铺位和一个"船头"。厨房在中间甲板层，小餐室可以当作一个双人床。有一间小实验室和宽大的适合一个小团队进行样品采集的船头和船尾。她的官方名称是"阿尔基特"号海洋科考船。在铝制船体上焊着美国文件编号：1037108。

虽然我对"阿尔基特"号很满意，但是早期的几次不幸遭遇使我感到不安，甚至觉得她有点生不逢时。船建好后，我们马上就让她投入工作了，第一项任务是将一队塔斯马尼亚地质学家运送到遥远的黑金字塔岛。这座岛正好位于一片有名的风浪汹涌的海域，因为正好位于北纬 40 度线，因此，这片海域被称为"咆哮 40 度"。地质学家们需要到达面积 25 英亩的岩石峥嵘的小岛，攀上几乎不可能到达的悬崖边上的站点，采集岛上的第一批地质样品。

我们在尽可能安全的情况下，尽量靠近海岸抛锚，然后用小艇把研究小组送到对我们不太"友好"的岩石层上，再把他们接回来。离开塔斯马尼亚，我们为悉尼大学的科学家提供了服务平台，研究澳大利亚东部纽卡斯尔港的一个缺氧海区，令人感到十分遗憾，这个港多年来在煤炭装载方面管理不善。任务完成后回到悉尼，和澳大利亚冲浪者基金会在澳大利亚东部近海开展水质采样调查。我们根据该项目列出的项目清单对"人为垃圾"（海洋垃圾）开展了第一次调查。当然，就我们而言，主要的监测项目是细菌和营养盐，尤其是细菌监测，因为正是细菌污染导致了海滩纷纷关闭。

正是在这次任务中，"阿尔基特"号第一次遭遇了事故。我们当时住在格拉德斯通的一个港口，这是一个滨海小镇，镇周围分布着变化无常的礁石。附近一个沿海城镇的一名冲浪者安全地引导我们出港。经过一天的出海调查后我们把他送走，接下来我们要回到格拉德斯通停泊一个晚上。后来的事实证明，我们手头海图的比例尺不足以显示礁石的分布。在昏暗的暮色中，为了找到我们早先走的捷径，我驾驶着"阿尔基特"号，在一个叫做"海豹"的半淹没的礁石上生生地搁浅了。10 个水密舱有两个被刺破了。但是，她仍然是正常直立的！随着涨潮，她漂离了岩石，但是没有办法正常行驶到港口而不沉没。全体由志愿者组成的格拉德斯通空/海救援队高效地运来了一台汽油动力泵用于排水，并花了一整晚的时间把她拖回格拉德斯通港。到港时已经是第二天早晨了，救援队把她停在城市海滩的高潮位处，他们知道这样当潮水退去时，她将会处于很高位置并很干燥，便于进行损害评估。用水手的行话说，她将被倾侧待修。当地红十字会给我们带来了三明治，我们对此表示深深的感谢。"阿尔基特"号几乎花了和造船周期差不多的时间进行维修，但她最终以更佳的状态出现在人们面前，具有更厚的铝制船体和聚氨酯材料制成的球根状船头。每个船头都装有来自海尔山宝石公园的抛光玛瑙"眼睛"，这是当地宝石俱乐部捐赠的礼物，我晚上常在那儿消磨时间。船上还装备了新柜子、改进了电子设备、改装了发动机和潜水压缩机，电缆也升级了。

1996年秋天，在"阿尔基特"号香槟洗礼正式投入使用一年后，从格拉德斯通启航，这次是前往永久母港加州执行"运送之旅"。我们包下她在途中开展监测工作，并在斐济和美属萨摩亚停靠。我们在美属萨摩亚停靠了几天，帮助清理垃圾堵塞的溪流，重新种植红树林，在靠近萨摩亚的时候我们看到了一个泡沫聚苯乙烯杯。

我们下一个航段将中途在夏威夷停留，这就要求我们要赶在感恩节之前出发。但"阿尔基特"号将有另一个"惊喜"在等着我们。当我们接近赤道时，雷达上出现了一条飑线。我们迅速采取行动，通过"辊轴式收帆"把主帆前的小帆收起来，就这样我们部分卷起了被称为热那亚三角帆的大前帆。在大风中，大帆会带来灾难。但是在第一场暴风来临之前，风改变了方向，它抓住小块敞开的小帆猛烈地拍打。随着一声刺耳的爆裂声，顶部四分之三处的铝制桅杆折断了，坠落到船的左舷，撞碎了离我的一个联合舰长杰弗里·厄尔仅仅几英寸远的栏杆。他幸好弯下腰躲过了。尽管摇晃得很厉害，我们还是设法将断裂的桅杆和索具绑到了"阿尔基特"号的左舷，并发动船只回到美属萨摩亚首都帕戈帕戈。我们联系了澳大利亚的造船厂，但没有可更换的桅杆。我们只好执行 B 计划，将"阿尔基特"号运回家。

帕戈帕戈已经成为面向美国市场的金枪鱼罐头加工中心，它靠近渔获物，劳动力相对廉价而且监管宽松（用泵把罐头厂的废料排入布满珊瑚的港口是通常做法）。我们在一艘小集装箱船"维玛"号上争取到了空间，把"阿尔基特"号用绞车拉到甲板上，船有 25 吨重。她被安放在夹板和牵引机轮胎搭的架子上，架子下面是装满金枪鱼罐头的集装箱。她第一次回家并不是以凯旋者的姿态，而是作为一艘昵称为"凯特"的安放在大船上的小艇①。

回到长滩市，我们找到了一个装配工，他设计、建造并安装了一个新的铝制桅杆，比原来结实两倍。他还重新设计并改进了索具系统。"阿尔基特"号再一次证明了她的韧性，从这场最新的灾难中振作起来，而且比原来更强大。我坚定地认为没有比让她参加比赛更好的方

---

① 双体船的英语为 Catamaran，可以简写为 cat，音译为凯特——译者注。

法来测试她的新桅杆了，碰巧有一个机会出现在我们面前：跨太平洋游艇竞赛，一个被称为"跨太平洋"的经典的海洋公开赛。第一次比赛是在 1906 年，当时 3 艘游艇从圣佩德罗灯塔出发，驶向钻石山，距离 2 225 海里。现在平均有 70 艘船参加 6 个组的比赛。1997 年增加了双体船组。只有 4 艘双体船参加比赛。其中一艘是由船主建造的，很快就在湾口处倾覆了，另一艘是 60 英尺长的三体船"拉科塔"号，它是"跨太平洋"赛事的速度纪录保持者。这艘造型超级优美的船是由时运不济的商人冒险家史蒂夫·福塞特所有并担任船长的。第三艘是一条令人生畏的 86 英尺长的赛用"探险家"号双体船，由布鲁诺·佩雷伦驾驶，他是一名法国人，他驾这艘船曾经打破过环球航行的世界速度纪录。

带着她的双柴油发动机和船载的研究装备，"阿尔基特"号注定成不了赛马。在比赛中，我们把拖网绞车的缆绳取下来，让重量减轻了几百磅，但仍然无法与这些高科技的"奔腾年代"① 匹敌。她在 13 天的横渡大洋比赛中排在了队伍的后面，但在我们第三组比赛中，获得了第三名的奖杯，这是值得夸耀的一件事。法国选手佩雷伦以令人难以置信的 5 天 9 小时打破了福塞特的"跨太平洋"纪录，每天行驶 400 多英里，所花时间比最快的单体船还短了几天。"阿尔基特"号利用飓风多尔斯的余威，顺风最高时速达到了可观的 20.5 节。与比赛中其

---

① 《奔腾年代》是由加里·罗斯执导的一部励志电影。影片讲述三个生活和事业上的失败者偶然相聚，训练一匹看上去也很失败的矮个跛腿小马参加赛马比赛的故事。

他 5 艘船不同的是，她的桅杆牢牢地树立着，我们对此感到非常高兴。

我对厄尔尼诺现象非常感兴趣。早期就有迹象表明，1997 年的事件将会非常异常。厄尔尼诺是指赤道水体的一种周期性变暖趋势，它往往会引发飓风，当然中间还会有一些其他因素的干扰，比如一点风都没有。考虑到这一点，我们已经为返航做好了周密的准备。我为探望我的家人在大岛上稍作停留，我们设法从灾难片《水世界》封存的布景中找到了 4 块胶合板，这部电影于 1995 年在这里拍摄了数月。如果遇到大风和突然变化的海况，用胶合板封住"阿尔基特"号的窗户会很方便。事实证明，它们还能很方便地用在多个地方。"阿尔基特"号配备了双柴油发动机和一个尺寸合适的燃料储存囊。根据我们最初的计划，即使风力减弱，我们通过改变引擎，也是有可能在标准的北部航线上航行大部分时间的。

发现自己处在北太平洋高压区中实在令人感叹，这是一个航海家通常会回避的区域。所谓的高压区就是具有高大气压力的区域。更高密度的大气有加温和干燥的作用，使得这块区域形成一个称为海洋沙漠的地方。事实上，它位于同纬度的墨西哥西南部的北半球大沙漠和亚洲（也是高压区域）之间。甚至鱼类都会试图避开这片流速缓慢的海域，但是并不是说这里就没有生物存在。这儿还有食物链的支撑，包括海洋食物网的基础物种，即浮游植物，微小的浮游植物在全世界海洋中进行光合作用，为地球提供了一半的氧气。再上一层级，就是统称为浮游动物的微小生物，其中包括了一批奇特的小型凝胶状的滤食性生物，如樽海鞘、管水母、被囊动物和"水母"。海龟和金枪鱼冒险摄食这些动物以及夜间摄食的灯笼鱼等。对于这些生物，我需要学习的知识太多了。

我配备了厨房人员，因此大家吃得很不错。这是无风带，所以有足够的时间做饭、吃饭、游泳和阅读。虽然我在记事本上作了一些粗略的计算，但仍然没有记录看到的小型塑料漂浮物。霍华德发现了一个日本玻璃钓鱼浮筒在我们够不着的地方。第16天是个重要的日子。当时船速大约是6.5节，我在早上8点钓上来一条100磅重的大眼金枪鱼，那是一条可以做成令人垂涎的生鱼片的金枪鱼。我经过一场激烈的搏斗，在"阿尔基特"号船上跑上跑下才把它钓上船来。这条金枪鱼保证了我们剩余航程的蛋白质供给。这个"生鱼片"日对我来说是个值得纪念的日子。5点30分，我第一次独自打开了艰难升起的大三角帆。但是，仅仅过了5个小时，在12到15节的和风中，帆绳（升起这张有用的帆的尼龙绳）突然断了。我们不得不借助这股友好的微风，别无选择，我只能从水手长的椅子上下来，让船员用绞车把我吊到65英尺高的桅杆上把它固定好。这不奇怪，因为我只是个海员而不是登山运动员。

第18天的上午1点，左舷油箱的燃料用完了，我把燃料从右舷油箱转移到左舷油箱，所有重要的发电机安装在左舷。大约在这个时候，霍华德·哈尔建议我们要开始节约资源。因为霍华德了解我们的处境。在收到天气传真和即时通讯之前的几天里，他和他的妻子曾经驾驶一艘小型单桅帆船从加州到夏威夷。途中，一场飓风突袭了他们，但他们毫发无损，甚至没有意识到自己是如何幸存下来的。因此，现在我们用盐水洗盘子，停止洗澡。新娘丽莎在日志上写着"风令人难以忍受的小"。第 19 天，她在另一条日志上写着："船一点都没有移动！"航海图告诉我们，我们已经进入了沿海水域，那里寒冷的南加州海流应该会引起大风。但是似乎厄尔尼诺已经控制了这些即使看起来可靠的气流模式。我们切开了从《水世界》封存布景中拿来的胶合板，在船尾的游泳台阶上做了一个横梁，并把从"阿尔基特"号的小船上拆下来的汽油动力小型舷外发动机安装在上面。这使得我们能够以几乎 1 节的速度航行，直到抵达圣巴巴拉西北部的圣克鲁斯岛。我们几乎已经可以看到加州海岸线，但还是没办法靠岸。当我打开无线电，联系上停靠在圣巴巴拉的"跨太平洋"赛事的另一个参赛者"萨尔西普埃德斯"号时，运气来了。他们带给我们两桶 5 加仑简便油罐的柴油。为了安全起见，他们把油罐轻轻地扔到"阿尔基特"号附近的水中。我游出去，像救生员一样把它们捞上船。这是第 20 天。依靠这 10 加仑柴油，我们到达了卡塔琳娜岛的阿瓦隆。右舷的发动机在摇晃，如果要绕过停泊船只驶向燃料码头似乎有点不安全，因此我们需要抛锚，然后用小艇划到加油站，重新装满简便油罐，再划回"阿尔基特"号。那天下午，我们终于到达长滩市和阿拉米托斯湾。

　　回到陆地上，我禁不住想起航程那些天里出现的塑料。几十年来，我们已经习惯了在海滩上、路边和河床上看到垃圾，习惯了栅栏和树枝上飘舞的购物袋，在微风中飘扬的轻质泡沫聚苯乙烯杯子，到处都是烟头和瓶盖……在一段时间里，看上去它们并没有造成太大的危害，更像是某人粗心大意或是阵风天气留下的令人烦恼的痕迹。但是在太平洋中部出现塑料垃圾就似乎有点问题了。垃圾可以出现在地球上所有的地方，但这个地方最不应该出现。我大致知道塑料分解很慢，但没有意识到，它在任何有意义的时间范围内都不会被生物降解。那时，我还不知道人造聚合物（由热和化学反应结合的碳氢化合物）是稳定而持久的分子。一个塑料物体会分裂成碎片，再分裂成纳米颗粒，可能会持续污染几个世纪。活的有机体遇到这些恒久的颗粒意味着什么？我清醒地意识到，散落在外的塑料会给沿海地区的海洋野生动物带来摄食和缠绕的风险。几年前，我遇到了一只棕色鹈鹕，它被一根和钩一般长短的单丝钓鱼线刺穿和缠绕，在长滩防波堤附近无助地挣扎。于是，我开始质疑大洋中这些不正常的碎片会不会通过食物链来干扰自然过程。因为这还是一个新的科学问题，当时我不会想到这些塑料碎片也可能是有毒的。

我找出记事本，在这笔记本上，我已经根据航行中对在甲板上看见的塑料碎片情况，粗略写下初步的计算结果。我连续 7 天在大约 1 000 海里的航程中看到塑料垃圾。我猜想这锅塑料汤可能覆盖了一个直径 1 000 英里那么大范围的区域。根据每 100 平方米半磅的估计，这片海域可能含有的塑料量相当于当时倾倒在美国最大垃圾填埋场普恩特山的所有垃圾的两年总量：670 万吨。

在海上航行了近 3 个星期后，我们"不成熟"的捷径戏剧性地结束了。霍华德的新婚儿媳丽莎重了 10 磅，这使她非常痛苦。我钓到一条引人注目的鱼，然后惊险万分地到桅杆顶端去修理断掉的帆绳。我看到海上散落着的塑料，像是婚礼上撒在新人身上的五彩纸屑。回到家里，我会讲述燃料短缺、生鱼片和桅杆上的故事。但是那些零碎的塑料碎片，漂泊在最不属于它们的地方（地球上最大的海洋中最偏远的区域），这个问题始终困扰着我。困扰的问题不断增多，它们从哪里来？船舶？渔民？不顾国际法禁止向海上倾倒塑料垃圾的规定？它们来自亚洲？美国西海岸？还是其他什么地方？这些任性的小碎块最终归宿何处？在无辜的海洋生物体内？在已经被污染的海滩？还是海底？它们会永远悬浮在海洋的表层水中吗？这道塑料汤是大规模的厄尔尼诺现象造成的暂时性的偶然事件吗？它会在其他海洋中被发现吗？这些破坏性的塑料会造成生态危害吗？这些我需要知道。

在奥吉利塔基金会主管的支持下，我开始计划重返北太平洋高压区，以验证和定量测定那里存在的塑料。当时我不知道这次任务会把我的生活带向一个全新的方向。或者说，作为太平洋垃圾带的"发现者"，我会获得令人惊讶的名声——"太平洋垃圾带"这个词，我从来没有真正喜欢过，但却很欣赏它作为一个"标签"的作用。这个地带根本不是一小块区域，而是一块比地球上所有南瓜园都大的巨大区域。这次航行将使我了解新事物：科学争论、持怀疑态度的官员和媒体关注。

现在我能体会到讽刺的涵义了。我用于设立奥吉利塔基金和建造"阿尔基特"号的资金来自于我祖父，汉考克石油公司总裁威尔·J. 里德创建的一个信托基金，而石油和天然气为被称为塑料的合成聚合物提供原料。我想起了我父亲，他观察当地的垃圾堆场，根据观察到的情况作出推断，或者大胆地提出清理阿拉米托斯湾的请求。我似乎不可避免地发现自己会回到那个被污染的地方，想要揭开堆场里合成组分的奥秘，这也是为海洋寻求补救。

第二章　化学合成物的发展

　　秋天里的一天，我接待了一位来自镇外对塑料和我的工作抱有好奇心的访客。我们那天的行程主要围绕着塑料垃圾的来源和归宿进行。在此我将暂停我的个人陈述，改从塑料本身这个故事说起。

　　"阿尔基特"号刚启航，令这位缺乏经验的访客感到惊讶的是，在那儿我发现一个塑料粒在船体附近摆动。由于塑料粒大约占岸滩塑料碎片的10%，因此我可以在一两分钟之内，给任意一个对此感兴趣的人找出一个或多个这样的塑料粒。我捡起来，把它放入口袋，然后我们坐上我的普锐斯车出发了。在林荫道上开了几英里后，我将车停在我原来的老木材加工和家具店门口。如今这家店由我原来家具店的一个员工经营，店里备有充足的缓冲用聚氨酯泡沫塑料。映入我们眼帘的是，一个泡沫塑料杯躺在排水沟里，一个复合膜塑料袋在邻近的垃圾桶边上摇摆。我边介绍边带着他在店里转了一圈，接着，我们就开车前往社区有机菜园，在15年前的一场闹市骚乱后，我牵头把这儿改造成了有机菜园。我俩站在菜园紧锁的大门外，里面的农作物看起来被照料得很精心，散发着芬芳的气味。可是令我们失望的是，在我们到过的这两个地方，塑料袋、泡沫盘子和杯子就像人造的秋天落叶一般吹向栅栏。之后，我们在高速路上一路哼唱，穿过洛斯喜瑞隧道，见到了我的朋友莱尼·阿金斯塔尔，我们向他挥手致意，莱尼现受雇于长滩市政厅，负责管理漂向海洋的垃圾。他站在河边的挖土机附近，正准备铲起当天拦截的垃圾，数千平方英尺的瓶子、罐子、袋子、薄膜、杯子、吸管、气球、鞋子、运动装备以及其他城市垃圾，在密西西比州西部最大的发电厂综合设施的进水口处，被一张网挡住了去路。

我把车开回到高速公路，跟在一辆垃圾车的后面。就像是计划好的一样，一个塑料购物袋从垃圾收集箱的上方飞了出来，随风飘向空中。我们的旅程看起来好像是一个追逐塑料垃圾的视频游戏。旅途中，我们怀着好奇心参观了两个塑料袋注入、旋转注模的工艺流程和一个"吹袋"工厂。作为消费和工业塑料制品的原料，塑料米的产量呈爆发性增长，但是那些终端产品通常是在所谓的"中转站"的小工厂里制造的。根据美国劳工统计局的统计数据，这些国内小工厂的数量在 2001 年一度高达 16 000 家，而后降至 13 500 家左右。我们把车停在一家工厂前，几年前我曾经在那里进行过干预。松散的塑料片和短而粗的塑料米堆在停车场的边缘上。塑料片是后处理工艺中的削片，塑料米是浪费的原料颗粒，二者都是工艺不良产生的废料。一位经理来到卸货区边缘，就像海军陆战队中士一样盯着我们看。我热情地请他替我们向他的老板问好，我跟那个老板因一些与塑料无关的事务打过多年交道。

　　我们接着前往奥吉利塔基金会的办公室，当时科研和行政人员在那儿开会。霍莉·格雷正在报告她的海鸟研究情况。她检测了一只误捕的海鸟胃容物，这只海鸟是被渔民的延绳钓钩挂住溺亡的。克里斯蒂安娜·博格可能在整理一个鱼的肠道研究的数据。她们俩都在调查塑料的摄食情况，即定量测定海洋生物摄食的塑料垃圾。我们步行穿过大街走到圣盖博河口，这条河流向比街面海拔低大约12英尺的大海。在防波堤附近下方，有大块的花岗岩抛石堆加固着河堤。2004年，遭遇了一场百年不遇的暴雨后，上游倾泻而下的洪水给下游的岸滩带来了大量的塑料粒。多年后，那里仍然有大量塑料粒的残留，只需要花几分钟就能捡满一口袋。然后，我们到了海洋实验室，干练的技术员泽勒·安正在处理我们最近环流区航次带回来的样品。

　　我们坐上普锐斯车，像溯流而上的探险家，沿着河道继续往北行驶，前往埃尔多拉多大型石油开采区。在美国，仅有少部分墨西哥湾沿岸港口的油田可与之相提并论。就像我一直声称我是海洋环境的一分子一样，我也是西海岸的终身居民，现在的西海岸简直是一团糟，到处散落着很多不属于海洋的东西。我的家乡长滩与洛杉矶港相邻，长滩和洛杉矶都位于防波堤后方5英里处，这些防浪堤沿着圣盖博河南边的帕洛斯弗迪斯半岛绵延3个截面。在我的有生之年，长滩和洛杉矶成为美国排名前两位的集装箱港口。在全球范围内，它们加起来能排在第5位，虽然长滩和洛杉矶各自都能挤进前20位，但仍然远远落后于中国、韩国、欧洲的集装箱超级大港。我们继续开车向北穿过文森特·托马斯大桥，这座大桥横跨两个港口之间的海峡，从桥上俯视，可以看到一片城市大小的海运集装箱货场，那些集装箱堆叠在一起，静静地等待着被运往铁路、拖车平台和公海。

不言而喻，有石油的地方就有塑料。直到二十世纪二十年代，加州一直是美国最大的产油区。在那个年代，汽车保有量和石化工业正在孕育当中。因为产出远远超过需求，因此南加州是最早呈现这样一幅繁荣场景的港口，一艘艘来自世界各地的空空的油轮驶进港口，然后满载着原油驶离。但是原油出口的那些日子早已过去了，如今所有主要的石油公司都出现在这里，它们的油轮在海岸线上排成一条长队，就像洛杉矶国际机场排队进出港的飞机一样，在等待着将石油运往各地。在这些原油精炼厂中，生产塑料的基础设施不可避免地涌现出来。

我们在一个飞机库大小的"塑料米仓库"前停下车，附近 ARCO 厂生产的聚丙烯微粒在这里被加工并等待装船。几年前，我在工厂中控室给工厂的员工做了一场广受欢迎的关于塑料垃圾污染问题的报告，特别提到了他们工厂生产的瓶盖造成的塑料污染问题。出于方便，工厂仓库坐落在铁路沿线，意料之中地，我们见到了几辆集装箱货车停靠在工厂边上。又长又软的真空管将集装箱车跟塑料米箱子连在一块。在早些时候，工厂里的员工会很随意地将这些真空管从集装箱车上拔开。结果，塑料米沿着铁轨一堆一堆地不断增加。塑料米的常年泄漏对工厂总部造成的经济损失微不足道，但却严重地污染了附近的海岸。今天参观时，我很高兴地看到管子接头下方放了收集盘。根据收集盘里堆满的塑料米，可以推断出这个措施在过去几年内至少阻止了成千上万个塑料米流向大海。在二十世纪九十年代，美国环境保护署开始治理塑料米污染，这个工厂也采取了防治措施。我曾在其他工厂从事过污染修复工作，很多工人对基本的污染防治法律一无所知。我们拍录了一些在地面上看不到塑料米的地方，然后移动摄像机追拍了雨水沟——通向太平洋的入口情况。

"但是塑料究竟是如何制成的呢？"我的客人问道。他曾读过关于分子可以裂解和聚合的资料，但他完全不知道它的真正意思。天空在午后太阳背景光的照射下呈现出奇妙的天际线，在目力所及范围内从北向南延伸。我们沿着轨道和道路前行，道路经受大型拖车没完没了的碾压已经变得磨损不堪了。闪闪发光的穹顶、宣礼塔状的塔楼、回纹装饰的管道和抬高的步行道，炼油厂看起来像是一场紫禁城的狂热之梦。事实上，它们是美国生活方式的核心内容，是塑料行业的新生力量。

我们停在一个安全门前，一位身着制服的武装安保人员，从附近的拖车式活动房里走出来示意我们离开，我们只好把车停在稍微远些的地方观察。这时我回想起我的父亲，他娶了一个石油商的女儿为妻，也就是我的母亲。父亲告诉我什么是裂解分子。裂解发生在蒸馏塔里，在那里多种气体（乙烯，丙烯，丁二烯等等）从原油中分离，不断蒸发上升并分布在不同分离层，然后被抽离到穹顶状构造的存储罐中，随后进行聚合反应或用于其他化学用途。我仔细思考着塑料的谱系，它的谱系树源于数十亿年前，根和最早的生命交缠，树干经历了古代世界的进化，枝叶交叉于神秘的炼金术实验室和十九世纪的厨房，爬上长满藤蔓的蒸馏塔，果实产生于研究机构，种子则散落在货架上和海洋里，这一切都归因于人类对未知世界的探索、建设、发现、解码、竞争等等的渴望，还有对解决问题、获得财富的渴望……塑料漂浮垃圾是源自海洋中地球最早的生命形式的亘古转变链条上的最终产物，在海洋中，数十亿年来浮游生物和藻类生生息息，它们的残骸数量超出了我们的认知范围，像地毯一样覆盖在海底。海洋中沉降的沉积物层层叠叠，把这些巨量的沉积物困在"口袋"里，在压力下演变成充满碳氢化合物的黏稠的、黑色的"肉汁"。在某种意义上，我们塑料化的海洋代表了最具史诗意义的，也最邪恶的循环。

石油，在文字上可理解为"岩石油脂"，在发明内燃机前其用途很少。在石油渗漏的地方，人们利用它做了一些事。耶利哥之墙是用沥青和砂浆砌成的；古代巴格达的道路是用石油沥青铺成的；加州沿海的印第安人用沥青来修补独木舟。马可·波罗在十三世纪到中国的时候经过位于俄罗斯南部的阿塞拜疆，那里的石油"喷泉"每天可以装满许多艘船（如今亦是如此），他注意到石油不仅易燃烧，而且对治疗骆驼疥癣很有效。

十九世纪三十年代，耶鲁大学化学家本杰明·西利曼是第一位将石油蒸馏成煤油的美国人，这种煤油可完全燃烧。石油渗出是移民们挖水井时经常遇见的一件麻烦事。但是在鲸鱼鱼油价格不断上涨的背景下，石油这个新事物显现出了商业前景。纽约一位有进取心的律师比塞尔·乔治在获得宾夕法尼亚州泰特斯维尔市有石油渗出的消息后，于1859年接受了西利曼的儿子，也在耶鲁大学上学的小本杰明的委托，进行了一项研究。小本杰明·西利曼开展的分馏分析实验，发现了石油的化学构成组分为大部分有机碳氢化合物和少量残余的金属成分。在取得研究成果之前，西利曼是另一种新的蒸馏物煤油的支持者和推动者，当时他对石油持怀疑态度，后来改持乐观态度，但是仅对其两个用途，照明和机器的润滑作用持乐观态度。

大约在小本杰明·西利曼的研究报告发表75年之后，标准石油研究室主任约翰斯·O.卡尔告诉一群化学工程师说："石油称得上是名副其实的有机物矿，可以预见，对石油这一'处女地'进行深入科学调查的结果，将会给经济和科学两方面带来深远影响"。此时，汽车正逐渐在美国普及（二十世纪二十年代末接近2 300万的汽车保有量），约翰斯知道这将浪费多大量的石油副产品。

现在让我们再以时间顺序来回顾3个男人，他们在某些方面有共同点：均为12月29日出生，均具有顽强、有条不紊、充满抱负的摩羯座个性。他们是苏格兰人查尔斯·麦金托什，美国康涅狄格州的杨基佬查尔斯·古德伊尔，英国人亚历山大·帕克斯。

1766年，麦金托什出生于格拉斯哥，继承了他父亲对应用化学，即织物染色的兴趣爱好，但比他父亲更具有创业精神。他进入了其他领域，来到了格拉斯哥新建的煤气厂，这个煤气厂生产用于当地照明的煤气。麦金托什将产煤工艺的副产物包括氨气用于染色，将焦油渣用于照明。作为一个苏格兰人，麦金托什想弄明白是否可以更好地利用焦油，因此，他尝试从焦油中蒸馏出带油性且易挥发的轻油。正如他预见的一样，他将焦油中分馏出来的轻油作为溶剂用于合成橡胶。橡胶作为新时代的新产品，在早些时候曾引起很大的轰动。1735 年法国探险家到秘鲁探险期间首先发现并采集到橡胶，这些橡胶来自于赤道附近的树木。当地的土著人已经懂得利用橡胶的天然弹性等特性来制作鞋子和运动球类。

和其他突破性发现一样，历史证明麦金托什是在合适的时间出现的合适的人。大约在英国国家铁路系统建成之前的 1820 年，英国人旅行的主要方式通常是步行、骑马或乘坐马车，这些出行方式使人们暴露在岛上露天潮湿和恶劣的环境中。基于他对纺织物的长期研究和了解，麦金托什想到通过轻油软化橡胶，然后将软化的橡胶制成展开的薄膜分布在织物间。通过这种方式，他制作出了经橡胶处理的具有防水功能的织物。我们得承认，这些早期产品的性能往往都不太理想，主要表现在缝线裂缝容易断裂，羊毛油会将它降解破坏，极热的环境会使它糊化，极冷的条件会使它脆化并产生难闻的气味。1830 年，麦金托什和托马斯·汉考克开始了合作，托马斯·汉考克发明了能嚼碎橡胶尾料的"咀嚼器"。他们的合作解决了上述织物出现的问题，改良后的橡胶制品显得精致、异味少，而且能均匀地分布于织物间。一个防水品牌：麦金托什，就这样诞生了。

在麦金托什出生34年后的同一天，查尔斯·古德伊尔在1800年出生于纽黑文。古德伊尔在费城开了家五金店，开始时生意兴隆，随后逐渐萧条，这就如同他的健康状况，年轻时身强力壮，随着年龄增大，身体健康状况逐渐下降一样。在他成为"橡胶狂"后，他背上了繁重的债务，这最终将他送进了监狱。他后来写道："可能没有其他任何惰性东西比橡胶更能让人感到兴奋。"他并不是唯一受此折磨的人。十九世纪三十年代，社会上兴起橡胶"泡沫"，即"橡胶热"，成千上万吨的材料从南美进口到纽约和波士顿。但是当时古德伊尔遇到了和麦金托什同样的问题：在热的条件下橡胶变得黏稠，在冷的条件下变脆且异味重。古德伊尔发誓要找到办法来解决这些问题。

在他被监禁期间，他叫他那圣洁善良的妻子克拉丽莎探监时，给他捎来橡胶样品用于学习研究。借助妻子的擀面杖，古德伊尔用类似于滑石粉的粉末来调节橡胶的黏性，实验结果令人振奋。结束监禁回到家后，他、他妻子和他们的小女儿一起将坚硬的橡胶制成了雨靴，但是，这种雨靴在夏天来临时会因天气逐渐变热而慢慢溶化。一天，克拉丽莎的哥哥来访，警告古德伊尔说他的家庭已经为橡胶付出了很多，受够了磨难，但是还是一无所获。他断言，橡胶"死了"。古德伊尔坚定地反驳道："我就是那个能让'死了'的橡胶复'活'的人"。

经历了一次次试验失败后，古德伊尔终于等到了一丝成功的曙光。古德伊尔首次真正的突破是偶然使用了硝酸。一次，古德伊尔用完了橡胶原料，他决定回收利用一支靴子，而这支靴子制作时嵌有青铜，他想用硝酸溶解靴子上的青铜，以得到干净的橡胶原料。意想不到的事情发生了，硝酸竟然将橡胶烧焦和硬化了。他用更多的靴子重复做了实验，结果都一样，这些靴子又老化了。当时古德伊尔从橡胶和硝酸的剧烈氧化反应中得到了一些感悟。之后，他和一个马萨诸塞州人纳撒尼尔·海沃德进行合作，海沃德用硫磺合成橡胶原料并观察到了一些变化。具有传奇意义的是，1839 年，古德伊尔有一次在他家厨房里做实验的时候，不小心在热炉子上滴漏了一些硫化橡胶，在加热条件下，硫化橡胶最终变成了具有优良性质的橡胶材料：稳定且具有可塑性。

自然界中充满了天然聚合物：骨头、动物的角、贝壳、头发、指甲、木头、蛋白质，甚至 DNA 都是由分子链构成的聚合物。在天然橡胶中，聚合物会摆动，这就是橡胶有弹性的原因。古德伊尔不经意间发明了一种可以使聚合物交联的工艺，这种工艺可以让聚合物单体立体地连结起来。同时在英国，托马斯·汉考克，查尔斯·麦金托什以及另一个合伙人威廉·布洛克顿（"橡胶硫化"这个名词要归功于他）仍在继续试验，尝试制造一种更稳定的橡胶化合物。他们在 1842 年得到了一份古德伊尔的固体橡胶样品，但是他们对此进行解析了吗？古德伊尔直到 1844 年 1 月份才在英国为他的工艺申请专利。而汉考克在 1843 年 12 月就申请了该项专利。在汉考克谋求证明他才是英国专利的拥有人时，古德伊尔来到英格兰争夺专利权。在法庭上，汉考克方面的专家出庭证实了通过检查古德伊尔的样品无法推断出他的工艺。
这样，虽然古德伊尔在美国拥有专利权，但是他的英国
专利申请却被拒绝了，因此在英国通过这项专利获得的
财富就和他无关了。

令人惊奇的是，第三个 12 月 29 日出生的人亚历山
大·帕克斯支持了古德伊尔的声明。帕克斯于 1813 年出
生于伯明翰。就像古德伊尔一样，帕克斯的职业生涯开
始于金属加工。他的第一个专利是易损坏物件的电镀工
艺技术。这个工艺非常特别，以至于阿伯特王子都去参
观了他的金属加工厂，并且很高兴地接受了一个镀银的
蜘蛛网。汉考克和古德伊尔的专利诉讼案 2 年后，帕克
斯发明了一种"冷硫化"的橡胶制备工艺，这种工艺可
以使硫化过程更快更经济。在汉考克的催促下，麦金托
什公司花了 5 000 英镑买下了那个专利并很快实现了巨大
的收益。在谈判过程中，汉考克告诉帕克斯他曾经分析
研究了古德伊尔的样品，并且从中学到很多东西。

虽然帕克斯拥有 60 多个金属相关的专利，但他仍是
公认的"塑料之父"。后来帕克斯开始研究火棉胶，火棉
胶是一种胶体，在干燥时呈透明薄膜状，由天然纤维在
硝酸中溶解生成。医生已经使用火棉胶来密封防护小伤
口。帕克斯的第一个想法是受他在和麦金托什打交道过
程中所得到的启发，即用火棉胶浸透织物以得到一种新
型防水材料。但另一个更具诱惑力的挑战摆在他的面前。
这时，台球运动风靡了整个欧洲和美洲。一般球员用木
质台球杆和黏土球，而有钱人则青睐用象牙材料制成的
球杆和球。象牙就像动物的角一样，是一种天然聚合物。

高昂的价格和强劲的市场需求推动了象牙贸易的蓬勃发展，而象牙贸易的发展则导致了大象和象牙成为稀缺资源。

为了发明出人造台球，帕克斯从头开始，首先将棉花和地面木质纤维在硝酸和硫酸中溶解。在溶解的糊剂中，他加入了从蓖麻子和木头提取的芳香性植物油（天然石脑油）进行混合。结果得到了一种透明面团状的东西，这种产品可以被模塑，它表面粗糙，染色后可仿制成象牙和动物角。这种材料干燥后质地坚硬而且富有光泽。帕克斯意识到他的这种被称为"帕克辛"的新材料具有远超台球桌的市场前景。在 1862 年的伦敦国际展览会上，帕克斯因其可模塑的产品如刀柄、烟筒杆、大奖章、类金属，以及其他天然材料如贝壳而获得了一枚铜奖。帕克斯对"帕克辛"有更大的计划和打算：将之用于制作刷子、鞋底、鞭子、手杖、纽扣、胸针、皮带扣、装饰品、雨伞、工作台面、游戏用球（如今多由塑料制成）。因为比皮质、橡胶或动物角实惠，帕克辛显露出巨大的商业前景。但是帕克辛公司的繁荣只是昙花一现，没过多久便开始衰退，据报道称这是由于帕克辛为了节省成本而采用廉价的原材料导致的。还有另外一个原因是帕克辛制成的台球具有易爆裂的缺陷。因此，帕克辛证实了其只是一大进步，但还不算是革命性的改变。一个合作者接管了这个濒临倒闭的企业，以生产袖口和衣领而取得了一定的成功。但是在一个以明火作为日常生活一部分的年代，他遇到了相当大的问题，袖口和衣领不仅仅会着火而且会燃烧起来。同样地，橡胶加工厂和塑料厂也具有易燃烧的特性。

一个美国人利用帕克斯的发明，将它转化为滚滚财源。这个美国人就是约翰·韦斯利·海厄特，他于 1837 年出生于纽约州北部。和十九世纪的大部分发明家一样，他没有接受过正规的大学教育，而是在从事印刷贸易过程中不断学习。他一生中总共申请了 228 个专利，其中第一个专利是家用刀具磨刀器。在十九世纪六十年代，美国最大的桌球台和相关设备制造商，纽约的费伦 & 科伦德公司给很难合成的台球发明者颁发了 1 万美元的巨奖。台球的风靡程度就如当时有篇报告中提到的，人们对职业台球赛的热衷和关注程度比对美国内战的关注程度更高。关于海厄特是特许使用了帕克斯的火棉胶配方还是仅仅受到帕克斯或者帕克辛的启示，历史有不同的记载。在当初海厄特接受挑战时，帕克斯正在创建他那时运不济的工厂。但是海厄特在收到应用化学界最令人梦寐以求的珀金勋章（Perkin Medal）时，声称他对帕克斯在 1914 年的工作并不知情。

十九世纪七十年代以及之后的 10 年间，海厄特和帕克斯的继承人施皮尔发生了激烈的诉讼战。虽然帕克斯被认为是帕克辛的发明人，但是施皮尔却被认为不具有专利继承权，因此他很快就败诉了。海厄特和他的兄弟艾赛亚被允许使用帕克斯火棉胶配方，并在被艾赛亚称为赛璐珞的材料上取得了巨大的成功。关于使用专利权的回报，历史记录是很含糊的。费伦 & 科伦德公司判定海厄特的新材料和帕克斯的材料过于相似，认为它不应该获奖。但是不管怎样，海厄特在纽瓦克建了一座新工厂，但不久工厂就失火了。取而代之的是一座在纽约的新工厂，工厂里还增加了托牙板、钢琴键盘和其他个人护理用品的生产线。

麦金托什、古德伊尔、汉考克、帕克斯和海厄特都是从自然界中的材料（树液、棉花纤维、木"面粉"、骨粉）入手，基本上是将它们和化学药品混合在一起煮，通过改变它们的性质来得到新材料。结果得到的是在人造纤维、玻璃纸、乒乓球、橡胶带、人字拖中经久耐用的"半合成材料"。这些原生塑料被用于制造长期保存的商品，而非一次性或者使用一年后就扔弃的东西。尽管如此，富有远见的化学行业的企业家清楚地看到了便宜的人造物质替代难以得到的天然材料的商业潜力。但是完全由化学药品制成的合成树脂直到进入新世纪才得以广泛应用。"塑料"这个词在世纪之交时才开始使用，当时聚合物真正的化学性质还没有搞清楚。

利奥·贝克兰是新一代塑料行业的先行者。他出生于比利时，受过正规大学教育，为最高荣誉博士，他一心想用他的化学专业技能来赚钱。由于这个原因，他选择到美国度蜜月，并在纽约的一个摄影棚里获得了一份工作。1893年他发明了一种新型的相纸，通过人造光在相纸上可以产生图像。这种相纸被称为接触印相纸，他将这种相纸技术以100万美元的价格出售给了伊士曼·柯达公司的伊士曼·乔治。靠着这笔收入，他本可以在哈得孙河上游买栋房子过悠闲的退休生活，但是他并没这么做，而是用这笔钱购买了仪器设备，建立了一个实验室。贝克兰的想法是发明一个廉价的、可用于电线绝

缘的合成虫漆。天然虫漆是雌性紫胶甲虫的含有树脂的
分泌物，分布在亚洲的一种外来树种的树皮上。天然虫
胶供不应求，导致其价格昂贵。

贝克兰把石炭酸，这是一种从煤焦油蒸馏得到的一
种弱酸（现在知道其实是苯酚，由石油和天然气中提取
而得），和优良的老石脑油衍生得到的甲醛混合在一起。
这两种化合物都是具有毒性的碳氢化合物。然后他再将
这混合物和一种催化剂混合，在一个带搅拌器的、圆顶
状烧烤箱大小的密闭小容器中高压蒸煮。他的员工称这
个奇妙的装置为"老实泉"，他们都知道在贝克兰加入催
化用的酒精时需要往后退。实际上，它引发了多次火灾，
迫使贝克兰将"老实泉"由实验室移往车库。在多年的
反复试验和失败后，贝克兰制造出了一种黏性的可塑树
脂，这种树脂变干后变得坚硬且富有光泽，这正是他一
直在努力想得到的材料。贝克兰在 1909 年美国化学学会
年会上展示了一系列具有吸引力的酚醛树脂材料，有管
轴、纽扣、手镯等。这时离他最初的实验大约过去了 10
年，在当时引起了一场轰动。

在工业上，酚醛树胶真正实现了替代天然漆作为电
绝缘体，其他更多的事情也在发生。新生的汽车工业很
快掌握了利用人造树胶来制造旋钮、方向盘和车门把手
的技术，同样地，家用产品制造商也利用酚醛树脂来制
造烤面包器、电熨斗、吸尘器等。和老式艺术装饰的收
音机一样，酚醛树胶笔和人造珠宝如今都成为收藏家们
的藏品。到二十世纪二十年代早期，当贝克兰的工厂每
年大量生产出 880 万磅的塑料时，人们才意识到塑料时

代已经到来了。贝克兰甚至还登上了《时代》杂志的封面。在推销时毫不羞涩，贝克兰自称酚醛树胶为"万能材料"。到二十世纪六十年代，旋转拨号电话都是由酚醛树胶制成的。我们现在还有两个这种老式电话。最精美的台球是用酚醛树脂做成的，酚醛树脂是对贝克兰发明的塑料的通称。如果酚醛树胶藏品在环流区中漂浮"旅行"的话，它们要为自己的旅程支付一大笔费用，因为酚醛树胶这种紧实的材料是不可能沉入海底的。

酚醛树脂和赛璐珞是一种被称为"热固塑料"的材料。他们加工后变硬，遇热时变焦而非熔化。热固塑料非常坚固，因为组成它们的聚合链在三维空间上交叉结合，现在它们大多被用作制造耐用品如电脑、仪表盘、头盔、眼镜、婴儿车和冲浪板。它们不同于平常有弹性的"热塑性塑料"，热塑形塑料遇热熔化，能够塑造成型或者重塑成形。1939 年，在贝克兰去世的前几年，化学界巨头美国联合碳化物公司将酚醛树脂买下了。这时的贝克兰性情极其古怪，经常独处，以罐头食品为食，以及和颓废的子孙们争斗。他在二十世纪七十年代，免于卷入一场可怕的，甚至是悲惨的丑闻……好吧，你若一定要知道这方面的信息，请租个影碟《欲孽迷宫》看吧。

在所有人真正了解什么是聚合物前，工厂已制造出了成吨的合成树脂产品，这在某种程度上令人惊讶。早期的聚合物先驱们比较盲目，经过不断的实验和失败，凭着机缘巧合和化学专业基础知识得到一些可预见的结果。但是一旦聚合物被成功解析，这是由一位德国化学家在 1920 年完成的，那么对塑料的思考模式就发生了革命性变化，并由此催生了一门新的学科：高分子化学。如果你掌握了有机化学的概念和背景知识，那你就可以准备动手来制备一个合成高分子了。

让我们好好了解一下石油工业是如何运行的吧。石油工业通常有两条产品线，一条是石油产品，另一条是石油化工产品。一桶42加仑的油，42%将被用于生产石油产品，如汽油、可燃油、润滑油、柏油，这些石油产品是直接从原油中的重油部分提炼出来的，剩余的轻油部分将被"裂解"为单一的碳氢化合物。这些产品中有两个基本的类别：一个是烯烃，意味着"油性的"；另一个是芳香族化合物，是更易挥发的化合物。热塑性塑料的原料，也叫塑料米或预制塑料球，由这两类产品共同制造而成。

从原油中获得碳氢化合物有点类似于逆向工程。设想一下，你在烘焙蛋糕，但是你烤砸了，烤出来的东西甚至连狗都不感兴趣，这是非常令人失望，而且毫无价值的。但是你可以宣布不烤面包，而是利用其中分离的组分来制作其他东西。这种过程有点和石油裂解相似，你将它放在圆筒里，加热加压和添加化学试剂，加以搅拌后，较重的组分下沉，而较轻的组分上浮。不同化学成分在塔里沿着纵向分层分布，连接在塔上部的管道吸入不连续的组分，通过它们各自的分离方式将它们输送出去继续精炼和加工。炼油厂加工生产出成品油，化学厂从石油副产品中加工生产出塑料和农药之类的副产品。

这就是之所以炼油厂附近总能找到配套化学厂的原因，它们之间通常有输油管连接。全球最大的20个炼油厂里只有 6 个在美国。美国最大的炼油厂位于得克萨斯州的贝敦城，世界排名第六。全球最大和第二大的炼油厂分别位于印度和委内瑞拉，韩国则拥有全球第三和第四大炼油厂。但是如果将洛杉矶国际机场和长滩间的 6 家炼油厂合并起来，其炼油能力将是相当巨大的。乙烯是最富产的石油副产品，大部分的乙烯都转化成了塑料，但是塑料仅仅是石油副产品的一部分，其他烯烃和芳香烃经过神奇的化学、热和催化过程得到了大量的非塑料产品，比如油漆、粘合剂、外用酒精、石蜡蜡烛、清洗液、家私蜡、鞋油、农药、肥料、食品香料、香水、工业涂料、抗组胺剂、药丸包衣、蜡笔、染发剂、织物染料、墨水、抗冻液、麻醉剂、外用药膏、化妆品和刮胡膏等。

我曾经获得过一次参观 ARCO 公司的机会，ARCO 公司就是现在的英国石油公司（BP）的前身，这个炼油厂位于洛杉矶港威明顿市。当时我参观该公司时看到的景象是：大量的油罐、输油管和导管。我了解到他们在制造一种叫作"绒毛"的结晶聚合物，像假的雪花。当去掉多余的催化剂和其他杂质时，"绒毛"进入到磨粉机变成塑料米。塑料米被运至分布于世界各地的成千上万家加工厂，就像面粉被运至面包厂一样。

以各种形式存在的聚乙烯，一种烯烃，目前已成为最主要的一种塑料。这个行业的游说团队，美国化学学会报道当前全球聚乙烯年产量高达 900 亿磅之多。具有讽刺意义的是，最早出现的聚乙烯是生物塑料，是于 1933 年由雷金纳德·吉布森和埃里克·福西特这两位英国化学家在帝国化学工业公司工作时发现的。首先他们通过几个实验步骤从糖浆中获得乙烯，然后对获得的乙烯加以 28 000 磅每平方英寸的压力和强热，之后他们关掉设备回家过周末。下周一当他们打开处理室时发现了仅仅 1 克左右的蜡状固体残渣，这些残渣被认定为是种聚合物。科学家们一直无法重复这个实验，直到他们想到要添加氧气才得以重视这个实验结果。氧气使得原本不可预测的反应变得可催化和稳定了。

帝国化学工业公司没有继续研究这个新材料，但是吉布森于 1935 年在一个剑桥聚会期间展示了聚乙烯样品，聚会上的其他人明白了它的应用潜质。"二战"期间，英国人用聚乙烯来加强雷达性能和用作电缆绝缘线。随后将近 20 年里，聚乙烯仍被用作一种具有专业性能的工业材料。万万没想到，未来会有一天，这种材料被用作购物袋和加仑牛奶罐，几乎覆盖了整个地球，但是在早期时候，它们没办法很经济地或者很容易地被制造出来。

在二十世纪的前 50 年，企业竞争、研究经费的增加和世界大战推动了塑料行业的发展。两次世界大战期间，很多欧洲和美国的化学工业致力于制造奇异的新合成物，用来替代昂贵的来自遥远赤道地区的天然材料。从 1933 到 1939 年期间，美国和欧洲特别是德国化学公司的实验室，发明了莎纶透明膜（聚氯乙烯制成的）、丙烯酸塑料、聚氨酯、卢赛特树脂和聚苯乙烯，无意中还发明了特氟龙。

杜邦公司是现存最早的跨国化学公司。1802 年成立后的1个世纪都是作为火药制造商，杜邦的年轻一代继承人夺得了公司的控制权，把公司的生产领域扩展到化学药品生产。那时广为人知的是，杜邦的主打产品硝化纤维可被催化生成赛璐珞。在成立10来年后，杜邦收购了可制造赛璐珞和酚醛树脂仿制品的公司。但是直到二十世纪二十年代末，公司才决定在其总部特拉华州的威明顿设立实验室，并引进了来自学术界的最富有想法的员工。其中华莱士·休姆·卡罗瑟斯，是一位出生于爱荷华州的年轻哈佛大学讲师。他的第一个突破性的成就是氯丁橡胶，一种完全合成的橡胶产品，如今仍被用于生产冲浪者和潜水者的紧身潜水衣。接下来就是尼龙的问世，尼龙是从化学反应中冷凝而非蒸煮而成的。一种"硬如钢铁，细如蜘蛛网"的丝状纤维在1937年获得专利，在接下来的一年，也就是1938年就被用作生产个人护理用品的一部分：尼龙毛牙刷。随着尼龙毛牙刷的问世，这个行业对野猪的需求就大大降低了。商业化进程的快速推进与成功的尼龙长袜息息相关，1941年战争期间因尼龙丝袜短缺引起过骚乱。尼龙成为非常关键的战时物资，尼龙在降落伞、飞行服和绳索中代替了丝绸的作用。

　　战争需要大规模生产一些产品，以替代那些沉重且易碎的玻璃、稀有金属、难得到的橡胶、用于制造绳索的热带植物纤维等。战争为新材料提供了完美的验证平台，也为化工公司和制造企业带来了大量的政府合同。第一支商业化生产的圆珠笔（1950年注册成立了比克克里斯特公司），因为其在高空比会漏水的钢笔表现更优越，而得到英国皇家空军的许可。

每个主要化学公司都与某种塑料或者多种塑料联系在一起。如果说杜邦与尼龙和氯丁橡胶相联系，那么陶氏公司则与聚苯乙烯（另一种由生物材料衍生的塑料）相联系。苯乙烯是种天然化合物，在热带的苏合香树上大量存在。十九世纪三十年代，一位德国药剂师加热苯乙烯得到了一种果冻状的残渣。其他化学家反复地对这种材料进行实验，最终，他们在陶氏公司将苯乙烯和丁二烯混合在一起进行化合反应，得到了首个完全的合成橡胶，这无疑是战时具有重要价值的资产。另一种形式的晶状聚苯乙烯，它的性能是硬而脆。这种材料现在用来制作比如一次性比克笔、打火机、剃刀、快餐用具、CD 和 DVD "宝石盒"、冰箱衬里和箱子。这种塑料不是近海海洋环境无处不在的塑料类型，因为除了那些中空的打火机，高密度的物理性质使得它们会沉降到海底。我们在海洋中看到的是许多泡沫或轻便的聚苯乙烯泡沫。这种材料是这么产生的：在二十世纪三十年代，陶氏公司化学家将熔化的聚苯乙烯和气体混合得到了一种有弹性的绝缘材料，但是真正的泡沫聚苯乙烯是在 1944 年才获得专利，如今主要应用于 3 个领域：家用绝缘材料、飞行器、船的漂浮和减震装置。泡沫聚苯乙烯不应与一般的膨胀发泡聚苯乙烯混淆一起。在二十世纪五十年代，膨胀发泡聚苯乙烯首次以热饮杯子、外带食物翻盖和花生包装袋的形式出现。因为其重量轻，发泡聚苯乙烯可以和塑料袋一样被清除。我经常在海上看到以及捞到发泡聚苯乙烯，它们不仅以一小团的形式（因为其在海水中比其他类型塑料更容易裂开），而且以不规则的浮标和渔排的形式存在，这些浮标和渔排通常有被鱼咬过的斑痕标记。美国化学学会在其网站上夸大其词地说，膨胀聚苯乙烯杯子、盘子、翻盖食品盒的碳排放量低于纸制的同类产品。可能它说的也对，但是相对于纸制品，膨胀聚苯乙烯的碳排放量更具有持久性而且附带有更多的化学物质。

战争结束时，塑料产业已经深入人心了，但是要成为主流产品还有段路要走。虽然战争的需求促使了化工和橡胶成为经济的一部分，但是战争的结束造成了战时经济泡沫的破灭。这种不可思议的人造材料急需找到新的市场和用户群。

匹兹堡平板玻璃公司为一辆装满 38 000 磅液状类丙烯酸塑料（专利号 CR-39）的油罐车感到头疼。这种轻便但坚硬的材料过去被用于制作炸弹的燃料箱，以扩大炸弹射程。这个公司延伸到其他行业，希望鼓动新客户来试一试这种新奇的材料。最终公司在光学镜片行业赚了大钱，玻璃镜片沉重的问题很快得到了解决。即使在今天，CR-39 专利号的使用在眼镜，特别是墨镜中仍占了很大的比重。

聚乙烯的转折点发生在二十世纪五十年代早期，即菲利普石油公司在其俄克拉荷马州巴特尔斯维尔总部设立研发部门后不久。两位化学家，J. 保罗·霍根和罗伯特·班克斯负责研究制备炼油副产品（乙烯和丙烯），它们可以转化为用来提高汽油效能的添加剂。他们的实验包括往丙烯中添加金属催化剂，出乎意料地得到了一个晶体聚合物。之后他们对乙烯进行催化得到了同样的结果。事实上，金属催化剂改变了世界，它将乙烯从一种专业性的产品转化为有史以来应用最普及的产品。战前化学家们不可能想象到，他们研究出来的非必需品会在战后严重过剩。

菲利普石油公司在没有清晰的市场规划的情况下开始生产大量的聚乙烯，结果导致了仓库堆满了聚乙烯产品。拯救菲利普石油公司塑料部门并将聚乙烯成功融入美国文化的产品是 Wham-O 呼啦圈，一个来自澳大利亚弯曲竹子做成的中空圈玩具。呼啦圈在 1958 年 7 月被推向市场，到 1958 年底已经卖出了 400 万个，两年后卖出了 2 500 万个，Wham-O 获得了 4 500 万美元的利润。高密度聚乙烯飞盘在 1 年后超过呼啦圈流行于世，馅饼烤盘状投扔玩具虽然不如呼啦圈流行，但还是有一定的玩家基础。2010 年，Wham-O 公司被中国人收购，现在预计售出了 2 亿个飞盘，所以实际上是玩具行业引领了塑料时代。很长一段时间，塑料在大多数情况下被用于制造消费品和工业部件，而非包装物和一次性产品。

开始时，塑料看上去令人兴奋、精彩绝伦。它们就像比利时 Tommorrowland 电子音乐节一样精彩，这种具有鲜明特征的材料是为太空冒险时代的居民准备的。我清楚地回想起 1955 年，迪士尼乐园开业不久后的迪士尼之旅。在主街的最远端，离睡美人城堡不远处是孟山都的全塑料未来之屋，这个未来之屋看起来非常漂亮且易于清理，如今这个屋子已经消失了。阿纳海姆的阳光和大雾的氧化效应会降解聚合物而产生无法修复的裂缝。塑料聚合物可能几乎永久地停留在环境中，但塑料件无法被维护得非常好，通常无法和它们模仿的天然材料相比。

到了一定时候，塑料不再显得酷和新，反而显得假而俗。这个变化在二十世纪六十年代晚期就发生了，看过电影《毕业生》的观众都会轻蔑地讥笑那位劝告大学毕业生布拉多克·本杰明到塑料行业求职的家族朋友。而且，这种变化早就发生了，在一次性塑料投入使用之前，在聚酯饮料瓶、一次性塑料盘包装的微波冷冻餐和华而不实的塑料购物袋应市之前，就已经发生了。只是我们早已对塑料司空见惯。塑料这个精灵已经从羁押它的瓶子中逃脱。对于塑料，我们视而不见，塑料尽管产量激增、无处不在，但却消失在人们的视野之外。

据美国化学学会报道，1976 年是一个引爆点，从那以后塑料成为"全世界最广泛使用的材料"。现在塑料主要用于包装，其次用于建材（绝缘材料、PVC 板和合成地毯），再就是用于玩具和电脑。塑料过去曾是美国经济中一种重要的出口商品，在二十世纪七十年代为美国政府带来了 100 亿美元的贸易顺差。现在，就像密封塑胶袋掉在热的火炉上一样，美国塑料行业已经出现了大衰退，而亚洲占据了塑料市场大部分的份额。现在我们需要进口的塑料比我们生产的要多。这是否意味着全球塑料产量在下降？事实上并非如此。目前，估计全球的塑料年产量将达到 3 亿吨，比全球肉类年消耗量多 1 500 万吨，这个数字简直难以想象，特别是考虑到肉类会被吃掉和消化掉，但是塑料降解的速度极度缓慢而且还在不断的累积中。

到哪儿才是个头呢？我的海洋学家朋友柯蒂斯·埃贝斯迈尔想知道，我们是否可以"关闭塑料的开关"。在白天渐弱的光线下，我的客人和我最后一次看了下巨大的综合体，在这里油被加工成化学品，化学品被加工成聚合物，然后回到"终端用户"那里。关闭这个"巨无霸"的开关将是个极为艰巨的任务，更加合理的做法看起来是开始减少塑料的产量。

第三章　在学习的曲线上冲浪

　　作为一个从 1997 年远航归来的人，虽然在北太平洋中部注意到了塑料碎片，但是他对海洋塑料污染的基本背景知识了解并不深。但是他——也就是我本人——打算去学习。

　　我们在海面上一路摇晃，但是最终结束这次延滞的跨太平洋航行登上岸时，我们一阵欢呼。接着我们各自散去，船员们随着各自的家人离开了，我穿过大街向我的房子走去，我在这座房子里长大，但是我现在称之为我的房子。从我家的每个房间，我都可以看到"阿尔基特"号，她静静地在那里沉睡。我返回陆地，返回日常生活。离开了两个月，有很多事情落下了。我在我的院子里开始工作，这是我的亚热带伊甸园。院子被树木遮蔽，有外来树种黑柿、番荔枝、番石榴、香蕉和木瓜树，此外我们还种植了美味的有机蔬菜和草本植物。这是一段狭窄的码头地段。我顺路去看了看那个欣欣向荣的社区花园，这个花园是我们在 90 年代早期纵火和骚扰后在长滩市中心的空地上建造的。我赶完了我的文字工作，讲述关于我的航行的故事，然后为《奥吉利塔新闻》写了一篇报告。在这报告中我警告说，塑料漂浮垃圾正在成为"我们海洋表面最显著的特征"。

"阿尔基特"号成功参与了南半球海洋探险航行，证明它具备了响应召唤，参加越洋比赛的精神气概。现在她全面轻装上阵，准备全身心地作一艘成熟的研究调查船。当时，为了减轻重量利于比赛，我们卸下了 500 米长的拖网绞车钢丝绳。现在必须重新安装上。由于比赛造成的损伤，"阿尔基特"号的绳索装备需要修复，船帆也需要修复，我们将其捆扎好运往当地的帆布品制造车间进行维修。"阿尔基特"号还有个麻烦是其投保问题。我们在南半球海洋航行中遭遇不幸后，英国伦敦的劳埃德船级社拒绝给"阿尔基特"号重新投保。为了尽快重新投保，我决定申请成为由美国海岸警卫队颁发执照的船长。当这样的船长，条件是非常苛刻的，但是加上在南加州海洋研究所"海洋观察"号科考船上的时间，我的航行时间已经超过了 365 天的海上时间要求（每天至少 4 小时），这些经历让我有资格去申请 100 吨船船长的执照。在申请执照过程中，我学会了潮汐、风、海图、船舶机械学等知识，这很大程度上得感谢美国动力组织优秀的船体教育课程。我在严格的笔试考试前选修了橘子郡海岸社区学院开设的美国海岸警卫队培训课程，最终通过了考试（"交通规则"部分我考了 2 次）、体检和药检。我现在是查尔斯·穆尔船长，美国商船高级职员，总吨位不超过 100 吨的蒸汽船、内燃机船、帆船的主管，我个人为船上船员的安全和福利负责。

然而牵动我神经的仍然是绵延数英里漂浮在东北太

平洋中部宁静海面的，像潮湿空气中飞舞的飞蛾似的塑料垃圾和碎片。

有时我会被问及是否是主突然显灵让我返回充满塑料垃圾的东北太平洋环流区。我说不是这样的。我深知人们一般不会去反思我发现的"塑料汤"的。在 1997 年航次期间，在我粗略估算出每百平方米半磅塑料的含量时，有朝一日返回再看看的念头就开始深深地植入我的脑海。由此估算可大致得出，在夏威夷和西海岸间大约200 万平方英里的东北太平洋上，漂浮着超过 600 万吨的塑料垃圾。这种情形好像很值得深入研究。令人惊奇的是，接下来的事情好像在指引我回去做更深入、更细致的调查。

我把自己当成科研人员，有些时候运气确实时常眷顾我，引导我前进。我在当地报纸上读到一篇关于史蒂夫·韦斯伯格博士要召开会议的文章。他是南加州海岸带海水污染物定量监测的州机构的主管。他工作效率高，是我打心里钦佩的人。我激动起来，就给编辑写了封信，信里提到我们有韦斯伯格参与改善沿海海水水质是何等的幸运。我在日程表记录下那次会议时间，那是在 1997 年的秋季，就在我完成第一次环流航行后几个月时间内。

韦斯伯格的机构是南加州海岸水研究所，简称为"SCCWRP"，英语读音为"Squerp"。该机构公布实施了一个叫做"海湾 98"的研究计划，所谓海湾就是位于突出岬角之间的海水循环流动的海域。"海湾 98"研究计划的目的是调查康塞普申角和蓬塔角之间的沿海水域污染水平，并将其与海湾的早期研究结果作比较。

位于洛杉矶的南加州湾南北长约 100 英里，北至圣巴巴拉南部，南至南加州的北部。这是个雄心勃勃的项目，每季度采集 416 个站位的样品，单从科学角度看并非研究项目。南加州海岸水研究所致力于弄清楚严格的污染管控措施是否有助于改善水质和海洋生态系统健康。

公共健康和安全对年游客量达到 17 500 万人次的海岸线来说绝对不是小事。如果海滩海水受到污染，当地的商业就要受到影响，就要影响到市、郡、州三级政府的税收收入。鉴于这些共同关注的问题，二十世纪六十年代末一个公共健康共同体和一个水质机构一起组建了南加州海岸水研究所。在这个时期，不可否认的是南加州激增的人口产生的污水将沿海海水变成了会灭绝生物的"化学汤"，就像女巫的佳酿一般。《洁净水法》的实施和美国国家环境保护署的介入都是 1972 年才开始，而加州早就走在了前面。

瑞秋·卡森的影响力再次不容忽视。请记住，早在 1962 年，她就在《寂静的春天》里警告，滥用农药滴滴涕可能导致物种灭绝。1947 年，位于洛杉矶附近的滨海城镇托伦斯的加州蒙特罗斯化学公司开始生产滴滴涕，不久就成为全美最大的滴滴涕供应商。作为一个小孩，甚至还在娘胎的时候，我就已经受到帆布帐篷喷洒的滴滴涕灭蚊剂的影响了，那时家人经常带着帐篷去南加州露营旅行。蚊子是被杀死了，可我也不由地想知道我身体的一些异常是否跟我妈妈早期怀我的时候接触到滴滴涕有关。1972 年，虽然美国禁止使用滴滴涕，但在此后 10 年，蒙特罗斯化学公司继续生产和出口滴滴涕。这真是一座名副其实的毒素"维苏威火山"，蒙特罗斯化学公司同时也大量生产多氯联苯，那是另一类可恶的持久性合成物。在二十世纪七十年代末禁用之前，多氯联苯几十年来广泛应用于润滑、绝缘、防火的工业装备和建材行业。蒙特罗斯化学公司预估从二十世纪五十年代末到七十年代初大约排放了 1 700 吨的滴滴涕到郡污水处理系统中。污水出现在美国怀特角公园，而公园的上方就是帕洛斯弗迪斯地产的高端社区。同时，蒙特罗斯化学公司也承认排放了至少 10 吨的多氯联苯。沿海漫长的大陆架水域过去是，现在仍然是海洋"污染区域"，其最终将成为美国国家环境保护局的超级基金示范区。

蒙特罗斯化学公司虽然不是促成南加州海岸水研究所成立的唯一原因，但其是最受关注的因素。这个新机构的使命是对洛杉矶流域排入到近岸水体的生物、矿物质、化学污染带来的威胁进行科学的定性和定量测量，目的是用充分的科学结论来指导水处理和工业排放相关政策的制定。1969 年的共同权利宪章提供了一个 3 年期的研究项目，但是南加州海岸水研究所表现出非凡的研究能力和资质，以致于资助机构至今还在资助该项目。南加州海岸水研究所仍然保持着警醒的头脑，它使南加州湾成为全美乃至全球海洋研究最充分的地区。

我穿着带有海军肩章的白色动力中队制服参加了"海湾 98"的项目会议。你或许不知道，这件带海军肩章的制服是差不多有 100 年历史的国家非营利性组织美国动力中队的官方制服。在和美国海岸警卫辅助队合作中，美国动力中队提供了航行安全教育和培训课程，我很高兴地圆满完成了培训课程。在那次会议期间，我做出了小小的一点贡献，会后带着男孩气息的史蒂夫·韦斯伯格联系了我。和海洋科考船"阿尔基特"号一起，我们很愿意被征召参加"海湾98"项目的水样采集航次，和其他20家组织或单位一起参加了联合采样。我和"阿尔基特"号负责协助墨西哥的科学家，为他们在边界南部的采样提供研究平台。我还负责为来自南加州自治大学的讲西班牙语的合作者做翻译。

这项研究进展得很顺利并产生了很多令人鼓舞的成果，我的主要成果是进入了韦斯伯格和他优秀同事们的圈子，韦斯伯格是一个能够把基于科学的环境监测和政策法规有机结合的大师。我喜欢做研究，我明白这很重要。因此我迫切地想返航到太平洋中部，在那儿我曾经看见过大量的塑料垃圾。这是《国际防止船舶污染公约》附则五颁布后的第10年。为何那里有这么多的塑料垃圾？是否存在其他原因导致我无法对此进行定量？

在我弄清楚这些疑问之前，我顺访了南加州海岸水研究所设立在科斯塔梅萨的办公室。航行到离西海岸以西大约1 000英里海洋中的垃圾聚集场要3周左右时间，需要付出很大的努力。如果我确定成行，应该能解答不少科学上的困惑。到目前为止我从事的海洋监测业务都是有合同委托的，监测任务也都是针对沿海水域的。我想知道韦斯伯格和他的员工能否设计好这个大洋研究计划，这个计划有别于沿海水域计划，这种区别就像是堪萨斯州和夏威夷州的区别。我还意识到南加州海岸水研究所已经开展了海洋垃圾和海滩垃圾研究，而非局限于化学和生物水质监测。韦斯伯格告诉我他在二十世纪九十年代从事的一项研究。那个研究项目是定量调查沙滩沙子里的烟头，但是他很兴奋地发现烟头远少于塑料碎片，其中很多小而完整的微球就是我们知道的"塑料粒"。它们布满了沙滩。南加州海岸水研究所也研究了海底塑料垃圾的分布，结果发现了海底也存在着塑料垃圾。这些结果吻合得很好。

这次会面，我带来了我们在 1997 年跨太平洋航行返航期间收到的每日天气传真（美国国家海洋与大气管理局雷耶斯角气象站发布的警报）。我自己曾认真研读海图，希望从中发现一些线索，找出平静、辽阔的北太平洋成为如此多塑料垃圾"家园"的原因。航海图给我印象深刻的是这片海域非常稳定，而且是个高压区，高压区即使位置会左右摆动，但始终不会消失。风和洋流在这片海域盘旋，但是高压区相对保持平静和稳定，有点像纽约中央火车站的佛像。

我和韦斯伯格以及他的统计员莫莉·李卡斯特在会议室就坐后，我将所有的天气传真铺在地板上，请他们按顺序一张一张地看，这样他们就可以看清楚北太平洋高压现象，它是如何大致在夏威夷和西海岸的中间位置盘旋和滑动的。海洋高压区和异常的漂浮垃圾聚集区或许存在着一定的联系。我几乎不知道我发现的这些问题，海洋学家却已经调查研究了 10 年以上。他们称之为环流，一个我第一次听到的专业术语。不过没关系。它其实就是一种具有独特特征的大气现象，看上去像是一种固定的气候特征。

　　我向韦斯伯格和莫莉·李卡斯特提了个基础的问题：他们是如何从这么辽阔（得克萨斯州面积的两倍左右）的海域严格地采集科学样品的？跟我们在南加州湾采样不同，因为南加州沿海水域受到邻近地貌的影响。开阔大洋和沿海水域完全不同。大洋水体是由多个水体组成的，每个水体都松散地受到相互关联的大气压系统和洋流的制约，二者都不是绝对固定不变的。沿海海水受到地貌的强烈影响，而远洋水体（开阔大洋）受洋流动力的支配。海洋中的洋流普遍受到非恒定变量的影响，如气压、风、温度、盐度、月相位置，以及地球自转带来的科比力效应的影响。因为气压系统多变，高压区也随之变动，一会儿往北，一会儿往南，一会儿往东，一会儿往西，就像电脑屏幕前的移动光标一样四处滑动。太平洋中部的海流图和其他物理学信息几乎没有什么参考价值。针对海漂垃圾区（我们的研究区域），我们必须利用大气信息。因此从移动的目标中采集到具有严格科学意义的随机样品是一大挑战。我对韦斯伯格和李卡斯特说道，这个高压区可以看成是地层，也就是沿岸水体研究中的地理标识。我们可以在这个地层中按随机样线采样。这就是我们在北太平洋亚热带环流区塑料含量研究中如何改进随机拖网方案所做的工作，我意识到我已经下决心要好好去做这件事了。

　　李卡斯特设计出一幅地图，图上标识了每趟拖网的随机长度和两趟拖网之间的随机距离。地图上的采样区大约和威斯康星州的面积一样大，由一个东西断面和一个南北断面构成。这样就可以在持续移动的区域获得合理的和具代表性的样品。采样计划要求我们航行至高压区的中心和赤道无风带，然后从那开始采样。

我借鉴了一个适用于我们研究的调查规程，是从南加州海岸水研究所的图书馆中查阅到的。那项研究从1984年开始，由阿拉斯加的研究者罗伯特·戴，大卫·肖和 S. E. 伊格内尔完成的，目的是想弄明白为什么有大量的废弃渔具和其他塑料垃圾冲刷到阿拉斯加的部分海岸线。他们用一艘日本渔船拖网采集了亚洲和夏威夷间的西北太平洋垃圾，另外也布放浮标来收集漂浮垃圾，但他们没有继续冒险挺进东太平洋海域，也就是我现在要去的海域。令我感到惊讶的是，尽管他们的论文发表在科学期刊上，但是却没有成为新闻，引起公众的关注，就好像论文发表在透明的泡沫中，泡沫破了也就悄无声息了。

我向奥吉利塔董事会提交了调查建议。董事会一致认为这项海洋研究航次符合基金会的宗旨，而且完全能够获得相当重要的研究成果。

他们通过了我的建议，我也制定了研究计划。现在我需要一个团队。我想到了罗伯·汉密尔顿，他是一名鸟类学家，也是《加州稀有鸟类》一书的作者。他把对鸟类的热情应用到咨询业务中，并获得了成功。我们都从事生态方面的工作，有过很多交叉，我对他渊博的学识印象深刻。他可能会珍惜这个观察稀有海鸟，而非普通的加州蚋莺和棕曲嘴鹩鹛的机会。我也意识到海鸟会摄食塑料，更重要的是，我喜欢和研究鸟类的人一起工作，他们具有超凡的观察力。

　　麦克·贝克是我的邻居，和我家只隔着一条小路。他是一位退休的高速公路巡警，恰好也是位生态活动家和国会杯比赛的水手。他将是我的第一个伙伴，在团队中发挥重要的作用。他建议邀请约翰·巴斯加入我们的队伍，约翰原来是一名首席救生员，他以一种独特方式而闻名：他在担任亨廷顿海滩初级救生员时为沙子里的小块塑料 BBs（南加州海岸水研究所的海滩垃圾研究里的研究成果）新创了"塑料粒"的名词。那是在二十世纪七十年代。初级救生员们坐在海滩上等待轮番测试他们的救生技巧，他们慢悠悠地从沙子里拣出塑料小珠，其中一个人把塑料小珠称为"塑料粒"。这个说法简直太形象了，难怪流传开来。巴斯后来告诉我他们是如何推测"塑料粒"的来源和用途的。这个做法看上去并不非常合理，但却十分巧妙。有的船员在货船甲板上撒上塑料颗粒，从而轻便地移动重物（不考虑这也可能导致船员滑倒）。之后，船员把塑料颗粒扫起来倒到港口，塑料颗粒就随着海流和潮水冲上岸滩。了解塑料颗粒的真相需要一段时间，其实它们就是"预制塑料微球"，是最主要的化工厂生产出来的以数万亿计的合成树脂原料，是遍布全世界人口密集区的成千上万个加工厂间往复运送的原料。它们是工业产品，从未想到要让滨海游客看见它们的身影，也没想过要在深海海水中载沉载浮。但是它们可以轻易脱离工业原料配给体系，挣脱任何羁绊，数十亿计地飘荡在流域和海洋中。

　　1999 年 1 月，幸运女神再次眷顾。我接到一个夏威夷陌生人打来的电话。他的名字叫詹姆斯·马克斯，他住在威玛纳诺，一座位于钻石山远端的田园诗般的滨海小镇。檀香山海岸警卫队把我的电话号码给了他。因为我在二十世纪九十年代初成立奥吉利塔基金会之前，曾经和长滩海岸警卫队的海洋安全办公室合作过。马克斯和我在电话里聊了半个小时。他显然和我"心有灵犀"。他告诉我他每天在美丽的海滩上深思，把夏威夷当作一个神圣的地方，但是数月前，他意识到他单腿盘坐的地方是一张塑料碎片"床"。他开始记录塑料块的数目。这些塑料碎块的数量似乎具有周期性的变化，有时候少得可以忽略不计，有时候又多得不计其数。他很沮丧，认为有人在这片干净漂亮的沙滩上或者在近岸随意倾倒垃圾。他收集了样品，装入 1 加仑大的密封塑胶袋，送往檀香山海岸警卫站。按照法律规定，海岸警卫队负责调查所有有关离岸 200 英里以内的国家主权水域海洋污染问题的报告。但是海岸警卫队还有其他更紧急的事务，相对来说，马克斯的发现显然没有那么重要。因此海岸警卫队将我推荐给了马克斯，并让他联系我。我叫马克斯把他所采集的那袋塑料碎片邮寄给我。我收到了塑料袋邮件，打开一看是五颜六色的塑料碎片，看上去像是在回收过程中碾磨过。虽然我坐在大洋甲板上时没有看到过这些垃圾，但是最后一次航行时所看到的情景提醒了我。因此，我推测，马克斯寄来的塑料碎片是由装满回收塑料的货柜船在运往其他地方进行再处理时泄漏到海里的。我的推测很快就被证明是错误的。

还有更多的意外发现。1999 年 4 月，洛杉矶时报在头版特写报道了西雅图的海洋学家柯蒂斯·埃贝斯迈尔。

他负责运行一个非正式的海滩拾荒者组织网络，海滩拾荒者通过上报发现的废弃垃圾来帮助他绘制海流图。奥吉利塔董事会主席比尔·威尔森把这篇文章推荐给我，引起了我的注意。他说埃贝斯迈尔可能是唯一的研究海洋垃圾的博士，应该可以成为我们良好的合作伙伴。我那时就建议基金会教育处处长苏珊·佐斯克跟埃贝斯迈尔联系，集效率和热情于一身的佐斯克立刻就拨通了埃贝斯迈尔的电话。

我跟埃贝斯迈尔交谈得非常愉快，而且深受启发。1996 年，他成立了一家称为"海滩拾荒者和海洋学家国际协会"的非营利性组织并不定期出版《海滩警报》简报。四处逛荡的拾荒者协会成员一旦看到耐克运动鞋、漂浮浴盆玩具等就会向他报告，其中也包括对著名的橡胶（实际是聚氯乙烯）小黄鸭的报告。在 1992 年的一场事故中，小黄鸭连同青蛙、海龟、海狸等"友好漂流子"品牌的浴盆玩具从集装箱中泄露到海中，从此随波逐流，开始具有传奇意义的四处漂流、冲刷上岸的旅程。埃贝斯迈尔和他对计算机极有悟性的助手詹姆斯·英格雷厄姆利用鞋子和浴盆玩具的定位数据，不断修订完善自己的杰作，即海洋表层流模拟器（OSCURS）的计算机海流模型。

我和埃贝斯迈尔发起的这次有趣的通话改变了一切。我告诉埃贝斯迈尔我在 1997 年航程中见到的情景，以及我估计在介于夏威夷和西海岸间的高压区约有 350 万吨漂浮塑料垃圾。结果埃贝斯迈尔比我更早了解到这些情况，他根据 OSCURS 模型已经预测到这一区域是塑料垃圾的聚集区，确证我单独的研究调查和思考与他的模型预测结果是一致的。他甚至给我计划研究的这片海域起了个名字叫"太平洋垃圾带"，遗憾的是他没有对这一名字申请版权保护，因为这时对他来说，这只是片假想的区域。他只想看到漂浮垃圾确实在那里聚集的证据。

埃贝斯迈尔也对詹姆斯·马克斯在威玛纳诺海滩的发现很好奇并想看看样品。我整理好保存的样品，分出一半来寄给他，并附上了我的推测：颗粒是在从夏威夷运输到大陆再加工工厂的过程中泄漏的塑料片。埃贝斯迈尔在检测完样品后，部分同意我的观点，部分持不同意见。他在 1999 年 7 月 29 日的信中写道："我对你关于在太平洋高压区周围漂浮垃圾的估测量感到震惊，对马克斯的塑料碎片样品（共 2.1 磅，982 片）进行了测试。我觉得你的样品（我在北太平洋高压区看到的垃圾）及詹姆斯的样品和我已经建立的概念模型有关联。"

通过观察天气传真，我已经掌握了相对固定却会移动的高压区的概念。现在埃贝斯迈尔告诉我，太平洋高压区内威斯康星州大小的研究区域是一个更大的环流区东部的风眼，这个环流区由两倍于美国大陆面积大小的巨大环流形成。再者，这个风眼是成对的，理论上还有一个垃圾带应该位于远离夏威夷的日本西南部。两个风眼在这个环绕北太平洋中纬度的巨大环流中形成漩涡。由几股海流组成，向南的海流沿西海岸向南奔流，一直到达赤道以北水域；向北的海流穿过日本和韩国，向东掠过阿拉斯加湾，然后再折返回西海岸。海洋学家指引着我们走向解决问题的"尤里卡时刻"①。

就像埃贝斯迈尔所解释的，海洋垃圾普遍会被吸引聚集到双漩涡的中心。它们就像巨大的抽水马桶汇聚着垃圾，虽然关于这些亚涡流中心是抬高了或者下陷了还存在着争议。在东西环流中还有个相当大的区域，称为辐合带。这很恰当地形容了哪儿有洋流的会聚，哪儿就有漂浮垃圾的混合和聚集。在厄尔尼诺发生的1997年，辐合带往南向赤道移动，实际上包住了夏威夷。

这里可以做出这样的结论：埃贝斯迈尔认为马克斯的塑料颗粒是由辐合带"吐出来"的，在夏威夷沙滩经反复筛选，落在像詹姆斯·马克斯这样对此极为厌恶的人手上。

埃贝斯迈尔认为是紫外线和海洋化学过程的共同作用形成了颗粒状塑料垃圾，我质疑他的这种推断。我认为这些塑料碎片更可能源自内陆垃圾。它们长期暴露在自然光热条件下逐渐风化，然后被冲刷入海，在波浪作用下成为碎片，尤其在和海岸相击时更容易成为碎片。我们暂缓争论我们的观点。但是我支持他的推断——马克斯在威玛纳诺沙滩中发现的塑料碎片来自于我两年前航行的塑料污染海域。我对埃贝斯迈尔关于我所看见的塑料碎片和碎块只是冰山一角的主张感到很惊奇。他认为微塑料的含量远远超过肉眼可以看到的塑料垃圾。他

① 据说阿基米德洗澡时福至心灵，想出了如何测量皇冠体积的方法，因而惊喜地叫出了一声："Eureka!"，从此，有人把凡是通过神秘灵感获得重大发现的时刻叫做"尤里卡时刻"。

提了一些调整采样计划的建议，最重要的是他推荐采用比我原计划网眼更小的拖网。

我现在逐渐明白了马克斯的五彩塑料纸屑是如何最终出现在那儿的了。但是我仍然不清楚它是从哪儿来的（来源），还有它带来的危害是否真的不仅限于影响景观以及"时间推移"带来的一个典型的负面效应。依我看来，缠绕的塑料垃圾，网、带、线等确实给野生生物带来了显著的威胁，但是我想更多地了解微塑料带来的影响。1997 年跨太平洋航行返航中我所见到的，现在看来只是一次性塑料和它们在陆海中无处不在的"新生肖像画"中的一笔。我将进一步深入了解这个神秘世界，去弄清楚这些塑料来源和影响是什么，至少获得一些线索。

埃贝斯迈尔满腔热情地支持我的海洋研究计划。他特别希望我去查清楚 1998 年 10 月爆发的"气象炸弹"导致的泄漏，这个气象事件引发了一场巨大的太平洋中部的强风暴，这场风暴掀翻了 3 艘集装箱船，411 个满载集装箱落入大海。人们并不知道里面装着什么货物，因为国际法允许运货船不公开集装箱损失。埃贝斯迈尔估计泄漏出来的漂浮垃圾在 8 月底应该还在环流区中，正是我们航行在那儿的时间。

我们目前仍然只有 4 个船员，这样是合理的，但是有 5 个会更理想。我邀请埃贝斯迈尔成为我们的第 5 位船员，但是他没有同意，说他最好花更多精力来监测海岸线。他推荐了斯蒂夫·麦克劳德，一个俄勒冈州沿海的居民和画家，他曾为小说家厄休拉·K. 勒吉恩的一本幻想小说设计了封面。麦克劳德是海滩拾荒者组织的核心成员，在漂浮垃圾"发烧友"中也是极为著名的。他在 1990 年的货柜船泄漏事件后的数年中，在海滩拾荒时寻找并比对找到的冲刷上岸的数十双耐克运动鞋。他后来证明他自己是个能干的甲板水手，也具有研究天赋。

全体船员已经到位了。但我仍需要找个网眼足够小的拖网去采集微塑料，埃贝斯迈尔预测涡流中的微塑料含量比其他地方更丰富。埃贝斯迈尔说服我，我们已经固定在船上的拖网的半英寸网眼太大了，可能无法收集到可以讲述不同塑料污染故事的微塑料。我预料到可能会采集到像牙刷、瓶盖、塑料浮标等东西。1997 年我看到的塑料碎片大约半英寸或者更大，在"阿尔基特"号甲板上足以看到这样大小的塑料碎块，而布满海洋表层的肉眼看不见的颗粒状的塑料将改变游戏规则。这让我想起了小学三年级时第一次用显微镜观察一滴表面上看起来清澈干净的池水。在显微镜下，水滴里充满了微小的鞭毛虫类生物，这是我们肉眼所不能看到的。我感到惊讶而且心中带着一丝不安。

第四章 净化：已是全球 垃圾桶的海洋

"阿尔基特"号的甲板上放着个破旧的蓝色塑料分格箱，箱里装着一些物品，可能是小孩子玩邻家寻宝游戏时精选出来的。一把牙刷、一辆玩具车、一双橡胶拖鞋、一把梳子、几个瓶盖、一根棒冰棍、一个购物袋，都是塑料制品，经过数十年的风吹日晒都已经褪色脆化，大部分都像是被狗啃咬过似的。如果不是在它们本不该出现的地方——檀香山以北 600 英里处的太平洋中部看到它们的话，它们看似是无害的。我花了两个小时沿着太平洋中部狭长的风积丘（更像是一座海上垃圾场）划行，将它们从水中捞起来。风积丘是风力作用下的一种自然现象，原来常常看起来像是海洋表层上的泡沫带，现在经常是一条非天然的垃圾带。这堆东西还包括其他物品，很多是从渔船上丢弃的，包括一团团网线、破旧浮标、漂白的瓶子。我非常轻易将它们装满了"阿尔基特"号的船载小艇，如同我在超市装满购物车一样简单。现在距离 1997 年航次已经过去了 12 年了，1997 年航次我首次在赤道无风带发现了漂浮塑料垃圾，现在垃圾带已经变得越来越大。

在这片离我 1997 年航行海域很远、看起来很干净的海域上，原先藏在海水表层下广泛分布的漂浮垃圾逐渐聚集和暴露在海面上。我们放下了防风锚，要在这片海域呆上 3 天等待水上飞机和访客的到来。我们选择这里的原因是这个地方在飞机的航程范围之内，但是持续多日的强风，波涛汹涌的海况使飞机无法安全降落。无论如何，我们对访客是否可以在这片坐标区看到许多漂浮垃圾表示怀疑。最后两天，我开着小艇绕着"阿尔基特"号不断扩大搜索半径，但只发现了一些塑料碎片。第 3 天，风力减缓了，风积丘突然冒了出来，好像在宣告我们所知道的太平洋垃圾带是没有"围墙"、也没有界限的。在这里，表层垃圾很分散，平静海面上的切变风将这些大量潜伏在海水表层下的塑料废弃物和碎片翻到海面上来。不断增多的小而杂的垃圾使得我们的访客仍然无法安全着陆。垃圾不断堆积着，汹涌着向檀香山方向扑去，就像跳着康加舞，让所有的人相信了它们的存在。

我已经学会熟练地观察波涛汹涌的海洋表层，海洋科学家称之为漂浮生物层。我看见的东西告诉我更多关于人类生活方式的信息，甚至比我想要知道的信息还多。这里很多物品还是完好无损的，只装过一次食物、饮料或其他产品。我们可以鉴定出大部分的包装物来自亚洲。更大块的东西是丢弃的渔具（渔网、浮子、鱼线和板条箱），这个行业我们原来没有太关注。我们将永远无法推断出这些碎块及其崩解产生数不胜数的碎片的来源。

现在我知道了，在我第一次环流航行中，看到"塑料汤"是不可避免的。自古以来，人类就固执地认为地球的海洋和水路可以帮忙我们消化垃圾。我们坚信海洋的容量是无限的。文明社会的排放总是和水体紧密联系在一起的。"下水道"这个词根源于盎格鲁诺曼语"水道"和古法语"鱼池的溢流渠"。我们一直认为水是天然的万能清洁剂。

海洋看似漫无边际，就像外太空一样。据统计，地球的表面积为 19 800 万平方英里，其中 67.7%，即 13 860万平方英里是由平均深度 2 英里的海水组成的。你可以在海洋上航行 2 周也看不到陆地的影子。地球上所有陆地的面积仅跟太平洋一样大。海洋中总共含有 353×10^{18} 加仑的水，也就是 $35\ 300 \times 10^8$ 亿加仑，一直在流动着。著名的海洋学家西尔维亚·厄尔说过，我们的星球应该称为"海洋"而不是地球。

在某些方面，我感觉海洋正在缩小。科学已经告诉我们人类是如何使得海洋变得脆弱起来的。在一项保护鳕鱼的禁令实施 10 年后，我们没有看到格兰德浅滩海域的鳕鱼种群密度回升。相反地，矿物燃料燃烧造成海水酸度比 50 年前增加了 30%，给整个生态系统带来了巨大压力。长期禁止使用的合成化学品农药出现在像虎鲸、海豚和海鸟一样的顶级捕食者体内。地球上 68 亿人中的一半人口生活在海岸线或在海岸线附近，其余的大部分生活在入海流域附近。我们要时刻谨记海洋正在每况愈下，塑料几乎无处不在，几乎所有人，无论富裕或者贫穷，都使用着塑制品。人们往海洋有意或者无意地倾倒着垃圾，不管怎样，其实这几乎都是可以预防的。飓风和海啸是可怕的自然力，它们能将垃圾从陆地扫向海洋，这点我们可以清楚地从 2011 年 3 月日本北部发生的海啸镜头中看出来，但是我们还是将塑料随意放在那儿，放在海啸能够影响到的地方。

现在让我们把镜头切换到 2003 年 11 月一个狂风漫天的日子。暴雨过后，河水暴涨，我斜靠在混凝土栏杆上，向下凝视着水流湍急的市区河流，陷入沉思。在正常情况下，吊车是完全胜任河中布网任务的，但现在呼啸奔腾的河水时速达到 30 英里，如何完成断面布网任务，而又保证吊车不会倒塌呢？否则我们自己就会被卷入激流，变成"海洋垃圾"。加州政府认识到掌握城市流域输入海洋的塑料垃圾量的必要性。利用选民通过的清洁水体措施的资金，加州国家水资源管理委员会承诺资助我们申请的研究项目。我们要在正常没下雨的天气条件下采样，这时懒洋洋的河流缓缓流淌，就像小溪一般。同时，在降雨时，我们要做好准备在 24 小时内到达采样点。这时，在这个分布着 1 300 万人口，以及上千家潜在污染源企业的流域，径流会带来远多于平日的垃圾。南加州的河流和小溪在平时蜿蜒缓慢地流动。但是在 1938年，连续数日的暴雨引发了一场破坏力极强的洪灾，100多人在洪灾中丧生，大约 600 家房屋遭到破坏，洛杉矶城区的水深很快就涨到了膝盖。为了应对这样的洪灾，陆军工程兵开始在洛杉矶河和圣盖博河浇灌混凝土，整治河道。在河道的最宽处，4 部半挂牵引车轰鸣，并排施工。雨洪渠连接到街道路两旁的排水沟，把满载垃圾的雨水引入河道。

我们认为，用不同网目和口径的采样网采样会给我们带来一些意外的惊喜。我们不打算用一张大网在湍急的河流断面采样，而是决定在不同的采样点采用不同的网具。加州规定了不属于洁净水的物质日最高总量（TMDLs）。TMDLs 是指为保证水体的使用价值（比如游泳，钓鱼，划船），水道可以同化吸收的化学物质、金属、营养盐或者生物污染物的总量。这些物质的允许排放量应该大致相当于自然背景值。对垃圾而言，没有所谓的环境背景值，因此垃圾的日最高总量应设置为零。州政府将垃圾定义为任何人造的大于或等于 5 毫米的颗粒物，这意味着大号铅弹大小的碎块就属于垃圾，而从技术上讲，比之小的不能算作垃圾。但是我们担心的是，那些小东西对海洋食物链才最具有潜在危害性。我们怀疑，而且希望能够证明，从沙滩和沿岸水体中采集上来的大量所谓的微塑料就是从城市乱七八糟的地方溢出来的。一旦我们找到它的来源，也许我们就能阻断它。

我们在大都市洛杉矶下游的调查结果说明，河流是入海塑料垃圾的主要来源，其数量多于沙滩游客、多于过去和现在的船舶垃圾倾倒量，也多于渔船丢弃的塑料渔具量。当然，河流本身是无辜的，造成这个结果的原因是我们在河流两岸建立城镇，逐渐在河口形成城市群。河流为我们提供淡水和食物、灌溉农田庄稼，水力为我们提供电力能源，也为商船和游艇提供航行空间。除了偶尔发生洪灾，河流给我们带来了诸多好处。但是，我们却不断地向河流倾倒垃圾。在工业革命前，丢弃到河里的垃圾大部分是生物废弃物。致命的霍乱和伤寒等疾病因此周期性爆发，而污染水体和传染疾病的相关关系一直到十九世纪中叶才得以证明。管理好我们的排泄物和废弃物需要人类的聪明才智，但我们的解决方案却常常出现纰漏。

工业革命时期，河畔是建造铸造厂、磨坊、工厂和屠宰场的最佳场所。虽然有毒物质的排放也曾引起人们的关注，但是人们还是毫无节制地将之排入河中。改革者埃德温·查德威克在 1839 年进行的一项早期研究发现，九名英国劳工中就有八人是死于污染的环境和饮用水导致的疾病，而非年老或"暴力"等因素导致的自然死亡。在美国的工业化地区，特别是在贫穷的移民区中也是如此。直到十九世纪，人们仍然将大部分的生活垃圾，包括排泄物（"粪便"），连同食物残渣一起丢弃在大街，四处游荡的猪会急切地将它们吃掉。这倒是一个可行的系统。但是在纽约市，猪和刻苦耐劳的马每天会产生半吨的粪便，这导致纽约市成为十九世纪"鼻子的灾难"。在汽车时代和电力时代来临之前，灰烬、粪便和动物尸体（在 1880 年，有 15 000 匹死马在纽约街头被运走）是城市居民所必须忍受的头疼问题。从数量上看，当时的人均垃圾排放量和今天的人均排放量相当，每人每年约 1 500 磅。但是当时人数更少，即使有害，这些废物也可以被自然和生物降解掉。

霍乱爆发、商业受损，或是对有影响力的公民的冒犯等危机，推动着法律陆续做出改善公共卫生的规定。在纽约市，人们向河流和海洋倾倒垃圾是种习以为常的行为。直到有一次，市里一个曾经著名的牡蛎养殖场的牡蛎大面积死亡，居住在滨海地区的富有业主发出威胁称，如果动物尸体和其他垃圾继续倒落在他们的海滩上，将会引发政治后果，这种行为才得以禁止。尽管如此，纽约新的污水管道系统依旧将污水里携带的人类排泄物排入周围水域。

1899 年，美国国会通过了《河流与港口法》，禁止在航道上倾倒垃圾。一些地区比如切萨皮克湾，垃圾堵塞已经妨碍到了航运。但颁布《河流与港口法》的目的是促进商业，而不是为了保护河流生态系统，当时生态系统保护的概念尚未形成。进入二十世纪后，大多数的大城市仍旧向附近的水域倾倒有机垃圾。1918 年，纽约医学院委员会宣布曼哈顿已成为"被污水包围的地方"。然而，人们的抗议还是集中在乱倒垃圾对人类的影响上，重点在于公共卫生、污染的地表水和海滩难闻的气味。即使是鱼类纷纷死亡了，例如密歇根湖发生的情况，引起人们的恐慌的也还是水产品供应的减少，而不是湖泊生态系统的退化。直到 1934 年，美国国会才颁布了一项联邦禁令，禁止人们在近岸倾倒垃圾，但这仅仅是针对市政垃圾。随着"二战"后化工时代的到来，该禁令对工业和商业企业的豁免加剧了河流和沿岸水域的污染。

1962 年，瑞秋·卡森的《寂静的春天》唤醒读者认识到一种新的危险：人工合成化学物质，比如农药滴滴涕。突然之间，战后"化学让生活更美好"的承诺被赋予了不祥的寓意。卡森的新书促使民众对 1969 年发生在美国俄亥俄州凯霍加河的第 13 次大火作出了全新的反应，这条河受到石油、化学物质、污水的多重污染。从1868年开始，前面发生的12次大火都作了记录，但是没有激起民愤。

凯霍加河是一条小水道，只有30英里长，但它流经了包括阿克伦市在内的一个工业集中区，最终流入克利夫兰市的伊利湖。1856年，约翰·D.洛克菲勒在凯霍加河边建立了他的第一家炼油厂，随后又建立了百路驰公司、钢铁厂以及其他污染工业。这条河流长期毫无生机，最后一次被一列货运列车在铁轨上甩出的火花点燃，引发了大火。这一事件成为当年《时代》杂志的封面故事，人们普遍认为这次事件促使了美国环境保护署于1970年成立，以及《清洁水法》（CWA）于1972年通过。当时的美国总统理查德·尼克松最终签署了这些法案，尽管工业界人士发出严厉警告，声称生产成本的上升将会导致就业岗位的减少和消费价格的上涨。事实证明他们是错的。

尽管有了监管机构，但是由于漏洞百出、执法不严、政治黑暗，违规行为仍然不断发生，污染进一步加剧。即使在二十世纪六十年代中期开展的一项研究发现有毒金属和有害细菌正在破坏海洋环境之后，美国纽约和新泽西依旧在离岸12英里处倾倒下水道污泥。直到1988年，美国环境保护署才禁止这种做法，此时那里已经沉积了700万吨的污泥。解决方案是将污泥倾倒在100英里外。就在最近的1987年，仍有1 000多家主要工厂和近600座城市污水处理厂直接向河口或沿海水域排放。1988年，美国东部沿海地区的暴雨带来了新的灾难。洪

水泛滥导致污水处理厂不堪重负，污水四溢，全面污染
了海岸线。一时间，从新泽西到新英格兰地区，海滩上
到处都是塑料垃圾，其中包括一次性注射器、尿布和粉
色塑料卫生棉条，这些物品都是在 60 年代才面世的革命
性发明。这些塑料垃圾，还有细菌和其他污染物的毒性，
导致大批海滩紧急关闭，给当地海滩带来了数十亿美元
的经济损失，并导致了 1988 年的《禁止海洋倾倒法》的
出台。尽管《禁止海洋倾倒法》和《清洁水法》均未能
终结水体污染，但是环保组织提起的诉讼带来的强制执
行开始逐见成效。

　　一个实体，如一家化工厂造成的污染称为点源污染。
水质管理机构有很好的装备来管理这类污染，同时他们
提高了警戒、监测和执法力度并取得成效。目前，从河
流进入海洋的污染物大多来自非点源污染，无法追踪到
具体污染源。它可能来自海滩、路边、公园、汽车和体
育场；也可能是从垃圾车后面或者垃圾填埋场中飞扬出
来的，垃圾填埋场每天要用推土机用泥土或其他"垃圾
覆盖土"来遮盖当天倒入的垃圾，在这之前，有可能有
垃圾飞扬出来；它也可能是从快餐店外的垃圾桶和放在
小巷里的垃圾箱中溢出来的。各种形状、大小和颜色的
塑料形成了垃圾流，在风力和水力的作用下，一路奔流
到海洋。

　　现在让我们回到雨水泛滥的洛杉矶河上的沃德洛公
路桥上。我们采用了一种最明智也最安全的方式布放采
样网，即在底部加重物，在顶部加浮子，然后用人工方
式将其布放到河道中心。当采样网顺流而下时，我们穿

上救生衣，把自己拴在自行车道的铁栏杆上，顺着河底拖行，再沿着河的水泥面往上拉。桥下的水既湍急又浑浊，但大块的垃圾在翻腾入海的时候会露出水面。我们在上游布置了一个瞭望台并配置了对讲机，如果有一些大件东西，比如原木或沙发，正朝我们冲过来时，我们就用对讲机提醒采样人员注意安全。我们看到河水中翻滚着树枝、塑料瓶、超大号的杯子以及购物车。看起来河道水泥底上已经发育起沙坝。我们把采样网抛到河道中央，然后再往河边拽。我们逆流将采样网拉紧，采样网很快就因为网住的物质而变得沉重。我们把采样网拖到河岸后，将它吊起来，把里面的垃圾倒进集装箱里。我们要这样尽快采集到 3 份样品，再快速送到附近的实验室分析鉴定。

塑料就像运动员，会跑、会飞、会游泳。它不持护照旅行，穿越国界，到达最终到达的地方，真的，它就是个非法移民。它有冠军的耐力，不会像纸那样溶于水，也不会像金属那样被腐蚀。在撞见垃圾带之前，我帮助州政府监测南加州近岸海域的化学物质、营养物质和生物污染物。这些隐形的污染物来自未处理的径流和处理不完全的废水，在受污染的沿海软体动物、海洋缺氧区、濒死的海藻床和禁止游泳的水域中被检测出来。后来，在大量的可见垃圾侵占海洋之后，人们开始关注那些眼睛可见的物质，例如塑料袋、水壶、杯子、吸管、外卖盒、凉鞋、球和气球，以及崩解的碎片。

在"康提基"号航行结束近 20 年之后，托尔·海尔达尔开始了新的探索。在 1969 年 5 月，他建造了一艘 50

英尺长的纸莎草筏"埃及太阳神拉一世"号，从摩洛哥港下水启航。他想证明，远在哥伦布之前，一艘古老的芦苇船就可以穿越大西洋到达新大陆。当他和他的船员们努力让这艘脆弱的手工船漂浮在水面上时，他们发现自己要不断地挡开迎面而来的焦油团，常常眼睁睁地看着人造垃圾从身边漂过。他在不久之后写道："观测污染的严重程度成为强加给所有的远征队成员的一个任务……"联合国注意到这一情况，并要求海尔达尔在第二年的"拉二世"号航行期间，进行污染物取样并每天记录有关污染物的日志（"拉一世"号最终沉没在巴巴多斯岛）。他们记录了石油泄漏造成的焦油凝块，还有塑料容器和绳子，以及金属罐和玻璃瓶。海尔达尔告诉联合国：这份报告没有别的目的，只是为了唤起人们注意这一令人震惊的事实，大西洋的污染情况正在日益严重加剧，人类持续随意地将全球海洋当成不会腐烂的垃圾国际倾倒场，可能对动植物的生产力甚至生存造成无法弥补的影响。

该报告于 1970 年提交给联合国国际海事组织。3 年后，国际海事组织批准了《国际防止船舶污染公约》，即我们所知的《国际防止船舶污染公约》（MARPOL）。国际条约推进缓慢，特别是那些影响贸易的国际条约，新法律起码要过 10 年才开始生效。尽管海尔达尔的证词起到了一定的作用，但《国际防止船舶污染公约》背后的主要推动力是 1967 年美国"托利峡谷"号油轮灾难性沉船事件。这艘超级油轮由美国制造和所有，但它的特许执照是由英国石油公司（British Petroleum）颁发的，它也是第一艘搁浅的超级油轮。12 万吨科威特原油淹没污染了康沃尔 120 英里长的海岸线和法国 50 英里长的海岸线。估计造成 15 000 只海鸟和不计其数的沿海生物死亡。所以《国际防止船舶污染公约》的第一个条款,附则一是管理石油运输的,附则二、三、四、六分别是管理化工物品、包装商品、污水和空气污染的。禁止在海洋倾倒垃圾（包括塑料）的附则五于 1988 年生效。至此,塑料已经打败了玻璃、纸和金属等竞争对手。塑料的产量已经超过了钢铁产量,行业增长率超过了其他所有行业。在 1988 年的最后一天前,向海洋倾倒塑料或任何形式的垃圾都是合法的。即便是现在,从技术上讲,非签约国是否要遵守协议也是可选择的。在 2002 年发表的一项影响深远的海洋污染综述研究中,新西兰研究员约瑟·盖尔梅·贝伦斯多夫·德拉克指出,海洋污染仍被"普遍忽视",据估计船舶每年将向海洋倾倒 650 万吨塑料垃圾。

　　根据国际法,每个国家对离岸 200 海里以内的海域拥有合法的所有权①。在这些主权领域之外,海洋不属于任何人,不属于你,也不属于我。"海洋自由"的概念是国际法最早的原则之一。十七世纪的荷兰法学家和博物学家雨果·格劳秀斯想出了这条原则,让荷兰在欧洲和

① 这里的国际法指《联合国海洋法公约》。"离岸 200 海里以内的海域拥有合法的所有权"指的是专属经济区,原文为 200 英里,实际应该是 200 海里。《联合国海洋法公约》规定,从测算领海基线量起 200 海里、在领海之外并邻接领海的一个区域属于沿海国的经济专属区。在经济专属区,沿海国对其自然资源享有主权权利和其他管辖权,而其他国家享有航行、飞越自由等权利——译者注。

印尼摩鹿加群岛之间的自由贸易合法化。他的这个遗产延续了400多年，在航运和捕鱼权遇到争议时就会被提及。制定法律条款时要求有海洋保护措施条款是二十世纪的一个现象，在石油行业中更是如此。在"托利峡谷"号海难发生和《国际防止船舶污染公约》制定的前几年，因船只泄漏造成的石油污染已经给当地渔业造成了极大的损失，这促使国际组织在监管中开始一些早期尝试。即便是现在，随着反污染法律法规的严格落实，"自由"的概念，即使并非始终合法，依然存在于很多来往于海上的人们的头脑中……。放弃固化的观念是很难的事，人们始终认为地球上有这么一块地方，任何东西都可以往这个地方去，没有人知道还有哪个地方比这个地方更合适。

如果"发达国家"都无法控制海洋污染，我们可以确定在基础设施和管理薄弱、人口极为密集的国家中，情况肯定会更糟糕。像孟加拉国这样的国家，虽然是《海洋污染公约》的签署国，但是缺乏执法手段，难以阻止外国船只在其领海倾倒垃圾。孟加拉国至少还禁止使用塑料袋。即使是最不发达的地方，也深陷于作为全球商业润滑剂的塑料带来的烦恼。这往往是事实，因为他们缺乏完善的垃圾管理系统。廉价商品是用塑料制成的。鞋子和衣服是用塑料制成的；产品和食物是用塑料包装的。贸易通讯过度吹嘘了食品加工量的增长，食品加工业是印度和中国等"新兴市场"塑料包装业的巨大推动力。印尼的爪哇岛80%的饮用水来源于芝塔龙河，其部分河段覆盖着漂浮的塑料垃圾。鱼类的死亡导致渔民们纷纷失业，他们现在只能通过收集塑料卖给回收商谋生。印度、菲律宾和中国的孩子们也这样做，他们浸泡在污秽的水中，寻找着聚乙烯塑料垃圾。

1961 年，当我乘坐我父亲 40 英尺长的双桅帆船第一次横渡大洋的时候，我最强烈的愿望是为船上家庭盛宴捕到一条大斗鱼。但即使在这样的时刻，作为一个初出茅庐的少年，我也被那美丽的无边无际的蓝色所打动，沉浸在其中。做完家务后，我坐在船头上看着原始的海洋表面，等待事情的发生。我们会站在浪尖上，看着甲板在我们脚下倾斜。过了一会儿，我可能会看到水面出现银色剪影，冒出一条鲨鱼鳍，或者是一群鱼；也可能是一条飞鱼腾空而起，飞越而过；如果足够幸运，海豚可能会靠近船旁和你打招呼。如果没有看到生物，你也可能会看到一根木头或一个日本玻璃渔业浮子，你会设法将它们从海浪中捞出来，然后挂在门廊的横梁上。我最终捕获了一条鲯鳅鱼，但从来没有看到一丁点垃圾。

海洋原本纯净无瑕，可是现在人类活动产生的垃圾（即人造垃圾，其中 80% 到 90% 是塑料材质）打破了海洋一切美好的幻想。垃圾成为了她最常见的表面特征。在捕捉到跳跃的金枪鱼之前，在海洋的不同区域，你会看到几十个气球、浮子和瓶子在海上载沉载浮。垃圾已经取代了自然海洋景观，在海洋表面留下了永久的塑料痕迹。1951 年，瑞秋·卡森在《海洋传》① 一书中写道："大海的面貌是经常变化的。由于颜色、灯光和移动的阴

---

① 该书中文版已经由译林出版社于 2010 年出版——译者注。

影穿过，大海在阳光下闪闪发光，在暮色中显得十分神秘……"对于目前受塑料污染的大海表面，我想知道她会写些什么。1951年，《海洋传》和《孤筏重洋》都成了十大非虚构文学作品畅销书。也是在这一年，菲利浦石油化学家 J. 保罗·霍根和罗伯特·班克斯开发了新的催化方法，使得高密度聚乙烯和聚丙烯能够商业化大批量生产。塑料灾难逼近了。

1975年，根据美国国家科学院估计，每年有140亿磅的垃圾从船舶倾倒入大海中，其中三分之一是由美国船舶倾倒的。载有 6 000 名海员的航空母舰在 6 个月的航行期间，将产生 300 多万磅的垃圾。二十世纪八十年代，美国海军自己报道称，在船舶产生的所有废物中塑料大约占 12%。那就意味着在《国际防止船舶污染公约》附则五实施前，一艘航母每次出海都会向海洋中倾倒 30 多万磅的塑料。他们自己承认，美国海军给世界海洋带来了 450 多万磅的塑料垃圾。即使存在自然降解，大多数塑料垃圾仍然还在那儿。（美国海军可能是世界公认的最严重的海洋污染制造者，根据他们自己的说法，他们曾向海洋中秘密倾倒 6 400 万磅的神经和芥子气毒剂，与此同时，还有 40 万发化学炸弹、地雷和火箭以及超过 500 吨的放射性废物倾倒入海，这些放射性废物要么直接抛入海中，要么装进船仓随船沉海。）

1982年，由联邦政府资助的一项研究在《海洋污染通报》上发表，估计每天有 63.9 万个塑料容器从商船上倒入海中。超级油轮和集装箱货船是海洋中体积最大的船只，但它们只载有 10 到 20 名船员。不过，在装货技术提高之前，这种大型集装箱货船上装满货物的集装箱容易掉落到波涛汹涌的海洋中。在二十世纪九十年代，每年掉落海中的集装箱高达 1 万个。这些意外的损失按规定不需要向有关部门报告备案。相比之下，世界各地大约有 300 艘豪华游轮在运行，每艘可以承载 3 000 到 5 000 名游客和船员，每年可为超过 1 400 万游客提供服务。在 1 周的航行时间内，普通的豪华游轮可以产生包括塑料在内的固体废物 50 吨。二十世纪九十年代，在多次违反了《国际防止船舶污染公约》附则五中的条款后，豪华游轮反省了自己的行为。现在，远洋客轮焚烧、压缩、研磨或回收大部分他们收集到的废物。一些海军舰艇已经装备了塑料致密化设备，这些设备可以将废塑料压缩成披萨状的圆盘，以供储存和后续处置。但是我们真的认为废物倾倒已经停止了吗？要知道这一点，关键是要有对海洋中捕获的塑料记录日期的技术，这种技术现在仍然难以做到。

　　尽管公约已发挥一定的作用，但没有人真的相信《国际防止船舶污染公约》已经终结了海洋倾倒活动。因为我的工作性质，人们开始与我接触，并跟我讲述他们的故事。一位曾经做过水手的人告诉我，在二十世纪九十年代，他的海军军舰发生了海洋倾倒事件。一艘商船发出匿名信息，称他每天都可以看到集装箱船进行海洋倾倒。他害怕讲出真相，因为这样做会让他失去工作。理查德·菲利普斯的《船长的职责》中的奇闻轶事让我感到惊奇，菲利普斯是一位商船船长，在 2009 年，他在一次令人痛苦的索马里海盗人质事件中随机应变。菲利

普斯是海盗小艇上的一名被劫持的人质。美国海军参与
了他的营救工作。天很黑，每个人都心惊胆战。突然，
他和海盗们听到了砰砰的响声，看到有黑点漂过。海盗
们以为这是海军的秘密行动，于是通过电台大喊"别动！
别动！"，但是菲利普斯知道这只是垃圾。他分析说："商
船在海洋上不能丢弃塑料，但是海军军舰可以。海军证
实了这点。他们告诉海盗这只是垃圾漂过。"如果海军可
以豁免，那么这个规则我从未见过，并且这肯定是一条
非常糟糕的规则。传闻在海军巡航船舶的尾流中发现大
量的塑料杯子、气球、彩色系带和装满垃圾的袋子。

　　较大的船舶在每次航海开始和结束时都需要向美国
海岸警卫队提交报告，统计他们离开时船只上的物料，
以及返回港口时的物料，但是由于人力有限，检查工作
难以展开。那么，法律发挥作用了吗？没有研究可以回
答这个问题，尽管从我第一次穿越北太平洋高压区以来，
我们的研究就表明法律发挥的作用是远远不足的。旧习
难改，禁止向大洋倾倒垃圾的法令只是一个脱离实际的
愿望。在大多数港口，人们若想卸载船上的垃圾，需要
支付垃圾处理费，这是一条不鼓励人们在港口卸载垃圾
的规定。鹿特丹港发出了"任何时间回收任何废物"的
倡议，这个倡议是受欢迎的，而且似乎正在其他的欧洲
港口流行起来，但是并非所有港口都有收集船上垃圾的
设施。即使是《国际防止船舶污染公约》附则五也规定，
"意外"的垃圾丢失是可以的。那么，我们了解海洋承载
了多少塑料吗？我们知道谁是最严重的垃圾倾倒者吗？
这两个问题的答案对于任何人来说只是猜测。联合国环

境规划署（UNEP）在公布了各种广泛报道的估测值之后，选择退出了这场猜测游戏。最近一次的估测值是2009年给出的海洋塑料总量，约为6.15亿吨。另外一个现在已经没有使用的数据是联合国环境规划署和海洋环境保护科学研究专家组联合提出的估测值，每天会有500万块塑料进入海洋，每平方千米海洋存在13 000块塑料。这些数据有警示作用，但是没有科学支撑。联合国环境规划署2011年出版的《全球环境新问题年鉴》中第一次出现了"海洋塑料垃圾"专章。海洋垃圾问题在报告中得到了详细的阐述，并对奥吉利塔基金会的研究给予了充分肯定，但是显然缺乏量化的估测值。报告指出："很难对进入海洋的塑料和其他类型的碎片进行量化和溯源。"研究进一步地指出："缺乏一套综合环境评估指标。"换句话说，我们可以很好地定性描述这个问题，但是定量却还做得远远不够。

塑料时代已经悄然来临，我们几乎没有觉察到，注意到海洋中的塑料废物使我们认识到一些事情正在变化。在如此原始的环境中——距离塑料的制造和使用的地方十万八千里——发现塑料垃圾是照明器，指示着我们前进的方向。在一段时间里，我们或许认为没有必要那么烦恼，因为当时我们仍然认为塑料是惰性和有益的，觉得塑料不会造成多大危害。但是现在我们了解更多了。但就算是我在了解到塑料垃圾能造成多方面的危害以及具有潜在毒性之前，看到它出现在不属于它的地方也意识到那是非常不应该的。

回到我们的城市河流项目，我们用卡车将3天所采集的样品运往海洋实验室并开始分析。这是项艰难的工作，但更痛苦的是那令人震惊的结果。通过那 3 天的样品采集、分析推断，计算得出从洛杉矶河和圣盖博河排入到海洋的塑料垃圾不少于 23 亿块，总重约 30 吨。然而根据联合国的估算，每天陆地入海塑料垃圾量大约为 500 万块，我们现在严重怀疑联合国估算量的可信度。我们需要知道有多少块垃圾漂浮在海洋表面，需要知道这些海洋漂浮垃圾来源于陆地还是海洋吗？这些问题太多了吗？当然不是。我们需要基线调查数据来告诉我们，禁止海洋垃圾倾倒的法律法规是否发挥了作用。这个已经成为了我的工作。我们也需要对海洋漂浮塑料垃圾进行可靠的溯源分析，这样我们的努力才能有针对性地截住塑料垃圾入海源头，完成我们期待的目标：让塑料远离海洋。我们需要在沙滩上画一条线，对塑料说："到此为止吧。"

第五章　我们周围的塑料海洋

　　现在我们到了最后期限，计划在 1999 年 8 月 15 日启航出港，正式开始首次环流区考察，而现在已经是 7 月底了。根据柯蒂斯·埃贝斯迈尔的建议，重点在于设计出一个既能采到细小的塑料碎片也能采到大块塑料垃圾的拖网采样系统，这样才能全面反映出环流区的垃圾量。

　　首先，我比较了各种不同的浮游生物采样网。后来认为向海洋生物学咨询应用环境科学公司的查克·米切尔请教可能是更明智的选择，他参与了"海湾 98"项目的研究。查克·米切尔邀请我去他位于科斯塔梅萨的仓库里看他的各种网具。这次我终于找对了地方。查克的现场仓库里塞满了各种各样的海洋调查采样器材，其中一些器材我从未见过，甚至没有听说过。我们聊了我和埃贝斯迈尔的交流情况，我们要如何使用拖网在现场采集最小块的垃圾，即微塑料碎片，其中很大一部分尺寸极小以至于我们用肉眼都无法识别。查克告诉我，我想要的应该不是一种普通的浮游生物采样网，他给我看了一个采样网，并坚持认为这个采样网能完全胜任我们的任务。他将这个采样网称为曼塔网①，并解释说这种曼塔网通常用于漂浮生物层采集鱼卵、仔鱼。他强调说，对于科研采样，这种网在"海气界面"上具有更加优越的样品采集能力。还有个更大的优点，这种网的网口设计统一，因此更容易定量计算单位水体的采样量。连贯性和可控性是科研人员最好的"朋友"。曼塔网网口宽达36 英寸×6 英寸，不仅带有套嘴，还有两个像蝠鲼翅膀的大固定翼。这个 6 英尺长的拖网底端看起来像是一个风向袋，收集袋由很微小的 330 微米网目的网制成，很像一种粗棉布。位于囊网尾端的收集袋可以拆离，这样就可以将收集袋中的样品移入到样品储存罐中。

曼塔网之前从未被用于塑料样品采集，这次完全是首创。我们在双体船的船体间仍然采用半英寸网目的拖网采样，但在次表层加用"水獭网"，也就是"网板拖网"。"水獭"在这里不是指可爱的海洋哺乳动物，而是水手术语，指的是让网口保持张开的外板。网板拖网通常在囊网尾端有一个 5 毫米网目的收集袋，胡椒芯大小，这么小的网目大约能捕获到一半的詹姆斯·马克斯在夏威夷海滩采集的样品。因此，我们对此进行了改进，我们将 330 微米网目的网布缝制在这种拖网上，使其和曼塔网具有可比性。我们也装备了一台旁侧扫描声呐来探测悬浮在海表层下方的大块垃圾。我们打算把这些大块垃圾采上来进行更深入的检测，也许可以进行陆地来源

---

① 曼塔网的英文为 manta net，manta 是蝠鲼鱼，因此曼塔网就是模仿蝠鲼鱼运动的网具——译者注。

分析。

查克对我们的项目很感兴趣，把网借给我们，真是个大好人！顺便说一下，奥吉利塔海洋研究基金会的信条之一是，该做的工作要完成，但是要尽可能节约成本，包括通过召集志愿者船员和利用社会捐赠节约成本。整个航次的预算费用大概为 3 350 美元，其中柴油燃料费是最大的单项支出。这个预算对于历时 3 周的航行还是不错的：1 周航行到环流区，1 周进行调查采样，最后 1 周返航回到港口。

在 8 月中旬一个阳光明媚的周日早晨，大约 20 来名的亲朋好友、同事、当地媒体人聚集在码头为我们送行。我们航行了数百英里到达圣巴巴拉市，在那里我们加满燃料，补给了好几箱的有机蔬菜。这些蔬菜由将要参与我们项目的船员克里斯·汤普森提供。克里斯是我的朋友，也是约翰·吉文斯农场的有机蔬菜种植者，农场的产品贴上"好东西"的商标进入市场销售。这些关系帮助我们得到更多的圣巴巴拉市当地媒体的关注和报道。在人们对我们在那里的实际研究发现有所了解之前，我回到这些故事中，带着浓厚的兴趣阅读了当时我们和其他人关于这次航行所说的话。我对《长滩电讯报》说："人们需要了解到我们正在用塑料垃圾填满海洋……而在数年前，我真的没有注意到世界上有这种类型的垃圾。如今，塑料垃圾已成为海上最显眼的东西。"我告诉他们，我们的目标是让海洋成为适合人们游泳和"海洋居民"生活的地方。我们谈到了埃贝斯迈尔预测的玩具、鞋子、曲棍球手套，以及最近的一场风暴在太平洋中北部把 400 个集装箱掀翻入海的事故。在过去 10 年间，数百个玩具和运动器材被冲刷到美国西海岸的海滩上，但是却有成千上万个玩具和运动器材已经消失在茫茫大海中，消失到人们视野不及的地方。根据海洋表层流模拟器（OSCURS）计算机海流模型的模拟，其中相当一部分应该都流向了太平洋垃圾带。

到目前为止，我所看到的和知道的都还没有引起人们的普遍关注，这可能需要转变一下方式。但是如果我们的假设成立的话，那么就具有了科学性，我保证这些发现不会再被"真空包装"，必然会引起公众的注意。我已经为此作好了准备，并期待惊喜发生。

康塞普申角是加州中部和南部的天然分界点，刚刚绕过这个海角，我们就已经筋疲力尽了。这个巨大的海角在圣巴巴拉北部向海突出 30 英里，圣巴巴拉北部海域是南加州湾的北边分界点。我们中间只有一位船员（我的邻居麦克·贝克）有过搏风击浪的航海经历，其他船员都没有经验。在大风大浪下，船员都晕晕了。"阿尔基特"号急救站储备了很多晕船药品，其中最有效的是用颠茄提取物制成的透皮东莨菪碱药膏和经验证对晕船确实有效的乘晕宁药片。我按需分发了这些药品。我们遇到的第一件诧异的事，是扬帆航行的第一天就要避开美国海军舰艇在该海域进行的导弹发射演习。海军将渔船驱离演习区。我们也遭到了驱赶，既然如此，那我们就暂时休息钓鱼吧。我们放下一根鱼线，几分钟内就钩住了个大家伙。激烈搏斗 10 分钟后，我们拖上来一尾 24 磅重的长鳍金枪鱼，这尾金枪鱼跟我们一样，都是往西奔往环流区的。经过几天在波涛汹涌中逆风航行，我们迎来了航程中第一个风平浪静的日子，这时我们已经航行了500海里。我们决定进行一次拖网采样演练。我们离大环流区中心还有一半的航程，因此我们不指望除了浮游生物还能采到什么其他东西。但是实际情况是我们确实采到了大量的塑料碎屑和碎粒。虽然这次拖网不属于正式采样计划，但我们还是将这次试拖网记录下来，并输入了数据库。这是一个令人惊讶并引人深思的发现，可以提升我们达成目标的集体意识，同时也激起了我们的共鸣。

船员兼艺术家史蒂夫·麦克劳德，以其沙滩拾荒者的敏锐眼光和钢铁般的专注力给我们留下深刻的印象。他具有喜玛拉雅山瑜伽修炼者的耐性，可以一次在船头站上数小时，在断面图上画下视野范围内的每个可见漂浮物，充分补充记录了拖网范围之外，或因太大而无法拖上来，或不是很有必要放下风帆和小艇去采集的塑料。麦克劳德在埃贝斯迈尔的漂浮垃圾研究中起到了关键的作用，他运行一个信息交换中心来比对在1990年"汉萨货运"号集装箱船海难事件掉到海中后回收的耐克乔丹牌鞋子。他作为一个艺术家勉强维持着贫困的生活，但取得了罕见的成绩。他的画作大多是海景画，人们对他那情绪多变、明快光亮的海景画非常欣赏。他具有特殊的天赋，很巧妙地把海滩拾荒获得的人造漂浮垃圾和天然物转化为艺术作品。他送给我一把手工制作的手杖，我感到特别荣幸，手杖是用巨颤藻加工、晒干制成的，手杖头有月长石装饰。我的手杖和桦木制成的一样坚固，到目前为止没人能够成功猜出这是由什么材料制成的。我将它称为"天然塑料"。史蒂夫的工艺作品一直为我们的项目作着贡献，史蒂夫捐献了几件他用漂浮垃圾制成的工艺品给奥吉利塔基金会发起人，演员艾德·阿斯纳以最高竞价将这些作品成功拍卖出去了。

麦克劳德擅长比喻。他说，无数的塑料碎片悬浮在海洋表层，这让他联想到了值夜班时星光灿烂的夜空；大洋的天空万里无云，清新透明，远离文明社会的灯光污染和他家乡俄勒冈海岸的夜雾。这些色彩斑斓的碎片最终停留在史蒂夫清扫的沙滩的碎浪线上，史蒂夫带着嘲讽的语气称之为"装饰品"。他比喻说，就像一片壮美的森林里挂着的花里胡哨、品味低下的圣诞装饰品。当我们倾听史蒂夫讲述的时候，他悲伤的心情深深打动了我们所有人。我们的孩子可能永远不会知道没有塑料的沙滩和大海是什么样子。

在离港 8 天后，我们到达了亚热带高压中心区附近的预定采样海域。当风速降到 10 节以下时，我们开始布放曼塔网，在环流中心区的东部边缘，大概离陆地 800 英里的采样点正式进行第一次采样。采样网从海洋表面掠过，漏斗式的网口将垃圾收集在细小网孔的过滤器中。这个采样网非常灵巧，我们对它的表现印象非常深刻。在拖网 3.5 英里后，我们拉起网来检查采集的样品。在收网时，曼塔网网口逐渐变小，我们很细心地将附着在上面的东西冲洗下来。收集袋位于拖网底部，容量大约相当于 1 夸脱的瓶子。收集袋夹在一根黑色塑料管上，而塑料管又被夹在网的开口端。我们急切地将收集袋拆下来，大家围过来看。虽然大家这么迫切紧张，但是我也不清楚到底我们想看到的是什么。胶状的浮游生物和塑料碎片交织在一起，其中的塑料碎片看起来就像一个融化的意式冰淇淋中的糖渍水果。塑料碎片的量看来甚至和浮游生物量不相上下，但在将样品送到实验室分析前我们还无法下结论。

顺便提下，"浮游生物"的词根来自希腊语的"普兰克托斯"，具有漂泊、漂流的意思。浮游生物是包罗万象的术语，包含无数的植物体（浮游植物）和动物体（浮游动物），小到需要借助显微镜，大到目光可见。昼夜洄游的浮游生物一天中可以从深水层洄游到水表层，但是这些基础的生命形式大多数随波逐流、顺风移动，就像海洋漂浮垃圾一样。

我们团队成员罗伯·汉密尔顿是个常驻观鸟者，已经把大洋物种加入他的物种清单，所有严谨的观鸟者不断地将见到的每个新物种记录和描写在这张清单上。实际上，他好像吸引到了一个鸟类同伴，一只长相英俊的黑足信天翁在我们的航行中跟了我们好几天。在第11天我们没有什么有价值的收获，但是一只有杂技表演天赋的红脚鲣鸟给我们带来了快乐。现在我们距离加州海岸已经1 000英里了，我们拖网采样也已经完成了一半的计划，这时一只筋疲力尽的年幼黑腰滨鹬紧急迫降在我们的船只附近。黑腰滨鹬在夏末通常迁徙到北美中部。罗伯用网兜成功地从水中兜住了这只可怜的鸟，把它轻轻地放入一个他已经铺好内衬填充物的盒子。他迅速跑向船上的厨房，拿来糖水给它喂食。同时我们做了一点新鲜的贻贝，这些贻贝恰巧附着在我们捕获到的四处漂泊的漂浮渔具上。我们拯救黑腰滨鹬的努力最终失败了，它最后渐渐失去了生机。我们决定将其尸体速冻起来并捐献给博物馆。它最后的安息地是洛杉矶自然历史博物馆的档案室。如果在那时就已经掌握了现在我们知道的知识，那么我们可能会给那只死去的鸟作个尸检，来检查它是否吃进了塑料。

与此同时，布设在船体间的网板拖网没有采集到大块塑料，原先我们预期应该可以采集到一蒲式耳的量。对于捆在船尾台阶间的网，我更是感到特别失望。还好，根据原先的计划，我们没有仅仅依靠这个网来采集样品。我们用网板拖网对大洋更深层次的海水进行次表层采样，采上来的主要是表面附着了藻类的短的单丝纤维，这显然是附着的藻类稍稍增加了纤维的重量，致使其向下沉降。我们的结论是，这里的塑料主要集中在表层海水。

我们的采样设计要求是，拖网长度是随机的，拖网间距也是随机的。莫莉·李卡斯特给我们提供了采样指南。在前往下个曼塔网采样点的途中，我们再次经历了风平浪静的日子（赤道无风带），这告诉我们现在已经接近大洋环流区的东部中心了。在这种良好海况下，我们赶抢时机一下子布放了3种网：曼塔网、网板拖网和半英寸网目的尾拖网，后者用于采集表层海水的更大块的垃圾（如瓶盖、网具、废弃的绳子、塑料袋）。这3种不同类型的网布放和采样彼此间互不干扰。我们必须加大引擎，保证拖网速度在1.5节到3节之间。最后，我们发现每张网都采集到了垃圾样品，但是网板拖网布放于

30 英尺（10 米）深的位置，采集到垃圾样品最少。这并不奇怪，有浮力的塑料会在上层海水中漂浮，在平静的海况下将上浮到近表层，但是，正如我们所见的藻类附着的纤维，密度大且被生物质包覆，它们将下沉到更深层。曼塔网再一次采集到了最多的塑料垃圾样品。

随着采样进行，采集到的样品不断地让我们震惊。每个样品似乎都有自己的特性，但是我和船员在每个曼塔网"胃容物"中的发现都令人吃惊和不安，因为没有一个不含塑料。确实，曼塔拖网提供了一个有效的且可重复的方法，可以采集任何漂浮在海水表层和近表层的样品，这些样品可能是塑料、浮游生物、以浮游生物为食的滤食动物、小鱼和奇怪的油漆斑块，以及后来我们从团状样品中提取的焦油。

在我们最后一天的采样中，我们遇到一块巨大的，大部分沉没在水里的漂浮垃圾，这块垃圾好似在海水表面偷瞥着我们。船员掷出一个带标识的浮标，跳上小艇试图去回收这个大块漂浮垃圾。这是最糟糕的一次"一站式购物"，也给我们上了一堂关于海洋的课。它编着织着，纠缠在一起。原本相距遥远的、完全不同的，但是在某些方面相似的物体在数百万上千万平方英里的看似纯净无瑕的浩瀚大海上相遇了，然后海洋将它们"缝合"在一起，形成一个奇形怪状的整体。我们避开波动不止、毛茸茸的绳索和网具，潜水到这块漂浮垃圾周围，认定这就是一个实实在在的科幻小说中的"怪兽"。我们用搭配好的绳钩，把它钩到船上。一拉到船上，我们就对它的成分进行分门别类，发现大部分是由杂色的聚丙烯渔网和鱼线组成，因此我们将之称为怪兽"聚合 P."。约翰·巴斯是位退休的首席救生员，他像一只勇敢而灵巧的海豹一般滑进水中，将一个充满气的卡车轮胎和轮辋拖到"阿尔基特"号船体边上，让我们抓住它拖上船。这个令人讨厌的物什，很明显在海洋环流中停留了很长时间，橡胶轮胎上长着足丝缠身的藤壶，钢质轮辋则长满了藻类。

我们采集到相当多的"邪恶的"垃圾。除了大量的网具和绳索，还采到一个装化学品的桶、一个脆化漂白的瓶子、几张日本漂浮网、一块剪去鞋底样的泡沫板、一个"大利年"牌的酸奶油盒子。我们记录下每个样品的回收位置和重量，首先是记录"捕获"的甲壳动物和其他所有生物的种类，再次是将其外表刮干净。这样做有助于我们估算"污损生物"的数量，这些"污损生物"正如我们所知是搭载在其他物体上的。"污损群落"通常和沾污的船体外壳有关，这些船只在不同港口间来回航行，给当地水域带来了外来物种，而且往往是带来毁灭性后果的入侵物种。在海洋科学领域，它们称为固着生物，"固着"是依附的意思。在幼体阶段的最早期，固着生物必须"雇佣"一个物体来固定，否则将会死亡。这些生物似乎偏爱漂浮塑料。如果它们迁徙的家园保持完整无损的话，那么任何人都可以猜到哪些遥远的栖息地会乐于接受这些不受欢迎的入侵者①。我们也注意到，塑料上附着生物密密麻麻，像是涂上一层涂料，至少面

---

① 文中的意思是只有海洋最终接受了附着生物——译者注。

水的一边是这样，像是要给塑料遮挡住阳光紫外线的辐射。这是一种新型的共生关系，压舱水中的生物附着在塑料上，始终保证其一面朝下，从而减缓了塑料的老化脆化过程。

在经历几天的拖网、定位、垃圾样品回收和登记记录后，我们开始真正认识到太平洋中部环流区的问题，其中有些方面比我们预想的还要糟糕。在陆地上，所有瓶子和包装物，以及我们每天使用的所有廉价的塑料制品，最后都会被收集到垃圾填埋场里，与文明社会充分安全地隔离，想到这点我们还是觉得很宽慰。但是在海洋中，我们发现了一团团的塑料垃圾从不完善的垃圾收集系统中流出（某些地方甚至连垃圾收集系统都没有），看到了难以执法的国际海洋污染法律的缺漏。现在，所有这些畅通无阻、一路入海的塑料垃圾变得像是文明世界肮脏的小秘密。我们可能会采取措施控制垃圾、隐藏垃圾，或管理垃圾，可是垃圾却在原本不属于它的地方嘲笑着我们。

我们花了很长时间在水里，当然这不是因为我们喜欢与海豚一起游泳，而是我们项目技术规程的要求。在把拖网采集的样品拉上船后，我们要穿上蛙鞋，戴上呼吸管和面具跳入海里，目测确认海水中上下漂浮的塑料。通常一次入潜（在 74 华氏度的水里呆上 15 分钟）会采到一把在水中漂动的塑料纤维，也可以拍摄到微小的塑料斑点和几乎看不见的生物一起漂浮在海流中的视觉资料。塑料看起来确实很像是在模拟浮游生物，这对以浮游生物为食的生物是个坏消息。哎呀，很遗憾在这个航次中，没有带水下照相机来记录我们的发现，我将在今后的航次中加以弥补。

我们开始看到更大的浮游生物樽海鞘。这些生物基本上就是由透明的胶状物构成的摄食管，但是让人诧异的是，它们属于脊索动物门，也就是说尽管以原始的形式存在，但实际上是和人类一样的脊椎动物①。在南大洋，樽海鞘成排成片地聚居在一起，就像奇妙的蜂巢一样。我们曾经看到过一些报道，樽海鞘的聚居将数平方里海洋表面变为闪闪发光的胶状区域。现在我们已经知道，它们在碳循环中发挥了很重要的有益作用。樽海鞘也称为被囊动物，以它们的方式在浮游生物层间汲水，不加选择地吸进海藻、硅藻、浮游植物、小型浮游动物和其他海洋生物杂七杂八的食物残渣，甚至细菌，然后排泄出消化残渣。观察一种近乎透明的生物的分泌排泄情况是个奇特的经历。我们遇到的很多樽海鞘"穿戴"着塑料，从内到外，透明的组织里嵌着彩色小碎片。它们仍然正常地生活着，仿佛什么事都没有发生，但是它们已经装饰着各种各样的彩色塑料碎片。一个特别大的样品被拖入了曼塔网，和厕所纸卷的硬纸板一般大小，上面斑驳地黏附着塑料碎片。我们不禁怀疑塑料碎片会否以一种我们未知的方式影响着这些外来生物。我们也对捕食它们的上层食物链感到惊奇，也许这些小东西会

---

① 脊索动物门是动物界最高等的门，具有在个体发育全过程或某一时期具有脊索、背神经管和鳃裂等三大特征。脊索动物门由尾索动物亚门、头索动物亚门和脊椎动物亚门组成。海鞘和人类同属于脊索动物门，但分属于不同的亚门，因此不能说海鞘是和人类一样的脊椎动物——译者注。

被一口吞下，一路穿过吞食它们的生物体，至少看起来像是这样。我想，在这儿开展一个摄食方面的研究将是一件非常有趣的事。

在这个航次期间，我们使用笔记本电脑和打印机来发布船上新闻通稿，在我们返航后，这些新闻通稿将由奥吉利塔海洋研究基金会的同仁们很快地分发出去。在读我以前关于这次航行的报道时，我有点懊恼，因为我当时怎么称呼所有的塑料碎片为"塑料粒"。这个术语本该专门用于那些预制塑料球，它们在深海生境里应该是很少见的。举个例子，我写到："女士们，先生们，数百万平方英里的太平洋海域，也就是最遥远和最原始的太平洋中心表层海域，已经变成了塑料粒子汤！在高压区，在任意地方潜水都能发现塑料粒子漂过，航行能发现塑料颗粒漂过，拖网能采集到成千上万个塑料粒子。塑料问世以来，50多年过去了，塑料碎片在太平洋已经变得无处不在了，成为了完全无营养的浮游生物"。我发觉当时我也认为塑料对生物是惰性的。现在我明白了这是错误的，我们很快知道了塑料会表现出不同程度的生物活性。当时主流的看法现在看起来是很天真的，但是我们的信念依然没变。

"不可生物降解"这个专业术语经常用于塑料，意思是它们不会被生物消化。现在的研究表明，某些微生物在某些特定条件下可以很缓慢地降解塑料。固着生物寄居在大洋环流区的块状塑料上，看似会给塑料表面造成凹痕，但是我们仍需进一步了解造成这种凹陷的原因是机械损伤还是生物消化。相对而言，我所说的"环境降解"进行得更快些。我们在大洋环流区找到的塑料碎片大多数是由于暴露于环境之中而被分解。塑料在持久存在的过程中会形成一种奇特的中间形式。相对于其他材料，比如玻璃、钢铁、石头等，塑料更容易失去其物理完整性，特别是当暴露于阳光和机械、氧化压力下时。但是塑料远比生物组织稳定。当我们死亡后（我们的细胞也是如此），我们释放出甲烷气体和硫化氢气体，身体的物质在许多有机体的作用下，经过复杂的转化过程，最终转化为尘埃。然而，虽然塑料被分解的越来越小，但是它们的分子仍然是小聚合纤维，这些小聚合纤维可能以无限小的形式存在数个世纪，甚至长达千年之久。塑料对地球这个星球而言是相对比较新的物质，其问世时间还太短，因此我们还不知道它在环境中能持续存在多长时间，以及可能造成的后果。

　　我想起詹姆斯·马克斯在夏威夷威玛纳诺海滩捡到的塑料碎片，我曾经认为它在送往再加工厂之前，已经被机械磨碎了。在这个航次装船之前，我对塑料降解进行了研究。埃贝斯迈尔推荐我去读一下安东尼·安德拉德博士的研究，安德拉德博士是这个领域的首席研究员。到了大洋环流区，我意识到在现场看到了他的研究所揭示的现象。像吸血鬼似的，塑料不会和太阳光发生很好的反应，紫外线辐射是通过断开聚合物链的方式使塑料脆化的，这也是乙烯基塑料汽车仪表盘在太阳光照射数年后发生破裂的原因。海水开始从脆化的塑料中溶出化学添加剂，在生产中加入这些化学添加剂是为了提升塑料的耐久性和柔韧性。经过数年的研究后，安德拉德认为至今为止，在这一点上所有对塑料持续存在的评估都只是猜测。

我已经开始质疑埃贝斯迈尔关于大洋环流区塑料是因为紫外线辐射而崩解的观点。在这次航行后，我们最后一致认为，塑料崩解方式有多种。一些大洋环流区的塑料可能在岸线波的冲刷粉碎下，在陆地上开始降解的。但是我还有另外一个推测，由于塑料上有很多咬痕，我确信其中相当多的塑料碎片是由饥饿的鱼从大块塑料咬下来的，并以排泄物的形式排入大海的。

埃贝斯迈尔在他的一封信中，作了一个十分大胆而有争议的计算。根据他的估算，如果降解后颗粒大小和詹姆斯·马克斯在夏威夷威玛纳诺海滩采集的样品相当，那么 1 公升的聚对苯二甲酸乙二酯碳酸饮料瓶可以崩解成 12 500 个颗粒，30 个饮料瓶可以为地球上 372 000 英里的海岸线每英里贡献一个颗粒。我们在大洋环流区所见到的是历经半个世纪，连续的、日积月累的塑料沉积。这是一个关于塑料垃圾历史的海洋博物馆。但是我们仍然不得不去学习如何从这些碎片中提取真正需要的信息，也就是它们的来源。实验室控制条件下的研究揭示了塑料丧失机械性能的机理，但是一瓶从环流中拖上来的塑料碎块能告诉你的信息却非常的少，变量太多了。塑料也没有我们可以读取的 DNA，相同的塑料类型在世界各地都在使用。你可以说海洋环流是塑料熔炉，我们所能确定的只是塑料垃圾正在这儿聚集，和海洋表层的某些天然成分相互对抗。

环流区阳光明媚的天空和温暖宁静的海水很适合采

样，我们进行了 5 天忙碌的采样工作，然后进入快乐的休整。我们晒着太阳，跳入温暖的海洋中潜水娱乐，可是潜水时仍然被塑料垃圾包围着。几只热带海鸟懒洋洋地在我们头顶上翱翔。在我们休息 1 天之后，一股暖锋快速通过高压区，在这种情况下，没办法再进行采样了，于是我们跳上了这列"天气货运列车"，开始了返回圣巴巴拉的长途航行。由于顺风的原因，我们没必要加速引擎，因此节省了很多燃料，而且比原计划提前两天到达。与 1997 年从夏威夷返航的情形正好相反，这也说明了厄尔尼诺现象的破坏力。之后进行了更多的新闻报道。艺术家/海滩拾荒者麦克劳德告诉圣巴巴拉的报纸说："在一些区域，塑料垃圾川流不息地流过，真是令人苦恼。"

回到长滩，我头一件事情就是联系埃贝斯迈尔，他对于这次航行与我们一样兴奋。我在船只入港的第一天就联系到了他，他说："来吧。"我想：为什么不呢？没有时间可以浪费了，因为我已经发现有一只成熟的牡蛎附着在一个破损的浮标上。埃贝斯迈尔说如果我可以把它保持完好地交给他，他知道谁能够鉴定出种类并确定它的来源地。这是犯罪现场调查（CSI）式的垃圾鉴定。

我的工作卡车不适合长途运输，因此我向母亲借了她 91 年的"米色夫人"凯迪拉克双门轿车。我在 9 月 22 号离开，离我们回来还不到两周。我在后座和后备箱里铺了塑料防水布，装满了大量的塑料碎片，有一些可能可以追溯到埃贝斯迈尔的集装箱泄漏物。

这不是一个轻松的旅程。我把车开上 5 号州际公路，穿过加州平坦的中部农业区（也可能是中西部）。刚开到俄勒冈州边界，公路在沙斯塔山附近开始转为上山坡道，凯迪拉克就开始过热了。我想起来这是一辆通用汽车公司生产的车，通用汽车公司的汽车实行计划报废制度。车上带了一些容积 1 加仑的聚乙烯桶，我用它们装满了水，每过 15 分钟左右我就靠边停车用水冷却过热的引擎。我最后到了一个有凯迪拉克经营商的大城镇。凯迪拉克经营商服务部告诉我，换掉整个发动机比只更换机头要便宜，因为机头是变形的铝，无法进行修理。我把我妈妈的"凯迪宝贝"留在修理部，开着经营商提供的代用车继续上路，在这期间，机械师把旧的发动机换成一个"新的"翻新的发动机。

我离开长滩两天之后到达了西雅图，总算结束了这次穿州越府、令人疲惫的旅程。西雅图总是令我感到惊奇，身后，宏伟的雷尼尔山朦朦胧胧、依稀可见；面前，西雅图湾波光粼粼、一览无余。我在埃贝斯迈尔家的木头框架结构的屋子附近停下车，屋前种着一些樱桃树。他出来迎接我，建议我在房前的草坪上整理这些垃圾碎片。我向他展示了在破碎的塑料浮标上的牡蛎。这个牡蛎和我，游历千里、风雨兼程、故事多多。

据他所知，从环流中打捞出来的材料，没有一种是他所知道的集装箱泄漏物。排球有经历太多风吹雨打的痕迹，因此不可能是一年前的，也就是不可能是 1998 年 10 月的"气象炸弹"泄漏的，其余的很多都是来自于商业渔业活动，没有橡胶制作的鸭子、青蛙、乌龟和海狸，没有冰球手套，也没有乔丹牌鞋子。东部环流区是如此之大，我们想找回特定的物品就像是大海捞针。用陆上的东西来类比的话，这好比有一条贯穿两个得克萨斯州的环形高速公路，你开着高尔夫球车在这条公路上行驶，寻找可能从得克萨斯人口袋里掉下来的 20 美元钞票。但是广阔的海洋并不是固定的公路，没有路标来追踪。要知道，我们在环流中一半的时间是在黑暗中度过的。环流的神秘之处在于：如果你在寻找某种特定的东西，即使通过计算机模型预测到它是在那，你也极有可能找不到它。但是你将会发现一些其他的不合时宜的东西，它们拥有奇特的能力可以让你感到刺激和恐惧，就像是一场恐怖表演。

这时我才发现埃贝斯迈尔和我想象中的相当不一样。站在我面前的埃贝斯迈尔博士，说他是什么人都可以，就是不像一个大学教授。在我要求参观他的实验室的时候，他带我去地下室，一个废料地下墓穴，我就知道他真不像是大学教授。他向我展示了他的收集品，大多数分类放在滑车箱里。我想要参观的是典型的海洋科学实验室，因为我的任务是处理和分析我们科学严谨采集到的环流样品。埃贝斯迈尔却告诉我他的专长是海上钻井平台建造和安全以及溢油管理。他受指派在世界各地的石油和咨询公司工作，现在也偶尔从事咨询工作。他有一个巨大的爱好，就是开展海滩拾荒活动以及在当地的会议和年会上和拾荒者们聚在一起，在活动中，来自世界各地的废料爱好者比较、分享、出售和交换各自的发现。和大多数海滩拾荒者一样，埃贝斯迈尔是日本玻璃渔具浮标的行家，并收集了一批精美的收藏品。

我的东道主决定打电话给另一个废料专家史蒂夫·

伊格内尔。我从一个海洋垃圾研究中知道了他的名字，他和来自阿拉斯加的科学家罗伯特·戴和大卫·肖在二十世纪八十年代一起开展过研究，我希望他能够和我们一起同步分析样品以及交换信息。埃贝斯迈尔被我们的数据说服了，重新评估了他们的研究，认为即使有《国际防止船舶污染公约》附则五的限制，海洋塑料垃圾的数量仍然在增长。将我们研究结果与先前的研究数据比较分析后的结果让他坐立不安。当他和伊格内尔说话时，我在一旁听着，慢慢地他开始显得有点沮丧。他挂断电话，告诉我伊格内尔说："我们已经这么做了。"事情的结果是，从 1984 年到 1988 年，他们在太平洋发现并监测了塑料，并在 1990 年发表了研究结果。十几年后，我们在他们之前研究范围之外的重要海域进行了调查，而且我们拥有更好的研究装备。我对此仍然充满兴趣。我们继续工作，坐在埃贝斯迈尔家里的餐桌旁，我们用其他方法来研究环流中的垃圾来自哪里、去往哪里以及如何制止它。

在开车回家的途中，我感受到了一种不断增强的挫败感。十几年前，伊格内尔、戴和肖已经发现了海洋塑料显著存在于日本海和北太平洋中，然而面对这些，我们什么都没做。在世界上所有人中，我，作为海洋研究基金会的创立者，研究了水质，清理了滨海湿地，同时我也是海岸警卫队关于夏威夷海滩上发现的彩色塑料碎屑的联络员，我本应该意识到其他一些人已经了解了我们的海洋中到处充满着塑料垃圾，但是事实上我并不了解。不知怎么地，此时此刻我无法用言语来描述这一切。

在这个时刻，我意识到在太平洋，可能应该在整个地球的海洋中，我们必须发动前所未有的运动来阻止这种人为的恐怖秀的蔓延。这个运动可能根植于科学，但需要人们的热情来推动。我还没有学会去面对最坏的情况。

第六章　一次性生活方式的发明

二十世纪五十年代末，变革的春风吹过我们的厨房，其中送奶人充当了变革先驱。穿着白色洁净的制服，戴着一顶运动帽，送奶的保罗每个礼拜都会来一次，叮叮当当地拉着装有夸脱玻璃奶瓶①的铁车，还给达克斯猎狗捎带来一块羊骨头，这条狗的名字叫皮克里·冯·布兰尼各斯瓦根。大家都喜欢保罗，特别是皮克里，虽然皮克里一般是比较挑剔的"顾客"。保罗会把上次装牛奶，但清洗干净的奶瓶装上铁车，返回大概离我们家20英里远的乳品场。在乳品场里，这些瓶子经过消毒，重新装满牛奶，装上货车，再次运送到各家各户。想象一下这个过程。事后看来，这种模式带来后见之明的利益，看起来非但不显得平淡无趣，反而显得富有创新性，而且绿色环保。

一天，送奶人载着半加仑印刷纸盒装的牛奶来了。这些纸盒装牛奶看起来有些古怪，同时又带着一点新奇，慢慢地我们接受了它。保罗清楚这些纸盒会给他带来什

---

① 美制1夸脱等于0.946升，即0.000 946立方米——译者注。

么命运吗？他其实已经面临了危险的境遇，他，连同他的可重复利用的玻璃瓶、当地乳品场和上面带着奶油而且不含激素的牛奶很快就会被淘汰。

早期的奶盒涂有石蜡防水层，石蜡是一种石油产品，小学生可以用指甲把它从牛奶和果汁纸盒上刮下来。到二十世纪七十年代，石蜡已经没有了市场，聚乙烯薄层压板成为了市场主流。1964 年出现了高密度聚乙烯加仑罐，从此封杀了送奶人的命运。除了在极少数的乡村小范围区域人们通过"奶仓库"进行运输，牛奶已经变成了超市的产品，这就意味着用容器进行远距离运输的方式遭到了抛弃。随着带有宽敞停车场的洁净连锁超市如雨后春笋般冒出来后，当地的杂货店、面包店和肉铺一个接一个地倒闭了。在超市里，纸盒包装的奶、塑料袋装的面包、聚苯乙烯泡沫塑料托盘上的预切肉的价格更低，而且看起来更卫生。

如果一次性用品的新时代有诞生日期的话，那应该是 1955 年 8 月 1 日。在那一年，电视机的拥有量达到了一个关键值，拥有 65% 的家庭保有量，而"消费主义"理念此时正在像赛车似的高速起步。在那一天，《生活》杂志发表了一篇文章，标题是"一次性生活：数十种一次性家居用品将你从清洁卫生中解放出来"。《生活》是美国顶级杂志，有着 1 200 万的发行量和海量的读者。文章附着彼得·斯塔克波尔拍摄的一张标志性照片，展示了"在空中飞行的物品"：一堆在空中飞行的铝制馅饼罐头和组合式盘子、餐巾纸、纸杯（"用来装啤酒和海波鸡尾酒——一种威士忌和苏打调出的鸡尾酒"）、厨房用具，甚至还有一次性纸尿布，一次性纸尿布推动了战后婴儿潮。站在这些消耗品下面的是一个穿着"家居服"的女士，一个穿着刺绣衫和玛丽简斯鞋的小女孩，和一个穿着白色T恤和皱巴巴的工装裤的"知情人"。这个不太可能在一起的3人组，从一个金属网眼垃圾篓后面向上凝视着物体在一个垃圾篓中飞出飞进。不管它的飞行轨迹如何，在这张照片中，我们清楚地看到垃圾失控的早期迹象，这是会让环卫工程师们抓狂的迹象。对海洋来说，则意味着面临更糟糕的情况。

显然，文章没有提到塑料，飞行的物体是纸张和金属。塑料具有特殊性，但还不是一次性的同义词。在二十世纪五十年代中期，平均每个家庭可能都会有一台盘式拨号电话和一套模塑的酚醛树脂塑料餐具。这篇简短的文章声称，"在这张照片里，这些空中飞行的物品需要花40小时才能清理干净，除非家庭主妇不想麻烦，在使用后把它们扔掉。"这种说法是无耻的炒作，但我们却都相信了。一次性使用后把它们扔进垃圾桶，这使得妈妈们能够从厨房的水槽中解放出来。对妈妈们有好处的做法就对整个家庭有好处，这是二十世纪五十年代风格的妇女解放运动。

我们不必为那些没能流行起来的一次性物品感到伤心：一次性布制品、热水袋、狗盆，还有狩猎野鹅和野鸭的一次性诱饵。塑料的潘多拉盒子会源源不断地释放出一次性圆珠笔、打火机、剃须刀、注射器、手套、卫生棉涂布条、导尿管和购物袋；或者是瓶子、澡盆、水壶、托盘、吸管和饮料、食品、药和其他想象不到的产品的吸塑包装材料；或者是包装纸、袋子、花生包装袋、气泡膜；或者是快餐店和小型超市中源源不断流出的树脂臭气。这还没有把像电脑这样的塑料物品算在内，每年有 1.8 亿台电脑被丢弃，而从技术上讲，耐用品至少可以使用 3 年。

现在如果有东西坏了，我们都是一扔了之。谁还记得上次坏了的烤面包机送去修理是什么时候？买一个新的更便宜。2006 年，当史蒂夫·乔布斯力劝他的下属，即使旧的产品还可以用，每年也应买一台新的 iPod 时（这是一款价值数百美元的产品），苹果的股东为此欢欣鼓舞。现在，在 3 亿台塑料包装的 iPod（加上少量的一些其他产品）背后是乔布斯史诗级的商业成功。这其实难以令人欢呼。类似这些的电子产品（其中含有各种各样的有毒金属和像铜、石油这些日渐枯竭的资源），创新和一次性使用结合在一起的原因只有一个：商业利润。

让我们再看看二十世纪中叶的美国，那时候仍然是"二战"后时期，大概在那个时间段，我们的生活方式进入"一次性生活"方式。由于住宅建筑的激增，人们纷纷从城市和乡村搬到郊区，婴儿潮从那时候开始了。在二十世纪五十年代，父亲们能够挣到足够的钱养家糊口，普遍的解渴饮料是平底玻璃杯装的牛奶、果汁和水。妈妈们在夏日里，搅拌冲泡纸袋包装的"酷爱"饮料来提神。在特别的场合里，可口可乐、七喜、橙汁和姜汁汽水都是从可回收瓶中倒出来的。个人护理用品，比如"光泽霜"牌洗发水，"五分之四的电影明星最爱的洗发水"和"布鲁克里姆"牌发蜡，"轻涂一点点就足够"，都是装在玻璃瓶罐或铝管中的。然而，护发素还没有大量投放市场，这种巧妙的充满聚合物的东西能够使日常洗发水打着漩涡流进浴室下水道，现在这种表面活性剂充斥着湖泊和海洋表面，对生物栖息地造成威胁。事实上，一般 50 多岁的女士每周都会去光顾美容院，而不是自己在家打理头发。快餐店排污口、加油站和商店开始遍地开花。1950 年，平均每个家庭占地 1 000 平方英尺，可以住下 3.37 个人，他们的衣服和鞋子可以宽松地放在衣橱里，可是按照今天的标准，这衣橱连内衣都装不下。如今，平均每个家庭在少一个人的情况下，也就是 2.37 个人拥有的空间是以前的两倍多。就像自然界不会存在真空一样，这些多余空间也被各种东西堆满了，其中大部分是塑料，它们在垃圾箱、慈善旧货店和租赁存储单元中堆积泛滥，租赁存储是个新兴行业，这个行业在五十年代还不为人所知。

这些东西是从哪里来的呢？如果需求是发明之母，那么战争是繁殖能力最强的母亲。1941 年，美国工业被军队征用，改组成为世界上前所未有的战争机器。1945 年战争结束，政府订单骤然停止，工厂面对萎缩的国内市场只能进行弹性生产。美国公众也需要相应做一些调整，经济大萧条迫使人们开始节衣缩食。第二次世界大战要求人们要有爱国主义牺牲精神。海报和新闻短片鼓吹人们保持"胜利"之家的美德，种植和分享自己的蔬菜，少吃肉和黄油，修补而不是买新的衣服鞋子。除去必不可少的金属物件，其余均上交回收，作为制造飞机、坦克、吉普车和枪支等的材料。

这个故事不仅仅是关于塑料的，它还和生活方式从节衣缩食到铺张浪费的巨大转变有关。当拼搏还是一种社会常态的时候，励志文章，从《新约圣经》到本·富兰克林的《穷理查年鉴》，宣扬的都是节俭和朴素的理念，从而使大多数人的生活方式更加高尚。亚历克西斯·德·托克维尔写了一本游记，他在十九世纪三十年代在美国游历时观察到："当我们深入挖掘美国人的民族特性时，我们会发现，他们在探寻这个世界上的一切事物的价值时，只关注一个简单问题：它能带来多少钱？"德·托克维尔将这一特征归因于美国多变的社会边界和对世俗成功的渴望。工业革命造就了中产阶级，但直到十九世纪末，真正的成功人士仍然属于那些掌控着资源和生产的人。在世纪之交，经济学家索斯坦·维布伦创造了"炫耀性消费"这一概念，并将其应用于"大时代"里想要彰显地位的新生暴发户。

战后的美国处于后经济大萧条时期，"无浪费则无欲求"内含的道德分裂，需要大量的一次性物品进军超市。麦迪逊大道对此并不陌生。1924 年，金佰利聘请了具有开创精神的广告人阿尔伯特·拉斯克来推广首批真正意义的一次性产品中的一种：高洁丝卫生巾。拉斯克曾说过一句名言："我最喜欢为那些只使用一次的产品做广告！"现代最早的一次性物品可能是男性的纸领子和纸袖口，随着美国内战时期纸张价格的下降，这种东西变得很普遍。这对过度劳累的女性来说是一个福音，因为她们除了要洗衣服、漂白、上浆和给男人熨烫袖口和领子以外，还有很多事情要做。

如果说方便催生了纸衣领，那么卫生则是卫生纸背后的驱动力。到了十九世纪末，公共卫生间开始出现纸巾和纸杯。市场需求和科技进步共同推动了一次性纸杯的发展，在 1909 年，为了取代学校和其他公共场所使用的公用玻璃杯或长柄勺，人们引进了一次性纸杯。1907年的一项研究表明，在公共场所共享器皿也意味着细菌的共享。当时最盛行的纸杯产品是"健康卡普"牌纸杯，1919 年重新命名为迪克西纸杯。技术更新和一次性产品是息息相关的。正如我们所见，早期的一些塑料，尤其是酚醛塑料和明胶，在"二战"前用于制造收音机、电话、和胶片等耐用品。大约在 1900 年前后数十年出现了能批量生产纸杯、纸盒、纸袋、玻璃瓶和金属罐的设备。二十世纪二十年代的一位经济学家有先见之明地写道："事实上，任何天然产物的可能性受到明确的限制，但是至少在理论上，化学产物的可能性是无限的"。

消费主义是美国"一战"后的一个热门话题。1933年，赫伯特·胡佛委托经济学家罗伯特·S. 林德撰写了一份关于 1929 年华尔街股灾的报告，它的标题是"影响人们消费的事物"。林德写道，在 1929 年华尔街股灾之前，营销专业人士已经开发出一种"有效的技巧"，让他们能够利用人性弱点来刺激消费。他说营销人员"视工作不安全感、社交不安全感、无聊、孤独、婚姻失败以及其他种种精神紧张……为机遇，将越来越多的商品提升到人性缓冲剂的高度。敏锐的商人对每一个暴露的弱点都准备好了针对性措施。"这就是他关于购物治疗法的描述。

爱德华·伯尼斯是营销学之父，他漫长的职业生涯以及他的生命跨越到二十世纪。作为西格蒙德·弗洛伊德的侄子和伊凡·巴甫洛夫的学生，他集两者之大成，创建了一个强有力的大众劝服的"武器库"，至今仍为人们所用。用他的话来说，营销学的目标是达成"一致的工程"，即创造欲望，并将欲望转化为需求。但所有这一切都要基于一个好的理由，而"一战"后由于供过于求，因此消费被视为经济稳定和繁荣的一种方式，这正好为此提供了一个好的理由。这个理由在 1929 年 10 月 25 日之前一直都很有效。

大萧条期间出现了一个转折点。一篇广为流传的论文主张增加需要不断更新换代的产品产量，换句话说，就是增加一次性产品产量，这成为了走出经济深渊的一条路子。到了二十世纪中叶，社会评论家万斯·帕卡德将疯狂的消费主义归咎于高雅时髦的广告、有计划的报废、不断猎奇的心理和社会攀比风气，消费主义现在定义为超出自己的实际需求购买东西，在确保美国繁荣的同时也危及了美国精神。赫伯特·马尔库塞在他 1964 年的著作中指出了一个既成的事实①："人们在商品中认知自我价值；他们在汽车、高保真音响、复式住宅、厨房设备中寻找自己的灵魂。"我们可以买来社会地位，用自己方式来维持繁华，甚至通过"物质帝国"来塑造身份。

当然，改变我们文化的最大消费品是汽车。第二次

---

① 指赫伯特·马尔库塞出版于 1964 年的《单向度的人：发达工业社会意识形态研究》。该书作为《世纪人文系列丛书》，于 2008 年由刘继译出，上海译文出版社出版——译者注。

世界大战后，美国 50 家生产合成橡胶轮胎的工厂顺利地改组成为国内市场服务的企业。事实上，通过与通用汽车公司及石油公司合作，轮胎行业在除了少数几个城市外的大多数美国城市，帮助改变了现存的公共交通系统的建设进程，维护了这个如今每年消费 10 亿个轮胎的市场。在此之后，正如我们所看到的，战后第一批塑料产品的特色是耐用的硬塑料制品，比如呼啦圈、胶木台面和黑胶唱片。

那么再来看看美国州际公路系统。这是当时人类有史以来最大的公共工程项目，也是德怀特·艾森豪威尔总统最主要的政绩。作为"二战"盟军欧洲统帅，艾森豪威尔对德国的高速公路赞不绝口。它最重要的一个优点就是为军用车辆和装备的运输提供了极大的便利。在 1953 年昵称为艾克的艾森豪威尔就任总统时，他的首要任务就是修建州际高速公路系统。1956 年，在总统的推进和汽车工业界的游说协调下，国会批准了《联邦政府助建高速公路法》。新的道路系统不仅增强了备战能力，而且还空前地促进了经济繁荣。

早在大萧条之前，美国工业就已经开始认识到集中大规模生产，注重精美包装、商标品牌和广告推广带来的利益。到了二十世纪二十年代，亨氏和金宝汤开始生产罐装羹汤及酱料；桂格会和皮尔斯伯里生产袋装燕麦和面粉；高露洁和宝洁生产牙膏和肥皂。服装和其他商品的目录订购大受欢迎。几个世纪以来，以地区和家庭为单位生产基本生活必需品的旧模式，已经被一种更接近我们今天生活方式的模式所取代。

新的州际高速公路系统为当时当地的产业进一步合并铺平了道路，乳制品就是一个例子，这也意味着铁路系统的衰落和货车运输业的繁荣。在二十世纪四十年代，有 2 300 家农场主合作社向当地市场供应牛奶。到了 2002 年，只剩下 196 家，其中仅仅 5 家就占据了美国乳制品一半的产量（城市化、牛遗传育种改良、改进的加工程序和冷藏车运输也是影响因素）。康涅狄格州的一家老字号乳制品公司韦德氏在网站上对此进行了详细说明："当超市不再提供牛奶送货上门服务时，他们通过将自有品牌的牛奶包装在纸盒中，并强制使用一次性容器，拒绝接受其他公司将牛奶装在可重复灌装的瓶子中。"可回收、可重复使用的瓶子不再具有商业意义。当地的面包业也经历了类似的转变。原来赫尔姆斯烘焙卡车每周光顾我们社区。多格木箱里装着新鲜出炉的面包和温热的甜甜圈，散发着引人入醉的香味。根据顾客的需求，用蜡纸和纸袋把买下的东西包装交付顾客。但到了二十世纪六十年代中期，这也消失了。在那个时候，连锁超市公司开始提供廉价的白色沃登面包（"强身健体的 12 种方式"），这种面包从中西部运过来并用印有气球的塑料袋包装保鲜。

与其他产品相比，食品的大规模生产和配送更为棘手。只有克服了易腐烂性的困难，食品才能开始集中生产。自 1889 年第一台自动旋转制瓶机获得专利以来，玻璃作为食品和饮料的储存容器得到了广泛应用。直到二十世纪六十年代末，不管是不是食品，大多数液体产品都用玻璃瓶包装。玻璃瓶仍然是果酱、调味品和优质饮料这些高价食品的首选包装材料。

当拿破仑允诺给能为他的军队保存食物的人提供1.2万法郎之后，法国人发明了马口铁罐头。1906年，家乐氏公司引进硬纸箱，用密封蜡纸做内衬保鲜，运送其新产品玉米片。铝箔包装在二十世纪五十年代开始普及，铝罐则在1960年登上了超市货架。

再后来塑料上场了。有记录最早的商业塑料制品瓶子，是1947年朱利斯·蒙特尼尔博士设计的PVC可挤压瓶，朱利斯·蒙特尼尔博士是"斯塔皮体"牌除臭剂的发明者。这种除臭剂是首个除臭喷雾剂，也是广受欢迎的电视游戏节目《我的台词是什么？》的荣誉赞助商。蒙特尼尔在申请专利时声称他的发明是"液体的一体式容器和喷雾器"。这种容器是和芝加哥的普莱克斯公司联合研制的（这家公司后来被孟山都公司收购，但之后又被剥离），表明了用吹塑法进行大规模生产是可行的。想象力丰富的蒙特尼尔博士很快又设计出挤喷式爽身粉和洗发水，全都用聚氯乙烯塑料包装并在电视上推广。

塑料薄膜是一种廉价、轻质、不透水的材料，用它来包装使得易腐烂的物品能够进行长距离运输，既经济又保鲜。塑料薄膜的特性使它几乎应用于一切商品的包装，并将食品和饮料从局限于本地生产中解放出来。但是，这也将开启一个垃圾不会朽坏的时代。

塑料薄膜首先是由美国陶氏化学公司在试管残留物中偶然发现的，很快就被用作军用设备的防潮材料。早期的塑料薄膜呈绿色，且气味难闻，这与它的化学起源不符。经过必要的改进之后，塑料薄膜终于在1953年得以批准作为食品包装材料。目前聚乙烯薄膜是单一产量最大的塑料产品。据估计，全世界每年生产8 000万吨聚乙烯，大部分用作包装材料。到目前为止，包装是塑料最过度使用的用途，消耗了三分之一的树脂制品总量，正如我们所看到的，消费类物品、公共设施产品和建筑排名第二，远远落后于它。

从什么时候开始，"塑料"被认为等同于"一次性"？我们已经看到塑料有足够的特性，可以用于长期使用的消费品。后来虽然还不是很完美，法国比克公司获得专利首次在阿根廷实现了伯罗圆珠笔的商业生产。在解决了防止滴墨问题后，比克公司的设计师们选择使用透明聚苯乙烯圆筒，这种圆筒带着一个平衡压力的针孔。在占据了欧洲及几个周边市场后，比克公司在1958年收购了美国威迪文钢笔。比克的笔芯比缤乐美圆珠笔更便宜，但是具有同等的书写性能。比克在美国的排名仅次于缤乐美，但在世界上其他大多数国家中都占据了最大的市场份额。2005年，比克公司生产了第1 000亿支比克水晶笔。每天在全球160个国家售出1 400万支。我在拖网中没有拖到它们，因为硬聚苯乙烯通常会下沉到海底，海底可能是它们的最终归宿地。

在采样中，我采到了像空心管一样容易漂浮的毡笔，确切地说，像一次性打火机。比克打火机于1973年推出，占据了继吉列打火机之后的第二大市场。比克公司的打火机的价格要便宜一半，因此到了1984年，吉列公司已经彻底放弃了打火机市场。如今，比克的主要竞争对手是廉价的中国商品，批发价每支不到25美分。比克公司每年在美国销售 2.5 亿个打火机，并声称自己是世界上最畅销的一次性打火机品牌。这些打火机（保证提供 3 000 次火焰）及其同类产品成为黑背信天翁食谱中的致命食品。比克公司发言人表示，该公司对在偏远岛屿黑背信天翁内脏中发现一次性打火机感到"惊愕"，但他坚称，这些打火机即使有也极少是比克公司生产的。对于这点，我们最终会找到答案的。日本一名研究人员呼吁人们回收世界各地海滩上的一次性塑料打火机。他的目的是想通过打火机上的标记来追踪其来源。打火机在渔业船队中大量使用，但从偏远的海滩上也能回收到大量打火机的情况来看，陆源也是来源之一。比克的每一个产品，包括一次性剃须刀，含有的塑料为 5 到 6 克，含量不高，只需要 200 到 300 个塑料树脂颗粒熔化成型。但是如果每年生产数十亿个产品，那么累加起来的塑料量就不容忽视。50 亿个打火机、笔和剃须刀将产生 3 000 万吨塑料，它们的存在时间会比任何一个读者外加他们的孩子的寿命更长久。市场不想让你的产品成为收藏品。产品和财产是有区别的。产品是短暂的，是拿来使用而且最后被消耗掉。财产则是用来保存、使用，是有价值的。许多曾经是财产的东西现在变成了产品，打火机、钢笔、剃须刀、芝宝打火机和万宝龙钢笔都曾是人们梦寐以求很有意义的礼物，但是现在不是了。

"计划性报废"的概念对于一次性生活方式至关重要。亨利·福特设计出一款耐久的 T 型车，天真地认为巨大的汽车市场会永远属于他。然而随后通用汽车公司推出了一种完全不同的理念：每年都会推出新款汽车以及全新的车系，来迎合美国人对新奇事物和浮华的热爱。到了五十年代，人们选择产品理念的阴暗一面出现了：汽车的设计不是为了耐久，而是通过增加或减少汽车尾翼以及提高或降低车身来刺激销量。其他产品也纷纷效仿。灯泡、电池、iPod（这份清单无穷无尽），设计的正常使用期限都只能维持那么一小段时间。

随着一次性用品成为废弃物，废弃物就变成了有碍观瞻的垃圾。塑料行业有一种通用说法：塑料废弃物是"人类难题"。这一说法成功地将塑料污染和材料本身与工业制造脱钩。纪录片导演兼作家海瑟·罗杰斯讲述了一个具有启示意义的故事，是关于早期一次性容器的。1953 年，在佛蒙特州立法机构拥有席位的农场主推动通过了一项法案，禁止使用不能回收的玻璃饮料瓶。当时开车的人把瓶子扔到路边的田地里，导致这些瓶子成了牛饲料中的致命成分。法案通过几个月内，主要的罐头和玻璃瓶生产商成立了一个非盈利组织"维护美丽美国"（KAB），并得到了可口可乐公司、迪克西联合包装有限公司和（美国）国家制造商协会的支持。

凭借雄厚的财力和对媒体的了解，KAB 发起了一场遍布美国各地的运动："不要当垃圾虫"，"垃圾虫"指的是随意乱扔垃圾的人。1947 年，"垃圾虫"形象首次出现在纽约地铁系统的"礼仪"海报上，当时吉特巴舞狂潮正如火如荼。不像护林熊（美国林业局用于森林防火标志和广告的标记），"垃圾虫"还没有固化的形象设计，但是总是遭人蔑视。这场运动隐含的目的是改变主题和转移责任。也就是说，新的一次性容器并不是真正的问题所在，真正可耻的问题是不负责任地处置一次性容器的那些人。乱扔垃圾已经成为一种很容易犯错的行为，在当时，这比在电影院一根接一根地抽烟还难以禁止。乱扔垃圾的行为比每年生产数百万除了路边或垃圾堆外无处可扔的瓶子还要糟糕。1957 年，佛蒙特州禁止使用一次性瓶子。KAB 之后的努力包括发起"铁眼科迪"运动，这场运动以这位泪流满面的印第安人为号召，他后来被证实是意大利西西里岛移民的儿子（但他以印第安人身份生活并被大众接受），还有 1963 年罗纳德·里根配音的"教育"电影，当谈到红杉树时，他吟咏道："一叶知秋"，"只有当人们不加思索地丢弃时，废弃物才会变成垃圾"。

KAB 的努力可能是第一个"漂绿"的例子。污染行业从本行业中选举出环保角色，来界定新的标准并取得技术上的一致。这样到了 1965 年，一场不可避免的全国性的垃圾危机正在形成，这导致 1965 年联邦《固体废物处置法》的通过，要求没有现成的垃圾填埋场的地方，市政当局必须设立垃圾卫生填埋场（1937 年由加州弗雷斯诺的公共工程专员发明）。在随后 10 年中，垃圾（有毒有害物质）出现了一个明显的趋势特征，即需要进一步处理。1976 年国会通过了《资源保护与回收法》。垃圾流的产生者（制造商）由此界清了责任，脱离了困境。消费者和纳税人（你和我）将会以商品加价、运输服务或税收补贴的形式承担垃圾回收的费用，仅加州每年纳税人就要花费 7.5 亿美元用于填埋塑料。

毫不奇怪，在奥吉利塔研究基金会，我们对于"行业"的看法有点小争论，有一些是好的，有一些是不好的，也有一些是有趣的。我们接受加州国家水资源管理委员会资助开展的工作需要建立一个咨询委员会和网站。咨询委员会包括了来自工业、政府和环境社团的利益相关者。由于我们的工作重点是了解塑料垃圾在环境中的实际情况，我们决定用"plasticdebris. org"作为网站的超链接，尽管工业代表要求不要将"塑料"和"垃圾"这两个词关联起来。他们认为只提到塑料是不公平的，因为垃圾可以包括其他材料。从技术上讲，这是没错的，但是我们在环流区和近海水域的发现均显示塑料占据了人造垃圾的90%以上。

在水资源管理委员会的批准下，我们开始以 plastic-debris. org 域名注册网页，令我们大吃一惊的是，我们想要用的网址已经被注册了。我们的网站管理员查询到这个网址被一个姓克莱斯的人注册了。哇喔！这恰好是美国塑料委员会的一位高管的名字，该委员会是塑料行业的一个游说组织，很快就会被美国化学委员会兼并了。我们咨询委员会的一个行业同盟设法说服了美国塑料委员会把该域名转让给我们，目前该网站仍然蒸蒸日上，并吸引着稳定的互联网流量。

一种具有时代意义的物质没有得到回收利用，这在历史上是首次。你可以回收汽车上的钢铁来再造一辆汽车。你可以消毒回收玻璃牛奶瓶作为一个"新的"奶瓶，但是塑料奶瓶不行，因为这是违法的。聚乙烯的熔点太低而无法确保采取合适的方式消毒。塑料制品不应该仅仅是一次性使用：它必须被处理掉，或者往下游端的次要产品循环，比如做成木塑复合板，这种木板实际上没有经受住时间的考验。夏威夷一个公园里的野餐桌子和木栈道的木塑复合板就没有经住亚热带强烈阳光的照射，在几天内，这些材料吸收的热量就导致了木栈道变形，最终还是被水泥取代。

当每年成千上万的新产品，比如食品、饮料、小配件，出现在我们面前的时候，如果我们多想一想的话会怎样？如果我们想一想有多少这些产品及其包装材料将最终流向海洋的话会怎样？我已经投入我人生的很大部分精力来回答这些问题。明确的答案很难给出，但是我非常有信心地说，解决方案有许多。如果我们对做的每件事或买的每个产品都预先想想它的最终结局会怎样？如果我们有这个计划，那么塑料作为一种价值低而且容易轻易丢弃的材料就应该被回收修复。人类制造和丢弃塑料给地球带来的新增成本如此巨大，以致于无人敢去考虑这个问题。因此在我们的头脑里，我们更加贬低了比如一次性产品、包装材料、保鲜膜，袋子、瓶子、澡盆等塑料的价值，这将有利于减轻我们的担忧。如果对塑料没有预先考虑它的最终结局，它就会变为废料，而废料是没有价值的。

带着这个想法，我们作为民间科学家返回征途，返回到充满这些没用的废料罐的港口。现在还是让我们回头来看那些小碎片。这些小碎片是从表层水体中采集上来的，正等待着实验室分析。

第七章 塑料的危害

我们用 3 英尺宽、六英寸深的拖网，在海洋表层水域拖行了将近 100 英里，把差不多 1 吨又臭又脏的塑料垃圾拖上甲板，对它们进行计数，然后把它们像战利品一样运回港口。我们认为自己为海洋做了件好事，但最重要的是那些正耐心等待定量分析的样品。它们装在标准体积 1 夸特的玻璃瓶里和几个"好市多"坚果罐里，这种坚果罐足够大，可以装几个"大型"塑料，比如拖网拖到的苏打水瓶。每个样品罐在密封之前，都要灌上异丙醇和海水，以淹没内容物为准。还有大洋黏泥，一种由塑料碎片和浮游生物组织混合而成的软泥。假如轻轻摇晃一下，罐子就像滚动的玻璃雪球一样，显示出五颜六色的"塑料雪"，在海洋中，这些碎片就藏在眼前某个位置，但却永远无法在大船的甲板上看到它们。

回到港口后，我和迈克·贝克巧妙地在"阿尔基特"号的尾甲板上分类布置了从环流区中采集上来的大块垃圾，供当地媒体拍照。记者们对此表示怀疑和震惊。一个头条新闻这样写道：在太平洋中部"塑料污染极为严重"。随后，我们拖着这些塑料穿过街道来到我家中，把它们堆在后院阴凉角落的防水布上。几天后，我将开始我的"凯迪拉克之旅"，去西雅图与埃贝斯迈尔会面。这些罐子将被送到超细曼塔网的提供者，查克·米切尔在科斯塔梅萨的实验室，他的海洋生物学咨询应用环境科学公司还拥有一个提供全方位海洋健康诊断评估服务的部门，他慷慨地提供了基本分析设备，解剖显微镜和电子天平，供我们使用。

我们按照莫莉·李卡斯特和柯蒂斯·埃贝斯迈尔制定的采样计划实施，但最终我们只采到了 11 份样品，而不是 12 份。什么？让我们想一想，经过 5 天的采样调查后，我们停了 1 天，还提前两天返航——可差了一份样品！我们所能做的只能是把它算作另一个"环流区之谜"吧。不过，李卡斯特向我们保证，这个偏差并不会损害研究的完整性。

当我从对西雅图的快速访问返回时，时间还在 9 月。我的母亲很高兴看到我安全回来，况且凯迪拉克车的外形比原来还好。参与策划、执行和支持这次探险的团队成员有一种共同的感觉，那就是，这 11 份样品罐将震撼世界。史蒂夫·伊格内尔说的话"我们已经这么做了"至今还在耳边回响，证实了我创立奥吉利塔海洋研究基金会的初衷：为了缩短发现和修复海洋污染之间的距离，无论是什么污染。他们是早就这么做了，但却什么也没有发生，什么也没有改变，因为没有人为此感到足够烦恼。科学研究的发现在科学杂志上发表或者参加过科学会议后也就结束了，随即呼吁采取行动，即便有这样的呼吁，也奇怪地未见成效，也许大家都没有听到这些呼吁。

我们的基金会是独立的基金会，不受约束，做事低调、专注，鼓励"自己动手制作（DIY）"式的科学研究以及支持那些推进我们使命的人，在这个关头，我们的使命就是生态"诊断"。在我看来，我们的工作遵循的是一种企业模式，而不是政府机构或学术机构的模式。我们不受具有商业计划的公司资助者的影响，也没有机构"事不关己、高高挂起"的冷漠。我们没有盈利的动机，只是庄严地承诺保护海洋免受飞速发展的科学、技术和经济"进步"生成的不可降解的塑料残骸的污染。

正是由于奥吉利塔研究基金会有自己的议程，我们敏锐地意识到，我们的研究结论必须可靠、扎实，经得起验证。一旦完成了"诊断"，我们也就更能把握住大洋中部这块塑料墓地的形成原因和形成过程。然后，我们才有希望成为"治愈"塑料污染的驱动力。如果塑料的来源可以确定，消除塑料污染的方案应该就会自我呈现。不过，我们没那么天真，我发觉这是个巨大的挑战。如果样品分析的最终结果是我们认为的那样，我们就会大声疾呼，引起社会各界的关注。善良的人们也会行动起来，最终（谁也不能确定什么时候）海洋的塑料量就会因此而减少。当然，所有这些都要以科学为基础和依据。

南加州海岸水研究所的史蒂夫·韦斯伯格抽时间听取了我们的简短汇报。我向他展示了其中一个罐子，塑料汤在里面晃荡。"哇，"他说，"这可是爆炸性的新闻。"我们想到了一块，这些发现具有重要意义；分析结果将表明，甚至遥远的大洋中部都已经被塑料污染了；

研究结果可能可以在同行评议的科学期刊上发表。我们在外海中所看到的和采集到的一切，让我深深地感到不安，这一切不仅丑陋，而且也是错误的。但我也真诚地承认，我心目中设定的"愤怒温度计"的爆表值要比普通大众低好多。没有多少航海者像我这样，既见过东北太平洋之前的原始状态，又见过之后的污染状态。更没有多少人像我这样面对人类浪费和污染方式，依然保持着原始的勇气。海洋中的塑料对美丽的海洋景观造成的破坏已经极其严重，其中折射出的人类道德缺失同样严重！

南加州海岸水研究所刚刚被削减了经费，这对于他们来说是痛苦的，因为要裁员。但对奥吉利塔海洋研究基金会来说可是个机会。我们聘请了安·泽勒斯，一个技术娴熟的实验人员，他的职位已经被裁掉了。现在，奥吉利塔基金会的研究团队有了第一个生物学家。从这项研究开始，一直到今天，她已经经手了数以百万计的塑料碎片。如果吉尼斯世界纪录有这样记录的话，她应该列入吉尼斯世界纪录。我本身对科学研究并不陌生。我是在科学研究的环境下长大的，知道怎么做科学研究。正如前文提到的，我父亲是一名工业化学家，曾经担任汉考克化学公司的经理。为了好玩，他利用炼油副产品硫，发明了制作夏威夷提基神像的方法①。我在大学主修化学，熟悉实验室的工作方式。科研不能掺杂情感，做事不能逾越规矩……哪怕根据有力的证据，按常识可以

① 提基神传说是波利尼西亚的始祖——译者注。

做出合理假设的时候也不能逾越规矩。

在查克·米切尔最先进的实验室里，我和泽勒斯开始工作。我们的目标不仅是要确定环流区中微塑料的数量，而且还要推算出漂浮生物层塑料污染物的总量。据我们所知，这项工作从来没有人做过。在研究过程中，我们从剧毒的福尔马林浸泡液中移出 11 份样品，用淡水冲洗，重新装瓶，注入毒性较低的 70% 异丙醇。接着为了便于处理，我们将每份样品加以分样，然后将每份分样放入装有纯海水的皮氏培养皿中，等待解剖显微镜镜检归类。大部分塑料浮在水面上，而较重的浮游生物组织会下沉，这使得这项工作稍微容易一些。

我们用不锈钢镊子和小勺子，小心翼翼地移除表层和底部较重的塑料碎片，留下生物物质。每一部分都要在显微镜下检查，我们发现这个过程存在轻度的交叉污染。因此，我们从塑料中分离出微小的浮游生物组织碎片，也从浮游生物中分离出微塑料碎片，还从无关的、大多数是生物组织中分离出浮游生物，这些生物组织（羽毛、鱿鱼眼、鱼卵、藻类和少量废弃物）都被拖进了网中。挑拣好的样品贴上标签，写上样品号，放在一边。接着，我们将塑料组和浮游生物组连续快速地放入专用烘箱中，在华氏 150 度左右干燥 24 小时。我向查克·米切尔咨询处理生物组织的实验方案。塑料在干燥过程中不会发生太大变化，但生物组织会明显减少质量和重量。米切尔向我保证说这是一个标准程序，烘烤后剩下的是生物量，也就是生物体的食物价值。他说，我们还可以用纸巾吸干这些潮湿的浮游生物的水分，然后称重就可以得到"吸干湿重"。将吸干湿重与干重进行比较，就可以知道浮游生物含有多少非营养液。

我们谨慎地引用戴、肖和伊格内尔的实验方案对塑料进行分门别类。在有争议的科学领域中，非标准实验方案往往是争议焦点。因此，我们购买了 6 个网目不同的泰勒筛，泰勒筛一般用于筛选不同粒径的地质样品。较大的塑料片，包括苏打水瓶，首先被移出、称重和测量。接着，我们用筛子过筛较小的碎片。在这一组中，最大的碎片如跳棋大小，最小的如沙粒大小，然后我们再继续用泰勒筛筛分。按照粒径大小分组后，每一组的塑料先按类别分类，然后按颜色分类，就像伊格内尔和他的同事以前做的那样。我们增加了塑料的类别，以便进行更精细的区分，并希望能够辨别出塑料碎片的来源。我们有各种各样的碎片，聚苯乙烯泡沫和其他泡沫碎片，塑料微球（又称塑料粒），聚丙烯或聚乙烯的线或碎网片，以及最终发现是最大可鉴定物体的塑料薄膜。

尽管我们最终并不需要分类学数据，但我还是聘请浮游生物专家对样品中的各种浮游生物进行计数和鉴定。浮游生物个数计数的一个结果令人不安。我们在一份样品中发现，塑料碎片的数量比浮游生物个数还多。这个结果应该会让那些质疑我们的固体塑料和浮游生物干重对比结果的人信服。

这个过程需要几个月。结果表明，在中部环流区塑料量大得令人难以置信，比我们想象的更令人震惊。苏珊·佐斯克现在是我们的执行董事，做事风格极为积极主动，她正在准备一份新闻通稿。我建议在发布之前先与科研程序大腕史蒂夫·韦斯伯格核实一下，于是她安静地坐在传真机旁，等待韦斯伯格把意见传过来。我们需要影响力，但我们也需要最大的可信度。时机非常关键，但是我想我们可能会过早扣动扳机。这时，韦斯伯格和我们联系了，他强调他更倾向于在公开声明之前等待同行评议的确认，不是因为他不信任结果，而是因为他知道这个过程的缺陷。听从了韦斯伯格的建议，佐斯克推迟了目前这个"未经证实的声明"，我们开始考虑我们的选择。很快，这个选项出现了，我们将在接下来的项目中，开展在某种意义上真正属于海洋科学领域的水体调查。

2000 年 2 月，我推开了加州大学圣迭戈分校新建的普奈斯中心大门，在 30 年前我差点从这所大学毕业。当年我和志同道合的同学在这座由玻璃、水泥和钢铁建成的堡垒里组织了各种抗议活动，当时这座楼称为学生中心。在以前，食品供应商有汉堡王、赛百味和熊猫快餐。我想现在食品供应商之间的竞争应该很罕见了，但在过去，有一些竞争很厉害。

在桉树荫下穿越校园时，怀旧心情油然而生，但我并不后悔在激进的 60 年代离开学校，当时学校正在举办以凝固汽油弹的制造商陶氏化学公司为特色的校园招聘会。那时候，我知道他们的聚苯乙烯塑胶球含有这种"杀伤性"武器的恐怖火焰的重要成分。我提着一个公文包，里面有我在东北亚热带环流区研究成果的图表和摘要。我报名参加了一个为期两天的学术研讨会，研讨会的主题是"海洋学：科学的发展"。这次活动由美国海军、斯克里普斯海洋研究所和 H. 约翰·海因茨三世科学、经济和环境中心共同主办。众多声名显赫的海洋科学家聚集在这里。通过报告我的"爆炸性"数据，我希望获得科学机构的支持，甚至希望找到研究合作者。有几名演讲者可能是我争取的目标。其中一位是爱德华·哥德堡博士，他是海洋化学领域的一位巨头，也是海洋中塑料灾难的早期预测者。1994 年，他为《海洋污染通报》写了一篇社论，题为《钻石和塑料是永恒的吗?》。他在报告中警告海洋科学家，塑料有可能覆盖并堵塞海床，从而降低海洋封存碳的能力。这是一个热门的气候变化问题。现在，他年事已高，早已经退休了，他因为建立了"国际贻贝观察计划"而受到海洋生态环境保护者的尊敬。该项目通过对当地贻贝群落（相当于矿井里的金丝雀）进行取样，来评估海水的毒性。另一位是理查德"里基"·格里格，一位冲浪冠军，本科毕业于斯坦福大学，研究生毕业于斯克里普斯海洋研究所的夏威夷大学教授。他的学术专长是珊瑚礁，但他在 1965 年就声名鹊起，当时他还是一名研究生，他在水下 250 英尺的"海洋实验室 2"号中与宇航员斯科特·卡彭特共同生活了 45 天。哥德堡和格里格都要在研讨会上演讲。

我在休息时分别与他们二位交谈，向他们提及奥吉利塔海洋基金会所做的工作，他们从未听说过这项工作。我拿出一些我们为这个场合准备的图表。我说，这是我们在东北太平洋环流中部发现的。在我们的样品中，微塑料碎片的平均重量是浮游生物的 6 倍。在其中一份样品中，微塑料碎片的数量超过了浮游生物的数量。总计有 27 484 片塑料薄片、塑料块和塑料微球从长 80 英里、宽 3 英尺的海洋中筛离出来。莫莉·李卡斯特和雪莱·穆尔统计得出，在 62 458 平方英里的研究区域中（和威斯康星州的面积一样大），每平方英里含 2.7 磅的塑料颗粒，平均每平方千米含 334 271 个塑料颗粒。我们的结果得出，在这块有限的海洋区域内（北太平洋亚热带环流区的一部分），总共有 84.3 吨的塑料碎片。大型和巨型的塑料，如网、板条箱、浮标、漂白剂瓶子、鞋子、牙刷和所有其他我们拖上船的或者只是在海里看到并记录在日志中的东西统统不计在内。

我告诉格里格和哥德堡，我们运回港口的大件物品已经烘干、称重和清点过了。对于看到但无法回收的塑料垃圾，我们也进行了描述和重量估计。我们遇到的单个最大物体是一堆缠在一起的废弃渔网，估计重量达到 1 吨，没有办法回收。大型塑料（包括海上收集的和记录的）总量估计超过两吨。肉眼看不到的微型塑料的重量不到 3 磅。样品中所有的浮游生物干重达到半磅。所有的塑料碎片都是由原本完好无损的物体崩解产生的碎片。几乎没有塑料粒子，也就是大家所熟知的预制微球。这意味着我们回收的大部分无法鉴别的塑料碎片样品是从丢失和丢弃的物体中崩解产生的。从这些碎片中，我们可以猜想丢弃的渔网、板条箱、瓶盖、酸奶盒子、汽水瓶，以及无数在环流中漂浮的其他东西未来会变成什么样子。当这些物体崩解时，我们无法合理地预测碎片数量将会发生多么巨大的变化。

我把我们的样品和戴、肖和伊格内尔的样品进行了比较。在他们的研究 10 多年后，以及《国际防止污染海洋公约》附则五颁布 10 年之后，现在污染最严重的海域中塑料垃圾的数量比他们记录的多 3 倍。按照这个速度，可能不需要 1 个世纪，塑料就会覆盖整个海洋表面。我对格里格和哥德堡说，中部环流区有一天会变成一个由塑料沙构成的虚拟漂浮海滩。我并不觉得自己好像在记录一场慢动作的科幻小说灾难，因为这没有什么是虚构的。

格里格和哥德堡的反应是我之前从未见过的，但我很快就习惯了。他们并不沮丧，也不兴奋。哥德堡赞扬我做的独立科学研究，并主动提出今后继续交流。我给了他一份数据副本，但一直没有收到答复。他于 2008 年去世，享年 80 多岁。格里格的回复让我震惊，但现在回想起来，我开始明白它的意义。他说我需要说明塑料垃圾的危害。

我向格里格指出，我们是如何计算浮游生物和微塑料的质量的。显然，以浮游生物为食的滤食性动物很难不摄入微塑料。但格里格说，这需要得到证实。即使它们吃了，又有什么危害呢？我说人造合成物极有可能进入食物链：这又有什么用处呢？他说，像联合国这样的组织，作为处理非主权海洋问题的主要国际机构，并不关心海洋是否充满塑料。在考虑对政策作出改变之前，他们需要确凿证明其危害的证据。

我早该知道这些的。我认为太平洋中部的那片塑料垃圾，只要它在那儿，就一定会带来危害。塑料垃圾不属于海洋，就像鲨鱼不属于城市游泳池一样。塑料就像入侵物种，一旦立足，就不会消失。在某种程度上，海洋可以消化污染，甚至石油。但是石油经催化转化成合成塑料后就不会消散，反而会不断累积。它在地球上的存量以每年 3 亿吨的速度增长。即使有 5%，1%，甚至 0.5%的部分进入海洋，输入量仍然巨大。大块的塑料会分解成更小的、更容易被摄食的碎片。我们回收了许多带有咬痕的塑料物体。这些隐伏的垃圾证明人类已经用最廉价的东西糟蹋了地球上最原始的环境。

不过我明白了，我对环流的研究并不是引起科学界注意的爆炸性事件。这仅仅是第一步，我的工作才刚刚开始。

我回到长滩时有点沮丧，但我的决心丝毫没有减弱。毕竟，我才刚刚开始起草要提交给《海洋污染通报》的科学论文，这是一份有影响力而且活跃的英国科学杂志。发表经同行评议的研究是科学可信度的黄金标准，除了博士、政府研究人员或研究生之外，很少有人能在科学杂志上看到自己的名字。我请史蒂夫·韦斯伯格以及南加州海岸水研究所的统计学家莫莉·李卡斯特和雪莱·穆尔支持我，担任共同作者。我会把结果写下来，但他们的编辑指导必不可少。他们不仅为研究计划提供了物质上的帮助，而且他们的职位和学位也会提高论文的地位。但首先，我必须告诉他们里基·格里格的话，并咨询他们我们如何来说明危害。

我带着初稿去见史蒂夫·韦斯伯格，告诉他我在研讨会上的经历。他对格里格和哥德堡的反应并不感到惊讶。回想起来，我知道他也对我的天真感到无奈。我给他看了论文的大致框架，他让我去南加州海岸水研究所图书馆学习并完成一项任务：阅读期刊，学习文章格式。这不是为奥吉利塔研究基金会的简报写文章。论文需要遵循严格的格式：摘要、引言、方法、结果、讨论、结论。需要引用与研究相关的其他研究，并列为论文的最后部分。论文必须非常谨慎，不能夸大研究的发现。

但在送我回家的路上，韦斯伯格想出了一个可以说明"危害"问题的主意。到目前为止，我的目标只是为北太平洋中部环流区的塑料和非塑料物质提供基线数据。韦斯伯格说，这些数据令人印象深刻，但是即使结果表明塑料量在《国际防止船舶污染海洋公约》附件五颁布的 10 年里一直在增长，仅仅显示你在每平方英里海面发现了 X 个塑料数量还是不够的。人们只会说，好吧，这是一个耻辱，然后就再也不去想它了，毕竟眼不见心不烦。他说，如果我们想让这件事"流行"起来，我们需要"情景"。韦斯伯格称我为"两面人"，意思是我在从事合法的科学研究，但我却是个"局外人"，而且还有自己的事要做，这有点道理。所以他说：为什么不去努力争取呢？你有塑料的数量和浮游生物的数量。将这种数量加以比较，并将研究方案设定为揭示滤食性动物（食物链中比浮游生物高一级的动物，以浮游生物为食）的摄食潜力。

回想起来，当时我们觉得直接比较塑料数量和浮游生物数量没什么大不了的，我对我们没有这样做感到非常惊讶。听了韦斯伯格的建议，我们面临的难题变得清晰了。我们所做的不能仅仅局限于指出遥远的海洋中的塑料垃圾的视觉污染和错误行为，不能仅仅局限于通过基线调查来测量和证实它的存在。我们要让人们相信塑料正在起着一些作用，一些可能不健康的，一些有害的作用。韦斯伯格建议使得我们的研究和早期的研究区别开来并激起更大的影响。如果你在犹他州的开阔沙漠用真空吸尘器清扫一段 3 英尺乘 80 英里长的地带，你发现不了这么多的塑料。公路或人口稠密的地区附近可能可以，但是荒野地带不行。然而在太平洋中北部区域存在这么多的塑料，这个地方是海洋荒野，比犹他州的沙漠远了几个数量级。那里距离最近的人口聚集区 1 000 英里，距离人类最远的陆地也没这么远。如果把和 11 份环流区拖网样品等量的犹他州沙漠物质进行筛分，我怀疑你得不到与环流区样品同样多的塑料量。因此，我们认为，通过塑料量和浮游生物量的比较，我们有办法在数据上取得优势。我们已经有分析表明塑料重量和浮游生物重量的比例高达惊人的 6 比 1。

尽管我们采样的地方以寡营养而著称，营养盐含量很低，海洋生物数量也不多，但并不是说中部环流区是一片荒漠。我们的拖网采集到了大量的浮游动物，包括管状滤食性动物樽海鞘，它们通过吸入和喷出海水在水体中移动，随机地以前进路上的各种小东西为食，吃进肚里的可能是浮游生物也可能是塑料。这些生物位于海洋食物链的较低层，在地球上所有可食用的东西中几乎位于最低位置。即使还未"证实"，只要看一下瓶子里的浮游生物和塑料样品，就可以很清楚地知道塑料问题已经不仅仅是海鸟误食和意外缠绕风险那么简单了。假设海洋表层水是一种自助餐，那么即使是最小生物的主菜也很可能是塑料碎片。塑料碎片已经成为海洋生物生活的组成部分，就像塑料制品是我们生活的组成部分一样。就这样，塑料碎片被摄食了，而摄食塑料的生物又被更高级的捕食者吃掉，环环递增。

塑料似乎已经成为了一种"生物量"。从科学上讲，将食物网和人类塑料垃圾联系起来是合情合理的。由于生物摄食超出了我们的研究范围，因此我们不能断言，但是可以指出摄食塑料的潜在可能性是存在的。我们想说说在其中一个拖网中采集到的大型樽海鞘近似种，种名为 *Thetys vagin*。是的，这是一个和手差不多大小的透明果冻状黏筒，里面和外面都真的布满了塑料碎片和聚丙烯钓鱼线，就像是从塑料污染物队伍里飘出来一个可怜的小东西。

所以危害，或者至少是潜在危害，是我撰写论文的设定主题。对于要写出符合标准的论文，我出现了某种倒退回青少年时代的焦虑，但我很高兴应邀作为嘉宾前往南加州海岸水研究所图书馆。在未来的几天里，图书馆就是我事实上的家。在这里，我要构思出论文，而且还要尽我所能收集塑料污染危害的资料。尽管多年从事环境保护工作，但事实上，我对海洋垃圾的危害了解很少，现在查到有这么多危害问题，还真是让我大吃一惊。

危害研究始于二十世纪六十年代的黑背信天翁。研究对象包括北象海豹、海龟、信天翁以外的其他一大批海鸟以及许多海洋哺乳动物。1987 年是野生动物影响研究的重要一年，禁止向海洋和海洋航道倾倒塑料及其他垃圾的《国际防止船舶污染公约》附则五于次年生效也许并非偶然。1997年，海洋哺乳动物委员会的生物学家戴维·莱斯特编制了一份253种海洋动物的名单，确认了塑料缠绕和/或摄入的受害者。我还通读了柯蒂斯·埃贝斯迈尔在航行前推荐的研究论文。该论文发表于1989年，作者是北卡罗来纳州的材料工程师安东尼·安德拉德。他的论文是第一篇深入研究海洋环境中塑料崩解机械学的论文。利用机构优先权，雪莱·穆尔整理了1994年在迈阿密举行的美国国家海洋与大气管理局第三次国际海洋垃圾问题会议记录，并送给了南加州海岸水研究所。我很高兴能接触到这些相关的让人惊讶、使人惊慌的材料，我不介意花大半天的时间逐篇影印这些论文材料。

通过通读文献，我得出了这样的结论：科学并非单调乏味，也可以是一件妙趣横生的事情。"科学验证"的结论很少能免于争论，需要通过多种形式反复讨论，给期刊编辑写信、重新解释、倾向性见解、反证、研究程序的争议、政治因素和重复实验失败等都属于讨论的范畴。而且，研究结果和采取有效措施之间存在着令人费解的脱节。

"危害"的门槛确实很高。关于被"幽灵渔具"（废弃的渔具）勒死和淹死造成的危害几乎没有什么争议，但是摄食造成的危害还不是很清楚。研究结果证明，摄食塑料的海鸟比那些设法避免食用这种不可消化物质的海鸟更消瘦，繁殖成功率也更低。我们知道各种各样的动物都有自己偏爱的颜色，而且显然偏爱和天然食物相似的颜色。黑背信天翁似乎偏爱红色的一次性打火机和瓶盖，可能是因为这些物品看起来像乌贼，乌贼是信天翁喜爱的食物。

在这些研究中，我没有看到有人呼吁减少一次性打火机的生产，或者应该用可消化的材料制造打火机，或者使用红色以外的颜色。也没有看到有人呼吁制定一部"拉环法"，保证瓶盖保留在塑料瓶上，像汽水和啤酒罐上的瓶盖一样。二十世纪九十年代末，在夏威夷西北部中途岛，每年有超过10万只黑背信天翁幼鸟在其主要群居地死亡。它们的尸体腐烂后，总是有塑料制品从腐烂的腹部暴露出来。幼鸟的生命是短促的，然而它们的胃容物却是"永恒的"。没有一项研究肯定地说幼鸟就是非法地被塑料杀死的，因为无法排除其他的致命因素。例如，废旧军事建筑中的铅，或者母鸟没有带回来食物都可能是致命因素。除非所有其他变量都可以排除，否则就不可能证明就是塑料造成的危害。此外，如果这种危害不是对人类或者对受威胁的或濒危的物种造成伤害，那么这种伤害是否值得采取行动，特别是在有经济成本的情况下，也是问题！

实际上我注意到，大多数的研究焦点是所谓的顶端食肉动物：海豹、海鸟、海龟和鲸豚类（海豚和鲸鱼）。这样，我们对海洋食物链的顶端生物和海洋中的塑料垃圾的关系有了一些了解，但食物链底端的生物几乎没有研究涉及。

这就引出了研究摘要的第一行："通过测量表层水体中漂浮塑料和浮游生物的相对丰度和质量，评估大洋滤食性生物摄入塑料颗粒的潜在可能性。"我们的第一段相当大胆地断言："海洋垃圾不仅影响景观，摄入和缠绕都会对海洋生物构成威胁。"这些结果似乎也证实了海洋学的理论，即漂浮物在遥远的海洋中部漩涡累积，这些涡旋就是我们很快知道的垃圾带。这种现象的生物学后果需要进一步调查。

我不是第一个受到海洋塑料垃圾困扰的人，也不是第一个研究海洋塑料垃圾的人。但也许我是第一个为此感到极度不安的人。但是作为一个没有资质的圈外人，在严肃的学术圈里没有地位，我说的话有人听吗？我清楚地看到，史蒂夫·韦斯伯格正在利用服务于决策者的科学改变现状。如果我们不能制止环境污染，他就会发表看法，宣扬生态系统崩塌，这可能导致他失去信任和工作。我没有这种限制，但我缺乏博士学位和大量发表的论文所带来的权威。我甚至没有本科学位，所以这种企业性质的科学研究需要达到 3 个结果。它需要建立我的科学诚信，这样我才会被倾听；它也需要表明，在一个曾经原始的海洋环境中，大小不等的塑料垃圾泛滥成灾，并有可能进入食物链；它需要一场改革运动来推动，这一点现在正在我脑海中萌生。我打算，或者至少尽我所能把海洋中的塑料垃圾从看不见、想不到的模糊状态提升到最重要的位置。你需要危害的资料？那么我将向你展示，这危害不仅涉及海洋，还涉及地球，更涉及我们的身体以及我们的灵魂。

第八章 塑料时代

人们发明了塑料袋、锡罐、铝罐、玻璃包装纸、纸盘，这很好，因为人们可以开车到一个地方把所需要的食物一下子买齐。人们把好吃的储存在冰箱里，把没用的东西扔掉。因此，地球上很快就遍布塑料袋、铝罐、纸盘和一次性瓶子，无处可坐，也无处可走，这时人们会摇头大喊："看这可怕的烂摊子。"

——阿尔特·布克沃尔德，1970

夏末的一天，这天是海洋保护协会的每年一度的国际清洁海滩日。海洋保护协会是一个有抱负的非盈利组织，把海滩垃圾推动成为全球关注的焦点。正如我们很快将看到的，协会保存了一些统计数据，这些数据提供了人们在海滩上留下的各种东西的"快照"。沿着游客较少光顾的海岸线，统计数据记录了海洋垃圾冲刷回到岸边的情景。清洁海滩活动刻意安排在9月下旬夏季结束的时候，这时候人们都回去工作和上学了，海岸线上遗留下大量的垃圾。海滩也将迎来了冬季的涌浪和风暴，涌浪和风暴可以轻易地将夏季残留的垃圾卷进或吹进海中。

我们来到一片宽阔的白色沙滩上，沙滩后面是一排价值百万美元的房子。这片沙滩是人气旺盛的家庭周末度假区和沙滩排球运动区。和往常一样，沙滩上闪现着点点的塑料颗粒和碎片，但是没有看到太多明显的垃圾。我冒出一个念头，就这样的情况，志愿者能清理出什么？我决定做一个小实验，向年轻一代展示科学实验多么有趣（有时也是有利可图的）。我向大约 6 个孩子提出挑战，让他们在那儿清理海滩，只要求他们收集瓶盖。我向他们分发用过的塑料购物袋，并承诺每找到一个瓶盖给他们五分钱。我估计会花费 20 美元，假设他们能清理出大约 400 个瓶盖。这些孩子积极性很高、非常专注而且好胜，拼命地想赚那几块钱。一个半小时后，我为他们的收获支付了近 60 美元。在这 300 米左右宽，看上去很干净的海滩上，这些受到激励的"塑料猎犬"收集到了近 1 100 个瓶盖，没有一个瓶盖是附在瓶子上的。这就像是在太平洋中部的水面上拖网，拖到的塑料碎块的量是你想象的 10 倍。加州实行空瓶回收法，负责任的市民们在离开海滩的时候，带回了可回收兑换的瓶子，却留下了毫无价值的瓶盖。我在开阔大洋中发现的完好物体中，聚丙烯瓶盖数目最多；在死去的黑背信天翁幼鸟胃里发现的物体也是如此。

瓶盖在包装行业门类中被称为"瓶盖和封口类"。过去没有那么多的塑料瓶盖，大部分瓶盖属于饮料和食品玻璃瓶的金属瓶盖。但是现在每年制造出大量的塑料瓶盖。如果你想了解包装行业的内幕，只能去查阅行业贸易刊物，在互联网上就可以找到。2011年初，食品生产日报网（www.foodproductiondaily.com）网站头条新闻宣布了最新市场分析结果："到2014年，瓶盖和封口类的市场将达到近400亿美元。"许多这类产品，甚至是大部分这类产品，都是在劳动力低廉的国家生产的，几乎没有成本。我曾在南加州的恩塞纳达港的美铝公司瓶盖厂外做过一次塑料粒子计数调查，然后我面见了工厂主管并请求参观工厂，但被拒绝了。我们可以合理地估计出他们工厂每年新生产大约1万亿个瓶盖和封口类产品。

美国弗里多尼亚集团是一家位于克利夫兰市的"领先的国际贸易研究公司"，开展过一项关于瓶盖和封口类产品的研究。90%的《财富》500强企业受益于弗里多尼亚的研究，它的研究范围广泛，每项独立研究的收费标准都在5 000美元左右。这份报告的核心内容是，亚太地区将推动瓶盖和封口类产品的发展，而北美的增长不算太高，大多数的瓶盖和封口类产品用于食品和药品，而不是饮料。在我看来，这个结果是令人鼓舞的。总体4.6%的增长率低于2003年到2009年的6.3%的增长率。因此，增长总体上是放缓了，这是好事。但有个问题，金属瓶盖和封口的需求是日益萎缩了，然而塑料瓶盖和封口的需求却加速增长。报告指出，原因是"塑料包装的增长是以牺牲玻璃瓶和玻璃罐为代价的"，而玻璃瓶通常是用金属瓶盖和封口的。

更多的塑料瓶盖和封口就意味着更多的塑料容器和瓶子。越来越多的塑料在发展中地区生产，在那儿，有的地方垃圾管理得很好，有的地方却基本没有管理。一个好的现象是美国和欧洲的瓶装水行业由于"环境问题"正在"减速"。尽管我曾经在洛杉矶河的垃圾中发现了一个伟哥的空瓶子，但是用于食品、药品和营养片剂市场的包装，相对而言，比较不可能对海洋造成污染。但这些塑料包装材料几乎没有回收利用，对日益减少的石油资源来说，可以说是使用不当。

瓶盖属于指标物品，大多用于便携式一次性饮料容器的封口。在披头士时代，人们可能会有来一瓶瓶装水的幻觉，但绝不可能买到一瓶用塑料瓶包装的水或饮料。现在，瓶装水的年产量达到 500 亿瓶，任何人想喝水都可以任选一瓶。1970 年还没有塑料购物袋，到 2011 年塑料购物袋年产量已经达到 5 000 亿个，有人说是 1 万亿个。

塑料既是经济增长的原因，也是经济增长的结果。塑料行业和化工行业一起，在美国制造业中排名前五（尽管自二十世纪初达到顶峰之后，因为离岸外包和自动化下降了 30%）。在世界范围内，和塑料行业联系更紧密的，规模也更大的包装行业是第三大产业，仅次于食品行业和能源行业。和其他大型产业相比，包装业相对低调。包装企业不会向公众宣传它们的产品，大多数的大企业集团，比如亨氏和宝洁，在企业内部进行包装设计，产品也常常用于出口。包装业的终端用户是零售商，而不是消费者，消费者购买的是包装内的产品而不是包装。但包装并非和产品无关，除了包装产品外，包装很重要的一点是吸引购物者购买产品。

除了农贸市场的农产品，我们买的每一件产品几乎都要包装，或者用容器密封或者两者兼有，比如一罐面霜或一袋装在盒子里的小麦。包装材料里，塑料占了53%，尽管按重量计算，纸占了很大的优势。在美国，每年填埋的垃圾有三分之一是包装材料，达8 300万吨，相当于690万辆半拖车（空载状态）。根据美国环境保护署的说法，这是最大的固体废物类目。包装是一门科学。密歇根州立大学有一所独立的包装学院，消费品巨头为它提供了充足的赞助。罗切斯特理工学院正在开展一项美国国家航空航天局资助的研究项目，开发一种先进的聚合物，以将设备和物资运送到太空。

我们不得不问，为什么美国人均每天产生的垃圾从1960年的2.68磅上升到2008年的4.5磅？1960年产生的市政固废总量为8 800万吨，到了2008年，增长到了2.5亿吨，根据美国环保署的报告，固废回收率大约为30%。不同地区的塑料回收率差别很大，但平均只有可怜的13.2%，这使得塑料成为迄今为止回收率最低的包装材料。包装材料中，回收率排在首位的是纸和纸板（65.5%），其次是钢、铝（50%以上）和玻璃（31.3%）。在1960年，产生的废料总量中塑料占比不到0.5%。到1980年，这一比例上升到了4.5%。到2008年，按重量计算塑料在废料中占比12%。美国环保署没有提供更能说明问题的数据：体积。但是加州提供了一个线索，在填埋的材料中塑料体积排在第二位。如果绿色废料堆肥工作继续推进的话，塑料将上升到榜首。

包装专业技术协会表示，包装的作用是"容纳、保护、保存、运输、说明和销售"。有其他专家注意到，分量控制已经成为包装的一个重要作用。谁来为价值数万亿美元的包装品及其处置埋单？是消费者和纳税人。那么谁获益？是制造商、投资者和日益私有化的城市废物处置机构。在商业术语中，包装是由消费者承担的"外部"成本。美国最大的废物管理机构——美国废物管理公司（WMI），在《财富》500强企业中排名196位，拥有的资产价值达210亿美元，几乎在每个州都有垃圾填埋场，2010年盈利10亿美元。不知不觉中，垃圾已经商品化了。像美国废物管理公司这样的公司，在我们的经济体系中已经不可或缺。如果垃圾没有立即清扫，如果垃圾掩埋了房子，遍布大街，我们可能会改变我们的一次性生活方式。但是因为眼不见、心不烦，消费—处理这一循环方式得到了人们有力又有利的捍卫和维护。

我们已经看到"二战"是如何创造一个世界上前所未有的生产机器的，它的生产能力又是如何远远超过战后和后大萧条时期消费者需求的。行业开始进行营销策划，推动美国人改变了节俭的习惯，激起了他们消费和获取的合理要求。营销大师最具非凡之举是推动产品的大量涌现。主要产品不断增加新版本，比如牙膏、洗发水、冷麦片、罐装浓汤，诸如此类，开始布满超市的货架，大多数都是新产品和/或是由单调的旧产品改头换面的。所有的包装都很光鲜亮丽。随着电视的迅速发展，营销人员有了一个全新而且强大的工具来向人们灌输对新奇事物的渴望；健康、卫生和儿童保健的新规范；美容和仪表的新标准；对美国社会渴求有帮助的事物。

以经典品牌淳果篮葡萄汁为例。二十世纪五十年代，淳果篮公司在其产品系列中增加了葡萄果冻，以及白色和紫色的发泡葡萄汁。1950 年，果冻开始是装在印有胡迪·都迪的值得收藏的平底玻璃杯中的，1955 年时果汁和米老鼠俱乐部合作，2002 年时果冻和口袋妖怪合作，到了 2003 年，果汁则装在聚丙烯塑料单杯瓶或者印有"Welchito"的小袋中。2002 年果冻开始"涂敷"在"可挤压"的塑料瓶中，使其当年收益增加了 50%。不止如此，加工过的水果点心和新鲜水果，比如一串串装在可消耗甲烷的塑料薄膜里的葡萄，也要上市了。还有引领有机果汁的"健康运动"、混装的"超级水果"，以及含有纤维和钙等添加剂的果汁。该公司目前在 35 个国家销售 400 种产品。淳果篮是一家值得引以为荣的，实实在在的美国大型企业，创建于 1869 年，当时一位名叫托马斯·布兰韦尔·韦尔奇的新泽西州医生找到一种用巴氏杀菌的方法对"未发酵的葡萄酒"进行消毒，并将其装入瓶中供教堂使用。这种产品没有成功，但韦尔奇的儿子发现了一个长期稳定的果汁市场，就像家乐氏及其玉米片一样，兜售其产品的保健功能。自 1956 年以来，淳果篮公司一直以农场主合作社的形式运营，它之所以能经历好坏不同的时期而屹立不倒，是因为产品系列不断的多样化，而且深谙儿童和保健品的市场。

到了二十世纪五十年代，一次性产品，就像刊登在《生活》杂志上的"一次性生活"照片中展示的，定位为方便、省时和卫生的生活方式。一切都颠倒了，价值已经从节省金钱变成了节省时间。一次性产品使人们感受到了一种物质丰富、积极向上的全新意识，工厂昼夜运转，工人持续工作，利润不断增长，家庭沉浸在一片狂欢中。在二十世纪中叶，美国的新闻报道上都是苏联人排队领救济粮，商店货架上空空如也的景象，新闻报道把物质丰富和自由资本主义联系起来，把贫困和共产主义联系起来。从 1950 年到 1960 年，美国受益于人口增长、制造业、新住房、朝鲜战争和冷战时期的国防开支以及"被压抑"的消费需求的释放，国民生产总值增长了近 70%。二十世纪六十年代末，女性开始大量涌入职场。时间变得越来越紧张，便利性变得越来越重要。更多的餐点要在路上吃，餐点常常用一次性包装，不仅仅是外卖，还有熟食和冰冻的餐点，这些餐点只需要加热就可以吃了。

快餐并不是什么新鲜事。在古罗马时期，街头小贩也卖面包和酒。中世纪的朝圣者在前往圣地的途中带着馅饼和小圆面包。自十九世纪末以来，英国人就喜欢外卖的炸鱼和薯条，白色城堡在 1921 年开始创立它的汉堡区域帝国。但过去在路上吃的餐点不是装在翻盖式聚苯乙烯泡沫器皿里的，也没有搭配聚乙烯塑料杯装饮料，这种塑料杯配搭的聚丙烯塑料吸管每年海滩清理都能收集到数百万个。二十世纪五十年代便利食品首次上架，像斯旺森食品、宴会电视晚宴和肉派等这类新引进的产品充满了异国情调。这些食物充其量只是和真实的食品相类似，但看起来显得异常特别。我那节俭的母亲早先都把拼合的铝盘子和馅饼罐头盒洗净、堆好，直到她意识到这样做没有意义，才把它们扔掉。那时家里的冰箱也开始出现其他的冷冻食品，比如炸薯条、鱼排和"纸盒装"披萨，突然之间家家户户在车库里都放了一个独立的，棺材大小的冰箱，发出嗡嗡的响声。

那是一个价值观念还与体积联系在一起的时期。你会花钱去买一大盒麦片，而不会去买各种搭配的小包装麦片，因为这样你可以买到更多的东西。但现在不再是这样了，位于华盛顿州贝尔维尤市的食品行业咨询公司哈特曼集团开展的一项研究表明，我们和从前不再一样了，现在我们把时间等同于金钱。现在认为将时间花在准备食物上是一种浪费。用新鲜食物从头做起的餐点很快成为老饕们的专属。此外，我们的晚餐不只在家里吃，也常常外出就餐。哈特曼的报告引用越来越"支离破碎"这个词来形容我们的饮食习惯。在家庭中，需要尊重每个人的口味和日程安排，这就常常导致了更多的人在电视或电脑屏幕前单独用餐。在家吃饭已经"餐厅化"，饭菜的选择反映了个人的偏好。家庭的规模也越来越小，据统计，独居人群是现在增长最快的人群。到了二十世纪八十年代，美国斯托弗和康尼格拉健康选择公司的"美食"餐点整齐地装在微波塑料盘子，出现在家庭冰箱里。对于一个家庭来说，这些餐点超出了预算，但是这种预制的分量控制的组合餐对于那些独居者和节食者来说是有意义的。

食品行业一直都在寻找"黄金兽"，即增值产品。这好比炼金术，用便宜的普通原料，像谷物、糖和脂肪，加入一些纤维碎片和增强营养的矿物质，然后用一个光鲜的包装来宣称这有益于改变你的生活。当食物被加工成复杂的形状时，比如"能量"棒或奶酪火腿鸡排，边际利润高得惊人……随之也带来大量的垃圾。你也可以相信食品行业，投资所谓的最新"科学"发现，比如燕麦麸、钙质、维生素 D、零含量反式脂肪酸等，创建一条新的生产线，当然这也需要特别的包装。

回到太平洋中部，我回过头来研究了一下社会学。我会在船上储存足够的新鲜食物，以一顿丰盛的晚餐结束每一天。我很享受准备晚餐的过程，大家围坐在公共餐桌旁共享晚餐应该是一件高兴的事。然而，近年来，我发现年轻的船员经常选择不吃正餐，而是喜欢用零食度过一天，一会一个橙子，一会一个松饼，在晚上看DVD 时嚼着爆米花。许多爆米花（过去都是用微波炉来爆，直到我们了解到包装袋中含有有毒油脂涂层）现在都用丙烷燃烧器来爆。我意识到所谓的"Y 世代"（1974—1979 年间出生的人）是在一个不同的模式下成长起来的，在这个模式下，父母都忙于工作，家庭成员在吃饭的时候各顾各的。我认为这是二十世纪五十年代开始持续形成的一个新习惯。我记得那时候"711"便利店突然出现在了街角，加油站也突然开了迷你市场。这看起来很奇怪，但是"711"便利店现在是世界上最大的特许经营店，比麦当劳还大，在全球 18 个国家拥有超过36 000 家分店。它的成功折射出人们的生活方式变化，不停地吃零食以及在路上进食。

美国经济现在被认为是"成熟的"经济。目前，所有与食品/饮料相关的行业的增长率与 2000 年以前相比不算太高。但在世界其他地方，情况并非如此。例如，印度这方面的增长率就必然是上升的。食品生产日报网站（www.foodproductiondaily.com）上的一份报告显示，外资正源源不断地涌入印度，其中很大一部分是为了帮助食品加工业的发展，预计未来5年内食品加工业将翻一番。更多的食品加工意味着需要更多的食品包装，而其中大多数是塑料。世界人口将很快达到70亿，所有人都要吃饭。这是一个挑战，同时也是食品行业无与伦比的机遇。

逛超市、折扣仓储店、甚至是天然食品商店，都意味着进入了一个聚乙烯及其同类产品的世界。在农产品区，至少有一半的水果和蔬菜是预先袋装或包裹在聚乙烯薄膜里的，有些薄膜经过处理，可以消耗排出的乙烯废气，以延长货架期（这真是讽刺！）。其余的则装进从卷筒上扯下来的透明聚乙烯袋中，这是1966年推出的一种突破性产品，10多年后，塑料手提袋取代了收银台上的纸张。在那些显而易见的地方，塑料包装无处不在，面包店、肉铺、奶制品、饮料走廊、药房（聚合物胶囊包裹着许多药物，尤其是缓释制剂）。当然，也包括个人用品和清洁用品。在冷冻区，纸包装似乎超过了塑料。然而再认真看一看，你会发现，纸张的防潮性能是用聚乙烯浸渍的。大多数罐头食品仍然内衬有环氧聚合物双酚A。你可能会认为盒装早餐麦片是个例外，但包装盒内衬通常是高密度聚乙烯或玻璃纸，这是一种薄的、高度压制的纸张，通常含有蜡，即石蜡，和聚乙烯相同，都是石油加工产品。

聚乙烯薄膜的用途远远超出了食品领域。在农业中，聚乙烯薄膜用于覆盖温室，也用作遮荫布、草皮垫、黑色或透明的塑料"护根"。在运输业中，聚乙烯薄膜用来保护设备和包裹货运板上的货物。在建筑业中，聚乙烯薄膜是防潮屏障，也用作地面上水池和百英亩垃圾填埋场的底衬。低密度聚乙烯薄膜最早的商业用途之一是装从干洗店送回家的衣服。然而出现了一个意想不到的悲剧性后果，那就是导致了儿童大量窒息死亡。1959 年，美国卫生部的一项调查显示，在 6 个月的时间里，61 名儿童窒息死亡，《美国医学协会杂志》委员会对此进行了毒理调查。研究发现，造成婴儿意外死亡的主要原因是干洗袋子作为防水被单，在婴儿床上反复使用。于是，一场声势浩大而且积极有效的公共卫生运动就此展开了，消费者公共安全委员会到现在还坚持对意外死亡人数进行统计。直到现在，塑料袋平均每年仍造成 25 人死亡，一种典型的场景是婴儿从床上滚到装有衣服的塑料袋上。这对我们是一种警示。

　　海洋的污染状况反映了塑料在陆地上的使用模式。在我采集的样品中，聚乙烯薄膜碎片占的比例最大。与其他塑料类型相比，聚乙烯薄膜的传播显然更为广泛。每一个塑料薄膜碎片，尤其是很轻的购物袋（称为城市杂草），就像是一张迷你小帆，就等着风儿再给它吹一口气。许多垃圾的流失发生在垃圾收集系统。没有盖子和漫出的公共垃圾桶，有时候是垃圾车和垃圾填埋场本身，是事实上的塑料垃圾传播者。正如我之前提到的，在五十年代，当我还是一个男孩的时候，经常和父亲一起去垃圾场，他天生的好奇心带他来到这些奇怪的地方。回到那个年代，垃圾就堆在那儿。现在的垃圾场可不一样，漫天飞舞的塑料，就像爵士乐手挥动的双手。塑料黏附在铁丝网围栏上，翻过栅栏飞向周边的郊野。结果就像我们看到的，陆地动物和海洋动物都将承受相应的后果。

加州于 2010 年差点对超轻购物袋下了禁令，但是遇到了来自美国化学学会的强大阻力，化学学会通过游说州参议员，成功地阻止了这一努力。负责加州高速公路维护的加州运输署，单单清理公路上的塑料袋，每年就要花费 1 600 万美元。加州的数据显示，该州每年发放 190 亿个一次性塑料袋，其中只有 5% 回收。孟加拉国的一项研究发现，每天有 930 万个塑料袋飘到街道上，堵塞了雨水渠，加剧了季风带来的洪水灾害，促发了致命的水媒疾病。这个国家在 2002 年禁止了塑料袋。薄塑料袋在中国、孟买、南非、厄立特里亚、卢旺达、索马里、坦桑尼亚、肯尼亚和乌干达也都被禁止使用了。

尽管这股潮流似乎正反对这两种塑料废料，薄塑料购物袋和单杯式水瓶，也尽管它们受到了没完没了的攻击，我们也必须提及其持续的大量的使用。很少有产品像瓶装水那样，这么快地从"福"变成了"祸"。具有讽刺意味的是，人们对健康的担忧似乎是导致它增长的原因。1972 年美国环境保护署的一份报告发现，一些自来水存在安全问题。环保组织就此发起讨论，他们传达的信息是，瓶装水（当时主要是装在 1 加仑罐子和 5 加仑玻璃杯或聚碳酸酯水冷却瓶里）是一种更安全的选择。在八十年代早期，以影星简·方达为代表的健身运动提倡净化饮用水。一天要喝 8 "玻璃杯"水，当你在路上的时候，用 1 夸脱大小的依云瓶就能解决这个问题。美容杂志表态对此表示支持，认为持续摄入水分，有助于皮肤保持湿润和永远年轻。在欧洲，尤其是在法国，餐馆可能没有"煤气"，但是通常提供瓶装水。随着精明的欧洲人的生活逐渐融入美国的主流生活方式，瓶装水自然受到了欢迎。考虑到水的成本极低，饮料公司和合成树脂供应商没过太久就赶上了这一潮流。

数据呈指数增长。1985 年，美国人平均每年饮用 5.4 加仑瓶装水，可能主要还是进口水和冷却水。仅仅在 5 年之后的 1990 年，这一数字几乎翻了一番，达到每人 9.2 加仑。二十世纪九十年代中期，可口可乐、百事可乐、达萨尼和阿卡菲娜等公司都冲进了这个行业。到 2000 年，这数字几乎又翻了 1 倍，达到 17.8 加仑。从 2000 年到 2006 年，这数字骤然增大，瓶装水消耗量达到了每人每年 27.6 加仑，这需要装在超过 10 亿个塑料瓶里。当塑料瓶开始在没有买卖的地方，比如路边、溪流、海滩和海洋中，以惊人的数字出现时，原本看起来是一个不错的主意（干净、纯净的水）开始变糟。提供回收塑料瓶服务的公共场所的数量仍然少得令人不安。估计有三分之一的聚对苯二甲酸乙二酯瓶子被回收，其中许多是被运往中国再加工成纤维，这是美国出口到中国的产品！现在，包括瓶装水质量问题和不良抽提工艺在内的负面新闻已经引发了激烈反应。瓶装水的消费量在 2007 年达到顶峰，达到每人 29 加仑。在过去的两年里，消费率下滑了几个百分点，回收率同样也下降了几个百分点——这是个更大的秘密。但在世界其他地方，尤其是发展中国家，瓶装水市场仍在继续增长，很大程度上是因为一些地区的当地水质很差。

在这个混乱的世界里,让投资者欢欣鼓舞的东西却让环保主义者落泪。在密歇根州,美国唯一一所致力于包装的学院的网站上,可以看到可口可乐奥威尔式的业务描述。与此同时,该校宣布将可口可乐赞助的 40 万美元用于开发更"可持续的"的容器:

可口可乐公司是世界上最大的饮料公司,拥有 450 多种发泡饮料和不充气饮料品牌,可以时刻让消费者耳目一新。除了世界上最具价值的品牌可口可乐®,该公司的产品组合中还包括其他 12 种价值 10 亿美元的品牌,有健怡可乐®、芬达®、雪碧®、零度可口可乐®、维他命水、POWERade®、美汁源®和乔治亚®咖啡。可口可乐公司是发泡饮料、果汁和果汁饮料以及即饮茶和即饮咖啡全球最大的供应商。通过全球最大的饮料分销系统,200 多个国家的消费者以每天 15 亿份的速度消费该公司的饮料。在经营的社区里,公司坚持承诺建立可持续发展的社区,致力于积极主动保护环境、节约资源和促进社区经济发展。

可口可乐公司账户里的资金多得就像马里亚纳海沟一样深,因此公司不仅为密歇根州项目提供赞助,还为美国国家回收联合会、海洋保护组织和联合国全球水资源挑战组织提供赞助。它的网站洋溢着温馨而含糊的生态词汇:"管理工作"、"协作"、"伙伴关系"和"流域保护",有个词很适合它:"漂绿",假借绿色环保之名,其实别有所图。但是,"绿色"的措辞并没有减轻一帮具有社会责任感的投资者对可口可乐公司施加的压力,他们要求可口可乐公司承诺解决其饮料罐中一直使用双酚A的问题。该公司一直以一种奇怪而且不得当的方式拒绝回应这个问题。

这是另一个好坏掺半的消息。弗里多尼亚公司（一家国际贸易研究公司）预计到2013年，全球对"餐饮服务一次性用品"的需求将以每年4.8%的速度递增。这是一个每年价值486亿美元的领域，其产品大多是使用后不回收的。到目前为止，美国是最大的用户，但在这个领域里获得的收益预计很小。与瓶盖和封口行业一样，真正的增长将发生在发展中地区。经济发展意味着更多的工作，更少的停工期，因此便利的附加值将高于价格。正如弗里多尼亚公司指出的，"快速服务餐饮业的进步"将提供这种便利。外卖食品摊是这些一次性用品的主要使用者。弗里多尼亚公司认为，"压力"将迫使人们放弃聚苯乙烯，更广泛地使用更昂贵的可生物降解的一次性用品（更贵＝更高的市场价值）。聚苯乙烯有硬的（如塑料叉子、勺子和刀）也有泡沫状的（如隔热的翻盖式餐盒、热饮杯）。一则振奋人心的消息是，韩国星巴克的目标是要将杯子的可重复使用率提高到30%。关于可堆肥的一次性物品，我们必须提出这个问题：它们将会被应用于堆肥吗？

你可能会认为抨击大公司的绿色环保努力是错误的，你可能会认为他们将引领我们走向更绿色的生活方式。其实无论谁生产，我们都应该鼓励他为绿色环保所作的努力，但是这些公司不是要真心实意地推动环保，如果他们是真心的，那么他们就应该请求你减少消费他们的产品，这永远不会发生。可口可乐公司在 1970 年率先将塑料瓶用于碳酸饮料。现在他们夸口说他们在全世界范围内每天交付 15 亿瓶个人饮料，其中大多数是塑料瓶包装的。对于任何一家公众持股的食品、饮料或消费品公司来说，达尔文主义的规则是要么成长，要么灭亡，而绿色环保只是一种外表掩饰。

1990 年经过大肆宣扬，麦当劳已经放弃使用泡沫聚苯乙烯翻盖式餐盒，这种餐盒由消耗臭氧层的氯氟烃（CFCs）制造而成。但他们仍然允许使用硬质聚苯乙烯器皿、酱包和塑料吸管，而且仍然使用泡沫聚苯乙烯，尽管毒性较小。也就是说，麦当劳公司很聪明，它已经知道了如何在提供廉价食品时把"绿色环保"变成"金色利益"。在他们的网站上，他们插入了含有再生纤维成分的新包装，以及他们在回收利用和堆肥方面的工作。在一些地区，他们回收利用炸过的油来为柴油输送车队提供动力。他们食品包装的总重量减少了一半。听上去令人鼓舞，但这是在社会压力和市场效益的推动下发生的，否则这一切就不会发生。

我决定去当地的麦当劳，实地察看这些天他们是怎么供应食物的。我的咖啡杯是膨胀聚苯乙烯和纸套，可拆卸的顶部也是不可回收的聚苯乙烯，和杯子主体一样。冰淇淋是用圆顶的透明聚丙烯杯包装。这些有回收利用的潜在可能性，但我猜测这些几乎没有回收。这家商店没有为塑料、纸张或可堆肥垃圾提供单独的垃圾箱。有人告诉我，早餐时的满福堡仍然装在泡沫可翻盖餐盒里，但肯定是质量"好"的那种。麦当劳自称在 229 个国家的 3.6 万家餐厅每天为 4 700 万名顾客服务。他们仍然在为增加地球塑料层（以及客户的脂肪层）做出自己的"贡献"。

如果你查阅贸易电子杂志来了解包装业的发展趋势，有几点比较突出，"可持续"总是排在这几点的前列。我谨慎地看待这个词。听起来是不错，但企业往往对"可持续"的定义比较宽松，经常用它来掩盖产品缺乏可持续的不足。可持续包装联盟（SPC）是由威廉·麦克唐纳和迈克尔·布朗嘉特创立的环保倡导组织绿蓝的一个分支。这两位是《从摇篮到摇篮》一书的著名作者和构思者。《从摇篮到摇篮》描绘了地球的一个蓝图，在这个蓝图中，地球上任何产品是无毒的，它们通过设计最终都可以"升级换代"成新产品。可持续包装联盟拥有一份令人印象深刻，值得炫耀的新成员名单。9 个创始成员中包括了艾凡达/雅诗兰黛，陶氏，嘉吉（自然工程公司的母公司），耐克、星巴克、联合利华、英荷集团，这几家合计收益就超过 500 亿美元，下属品牌包括立顿、百得利、克诺尔、多芬、炫诗、旁氏、本杰瑞、斯丽法，还有一种品牌叫平常心的美肤霜，这种美肤霜面向印度妇女市场，帮助她们提升职业前景和制造浪漫。联合利华声称每天销售 1.5 亿件商品，每年需要将近 550 亿件包装。可持续包装联盟其他成员还包括高乐氏、微软、百时美施贵宝、沃尔玛、塔吉特以及世界上最大的包装公司中的其中两家，你不可能没有听说过，总部位于墨尔本的安姆科和总部位于威斯康星州的碧美思。后者成立于 1859 年，起先是一家中西部机械播种谷物袋生产

商，现在在 13 个国家经营着 81 家工厂，年销售额达 50
亿美元。包装公司不提供罐子、瓶子、盒子或口袋，他
们提供"解决方案"。这些公司和许多其他公司在其网站
上标有可持续包装联盟的标识。可持续包装联盟制定了
可持续包装的定义。如下所示：

·在整个生命周期中对个人和群体是有益的、安全
的以及健康的

·同时满足市场的性能和成本标准

·采购、制造、运输和回收利用过程利用可再生
能源

·优化可再生或可循环原料的使用

·使用清洁生产技术和最佳实践来制造产品

·在所有可能的生命使用周期中，由健康的材料
制成

·通过物理设计优化材料和能源

·在生物和/或工业闭环循环中可有效回收和利用。

对于公开交易的公司而言，这是一种苛求，因为公
司非常关注盈利底线，只做确保有实质性回报的投资。
当然，在联盟的帮助下，这些标准是我们努力的方向，
即使没做到也并不意味着就会被逐出舞台。让大型跨国
公司走上这条轨道并真正实施许多可持续包装联盟的理
念，是一件非常好的事。例如，沃尔玛已经向供应商提
供了减少包装废弃物的清单和目标，并把它作为其"可
持续发展指数"的一部分。大多数更大型的公司现在都
有工作人员在努力提高绿色指数。我愿意用我非常珍惜
的一把从"垃圾带"采集到的牙刷打赌，没有哪个企业

的网站缺少"可持续的"这个词。命运就是这么奇妙，企业"绿化"通常意味着更高的边际利润。联合利华首席执行官保罗·波尔曼在 2010 年 11 月宣布的雄心勃勃的计划中，对增长和环境影响进行了"解耦"分析：

> 我们已经发现，应对可持续发展挑战为可持续增长提供了新机遇：它给我们的品牌带来了优势，帮助我们与零售客户建立了业务关系，推动了我们的创新，扩大了我们的市场，在许多情况下，节省了成本。

在赞扬联合利华的良好意图和努力的同时，很难拒绝这样分析波尔曼先生的声明："嘿，股东们！这种可持续的东西是营销的金矿！当我们的客户听说我们的发展是可持续时，他们会越发地喜欢我们，会购买更多我们的产品。是的！创新！［创新是另一个敲钟器］，在加上（这是最好的部分）当你使用更少的原材料、能源和水来制造更薄的包装和容器时（因为你对系统进行稍微调整后，自动化程度更高了，从而很可能减少工人数量），你就降低了成本并提高了边际利润。"

另一个流行行话是"指标"。企业可持续性的指标是，如果公司能够获得保底收益，那么它就会更加"绿化"地提升公司形象。如果你过分推动可持续包装联盟最终的理念，请小心。延伸生产者责任（制造商回收包装）是企业可持续发展策略中极具争议的问题。以下是宝洁公司的包装部门负责人，在《包装文摘》组织的圆桌讨论会上被问到这个问题时，不得不做出的表态：

关于延伸生产者责任……供应链和价值链

中的每个实体都能够发挥作用。简单地要求公司为包装废弃物埋单不能很好地引导消费者的正确行为。我们真正需要的是一种不断强化的机制，促使消费者愿意回收利用包装物，而不是把包装物往垃圾填埋场一扔了事。这个问题必须加以通盘考虑。

因此，宝洁公司所产生的垃圾实际上是一个"人的问题"。人们需要被慈祥的家长型公司劝导采取"正确的[回收利用]行为"。虽然关爱是需要的，但是这里有一个小障碍：随着可堆肥性、可回收性和生物塑料的新变化，包装材料可能可堆肥或可回收，但也有可能不可堆肥或回收，那么消费者应该怎么做呢？总部位于明尼阿波利斯的全球咨询公司——伊康诺文化公司的包装副总裁大卫·鲁滕贝格尔在《自有品牌买家》杂志中撰写文章解决了这个问题："消费者仍在是用纸张还是塑料之间抉择，现在我们正在做的是，明确告知他们所有信息，比如可降解性和堆肥性。"如果对这些不了解，产生混淆可能导致的结果是什么呢？那就是更多的塑料流向垃圾填埋场、路边、海滩、城市河流和海洋，在海洋中阴凉、潮湿的条件抑制了可降解性。

一些企业界人士认为可能也希望，可持续性风潮只是消费者的心血来潮。莎莉公司包装创新与发展总监曾被引述说："很多人认为可持续性将走射频识别（RFID）（这项技术主要由沃尔玛公司用在货品盘存上）的道路或者被经济衰退扼杀的道路。"《包装新闻》，一份英国贸易杂志，在一篇题为"永无止境的故事"的趋势分析文章中抱怨："可持续发展是一个不会消失的问题。这一年品牌和零售商不断涌现出新的观点……"弗里多尼亚公司认为，如果塑料属于最不可回收和最具有环境不确定性的包装材料，那么为什么还要花更多的研发费用加以改进呢？为什么使用后问题会更严重呢？

必须说明一个显而易见的事实。玻璃能够提供相同的"屏障保护"，但是它更重，并且容易破裂。纸张仅适用于干燥或冷冻的商品，而且用于冷冻食品的纸张通常也是套在聚乙烯里的。此外，纸张是不透明的（玻璃纸可以考虑作为介于塑料和纸张之间的中间材料，它来源于经化学处理的可生物降解的天然纤维）。金属成本更高，而且相对稀缺。塑料价格便宜，而且用途无比广泛。缺了它们，地球可能会有所不同，经济也是如此。

弗里多尼亚公司预测，塑料包装材料的全球需求将从 2009 年的 108 亿磅增长到 2014 年的 124 亿磅，增幅约为 20%。这些数字非常庞大。这种增长，据称部分将由新花样推动：经处理可延长货架期，"可再密封性"和"可微波处理"的塑料。变化多端的塑料确实优于纸张和其他选择。现在基本上不是或者这样/或者那样的时代了。较大的电子产品装在硬质纸板箱中（用相同重量的塑料做不到这一点），箱内由成形塑料泡沫支撑和聚乙烯薄膜包裹。含金属的塑料薄膜是一种新型的灾难。我经常在沿岸水域看到这种包装物的起皱撕条，来自小巧的多力多滋、奇多零食以及"健康自然"牌巧克力棒的袋子。

现代生活的迫切需求使我们所有人都变得虚伪。当食品从国家的一个地方运到另一个地方，不仅要求重量轻和食品新鲜，而且要求损耗少和食品安全。欧洲塑料工业公司认为，欧洲从"农场到餐桌"的损耗只有5%归因于塑料包装。在发展中国家，这个数据大约为50%，因为人们传统上使用由植物材料制成的可完全生物降解的包装。那些国家还缺乏垃圾处理基础设施，而塑料包装却迅速地推荐给他们使用。让我感到伤心的是，卫生学竟然被用来为这种行为辩护。如果一次性塑料不断地流入这些欠发达地区，那么结果就会形成海洋环流区中那些神话般的塑料岛。联合国环境规划署的大卫·奥斯本在我参加的布鲁塞尔欧洲委员会的一个海洋垃圾研讨会上发表讲话。他建议在塑料包装上，打上类似于美国香烟上的标签，以警示塑料垃圾对野生动物造成的威胁：窒息、饥饿、堵塞。

典型虚假的环保精心之作可能是瑞典的利乐集团。直到最近，利乐集团还是世界上最大的包装公司。（2010年安姆科收购了加拿大铝业公司一半的股份，成为目前最大的公司。）它的缔造者鲁宾·劳辛于1983年去世，他是瑞典最富有的人。利乐集团仍然令人印象深刻，它本质上是一个利基产品①。一方面，这种容器包装在若干种外观上是材料工程的奇迹，最终的混杂材料物是这样的：6层超薄的低密度聚乙烯、纸和铝箔经过层压，在过氧化氢雾中灭菌，然后干燥、切割、折叠，从底部填充液体，用 UHT（超高温）技术闪蒸巴氏杀菌法（针对牛

---

① 利基产品也称小众产品或特殊定向产品——译者注。

奶和其他易受污染的产品）杀死病原菌。该公司宣称，
这种超高温技术既能杀死病原菌，同时又能保存营养。
这种矩形箱子在装入运输箱中时，具有不会浪费空间
（汤罐或酒瓶无法做到这点）以及重量轻、气密性好，且
具有保护性不透明的特点。这种设计允许货架期 1 年或
者更长。在天然食品商店（生态认知失调的奇妙场所）
中，各种各样的非乳制品（大豆、大米、杏仁、燕麦）
以及有机汤都用利乐盒子包装。著名的"果汁盒"是利
乐集团的产品，这种盒子还配有可拆卸的塑料小吸管，
都是清洁海滩行动中常见的东西。现在，用利乐盒子包
装的葡萄酒也越来越流行了，拧下来的塑料瓶盖也成为
了海滩垃圾。这些容器的年产量为 220 亿个。

　　该公司的营销材料大肆宣扬可持续性。无论何时，
纸张来源都是管理良好的森林。产品与包装的比例是商
业中做得最好的，达到 96%，高于聚对苯二甲酸乙二酯
瓶，更是远远地把玻璃抛在后面。产品是可回收的。是
的，利乐集团有一种特殊的工业技术，可以把盒子化为
纸浆，然后分离成不同的物质，纸盒里的纸可以加工成
厕纸。只是这种技术还不容易实现：在美国只有佛罗里
达州有这个设施。在最近一次的利乐集团关于可持续性
的"推特会议"中，一位"与会者"问利乐集团回收比
例有多大。奇怪的是，即使在以可持续性为主题的会议
上，他在推特上仍然被告知得不到这些数据。在别的场
合，欧洲声称回收率是 30%，美国回收率则是较低的两
位数。据报道，有 25 个州提供利乐产品回收服务。加拿
大的情况据说要好一些。好的一面是，利乐盒子和它的

竞争产品相比，在垃圾填埋场中占用的空间更少。然而，就像多伦多的《抱树人》专栏作家所言："在哪方面你能说利乐集团是绿色企业？"至于利乐包装葡萄酒，她认为唯一真正绿色的"解决方案"是清洗和再利用现有的酒瓶。

对地球而言，这些包装材料的特别风险在于会漂向海洋，然后被水浸透，沉到海床上。海床也是脆弱的、受到威胁的栖息地，重要的、自然的和环境稳定的气体交换过程就发生在海床上。

一家包装材料中含有少量可回收材料的公司就在大肆宣扬自己的环保资质。那些幸运地一直使用纸张、金属和玻璃等最容易回收材料包装产品的公司也是如此。弗里多尼亚集团表示，绿色包装的增长不久将达到417亿美元。但他们也说，绿色包装的定义是如此广泛，以至于"几乎所有的公司提供的包装都可以被认为是绿色的"。无论如何，塑料正在胜出，预计到2014年，塑料将取代纸张成为占据主导地位的包装材料。如果一家公司的果酱瓶换成了更薄的塑料，他们希望你以为自己的购买行为是一种可持续的、没有负罪感的行为。但如果你愿意维护这个星球，而不是去维护一家全球性企业集团，那就少买点包装的产品；尽可能长地持有一些产品，比如电脑，只要它还能工作；尽可能多地从当地的农贸市场或自己的花园获取食物。少吃点鱼吧，因为渔民一边向海洋中倾倒了太多的垃圾，一边又捕了很多的鱼供应给农贸市场。

有时即使是专家，看起来也是矛盾的。一些预测一边发出石油价格上涨的警告，一边又承认"许多消费者认为塑料制品没有环保资质"。预测集团汇信公司可能就属于这个阵营。基于纸张事实上的环保性，这家总部位于伦敦的公司大胆提出，塑料占主导地位的主张可能被高估了。尽管专家们可能缺乏共识，但压倒一切的事实是清楚的：制造出不计其数的，缺乏"生命终结计划"的塑料会带来生态恐慌。

趋势列表和公司网站总是会援引可持续的双生时髦用词：创新。作为一个真正了解消费过度的人，作为一个时刻关注着下一种新型塑料垃圾的人，同时作为一个水果种植者和水果搅拌器的拥有者，我夹杂着恐惧和喜悦的心情发现了这一突破。

> 消费者在很大程度上接受了思慕雪的趋势……认识到许多农产品购买者愿意更频繁地消费思慕雪，但是发现在家里制作太难了，德尔蒙特公司就推出了一系列容易搅拌的水果思慕雪套件。一体式成套器件中包括了水果块和果泥。消费者只需加冰、搅拌就可以享用了。

随后被特许经营商业帝国竞相拉拢的思慕雪（六十年代具有健康意识的嬉皮士发明的纯大然水果和冰做成的饮料），现在装在塑料套件里放在超市货架上。这是一种创新，也是一种解决方案，除非你讨厌更多的加工食品用塑料包装。

如今，我们把经济的健康运行建立在"创新"上，我们认为创新总是美好的。仅 2009 年这一年中，创新就带来了 26 893 种新的包装食品和产品，这些通常都是由塑料构成或者是用塑料包装的。人们是时候放慢脚步，考虑所有这些新改进的产品所带来的后果的潘多拉盒子效应了。我们应该停止为了创新而创新，要开始从道德和生态学的角度来重新思考我们拥抱的创新。以破坏地球为代价来换取最新、最酷、最便利的新事物是否值得呢？在我看来，每次购物都应是一次道德考量，要考虑你购物篮中所有材料的生命周期，包括它们的来源和归宿。

第九章 一半是事实、一半是臆想的科学

    大洋环流区航次获取的塑料垃圾数据就像一颗滴答作响的定时炸弹，每过一天，都会有更多的人开始了解到海洋正在变成一锅"塑料炖汤"。如果他们了解了，那么他们看塑料制品的角度就改变了，在使用时就会更谨慎了，甚至会开始考虑选择其他的替代品。不可否认，让人们真正了解这个情况需要一个过程，在这一点上，关键是科学的可靠性和随之而来的权威性。因此，在2000年春季，我仍在起草我的第一篇科学论文，另外，和南加州的同事一起完成了一个项目：东太平洋灰鲸潟湖产崽比较研究。一只灰鲸受海盐生产活动的影响中断了产崽，另一只则未受到影响。我们感谢墨西哥政府和三菱公司，他们宣布决定终止在这个未开发的潟湖中建立大型盐业基地的计划。大约就在这个时候，一个似乎很重要而不容错过的会议要召开的消息传了出来。这是考证我们的信息以及和知名海洋垃圾专家建立联系的另一个机会，说不定会有一些专家会被我们激起好奇心，

而帮助我们调查悬浮在中北太平洋水域的数十亿个塑料碎片对环境和生态的影响。

这个会议是第四届国际海洋垃圾会议，主题是"废弃渔具和海洋环境"。会议安排在 2000 年 8 月初在檀香山召开，距离在迈阿密召开的第三届会议已经 6 年了。迈阿密会议后，詹姆斯·科和唐纳德·罗杰斯共同编辑出版了一本书《海洋塑料的来源、危害及其解决方案》，这本书对于一般的读者来说有些枯燥，但在很长一段时间里，却是我的"圣经"。我看见詹姆斯·科和其他海洋垃圾领域的"大咖"们的名字，全部出现在会议花名册上。这是一个不容错过的绝佳机会，特别是现在，我们牢牢抓住了"危害"这个主题，尽管还没有证据，但是有了一个明确定义的背景。遗憾的是，提交海报的截止时间已经过了，但是还有时间提交研究摘要，这样可以把我们的研究领域列入会议文献。苏珊·佐斯克帮我和她自己报了名。错失海报展示的截止时间是一件令人失望的事，我对此耿耿于怀。我们的研究类型特别适合以图形化的方式展示。我们不应该就此罢休，我决定采用游击策略来展示我们的海报。

我着手招募前往檀香山航次的船员。新招募的成员如下：小林美子，爱好冲浪并有环境研究背景；哈维尔·圣地亚哥·阿科斯塔，南加州自治大学海洋科学专业研究生。我在"海湾98"研究项目和最近的潟湖灰鲸项目中和哈维尔共事过，我发现他在"阿尔基特"号上干得很不错。我们在 7 月 20 日启航，第四届海洋垃圾会议在 8 月 9 日开始。船员中还包括第一个研究航次的两

位"老兵"：我的邻居迈克·贝克，他曾服务于加州公路
巡逻队，和鸟类专家罗伯·汉密尔顿。

在这次 2 500 英里航程中，我们走正常的出港航线，
基本上是一条走向西南的直线，可以在南加州正西接上
东向贸易风。这是确保我们能够准时参加这次会议的最
佳航线。我们将绕过垃圾潜藏以及风力微弱的高压区。
我们度过了一段美好的时光。小林美子开始有点晕船，
但几天之后就适应了。

我们不得不在没有精心准备的情况下匆忙开展科学
研究，沿途我们随机地放网作业。没有一个样品不含塑
料。请注意，这是辐合带的南部。我们这些计划之外的
拖网可能将为垃圾进入垃圾带的路线提供线索。随后，
我们将分析样品，并把结果录入到不断增长的数据库。
此次，我们将简化流程来对比浮游生物量与塑料量，而
不是像以往那样，对每个浮游生物体进行计数。后来我
们的结果显示，塑料量和浮游生物量的比值比原来预计
的要高，但预计要比大洋环流区的低。每次拖网采样结
束后，我们都要停下船并下潜到海里，亲眼确认采样具
有相当高的代表性。我把水族馆捞鱼的小网具给船员，
这样他们可以用小网扫过水体，把他们所看到的样品捞
上来。合成树脂碎片始终就像雪花一样在水中漂动。我
开始记录。每一次潜水，我都用水族馆小网打捞悬浮在
次表层水中的塑料碎片。我把这些小斑块用胶带粘在我
父亲在二十世纪四十年代的一本旧会计本上，并逐一为
样品做书面记录，记下采集地点和环境情况。我们的航
行日志还记录了在甲板上观察到的漂浮打包带、板条箱

和钓鱼线，以及肥皂盒、除臭剂空瓶等消费品。

苏珊·佐斯克从洛杉矶飞到檀香山，和我们在"阿尔基特"号的滑梯边碰面。船员们离开了，他们急于在檀香山放松一下。第二天，我和她在檀香山崭新时尚的夏威夷会议中心会合，登记时没有任何人注意到我胳膊下夹的那张巨大的未经批准的海报。我们一起走到主会场外的展览区，其他人正在那里摆设展品。除了那些没有参加过科学会议的读者，这和标准的中学科学展没什么不一样，只是以前是口头报告外加几张幻灯片，现在都是PPT演示文稿。几个月前，组织者发布了研究论文的要求，以供主办方安排。那些想要做报告的人，由于他们的报告没办法排进会议议程里（其他人可能也都倾向于这样做，通常是有职业意识并开拓了新的研究领域的研究生），那么，他们将被邀请以海报的形式用图表展示自己的科研成果。在会议休息时间，参会代表漫步到展览区，海报展示者通常站在旁边，自信地回答问题，分发宣传页以及和感兴趣者建立工作关系。

科学海报可以直截了当，也可以构思奇特，通常是文本、图表和图像3种形式的结合。从风格上讲，我们的海报居于直截了当和构思奇特二者之间。在启航前的几周里，我趴在餐桌上，手里拿着胶棒，边上放着裁纸刀，把根据我们的数据整理出来的图表贴到一个购自工艺品商店的三联式海报板上。我把研究摘要打印成一个稍微有点新颖的版本，贴在海报中央。我还贴上一个塑料皮氏培养皿实物，里面装的是来自我们一份拖网样品并按大小分类的塑料薄片。我认为展示的效果总比讲的好，因为人们可以把图表中总结的材料和真实的情况联系起来。我们认为结果相当不错。

在篮球场大小的展厅里，海报放在画架和长桌上。总计可能有 15 个左右。我们发现了一个闲置的画架，很多时候，有些海报展示者会迟到或未能到场，现在可能就是这样。我们打算用它来展示我们的海报，表现得偷偷摸摸的可能反而会引人怀疑，这几英尺的空置空间夹在其他海报之间，我们径直走过去，表现得好像它就是我们的。在布设展板时，我们还以为会有一个严厉的组织者走过来，手里拿着记录夹板，对照总清单检查我们的海报，然后召集保安，把混进来的人请出去。但这是夏威夷，是友好之地，更具有包容精神。我们的游击战术看来奏效了。要么我们融入了他们，要么组织者太忙以至于根本无法质疑我们的合法性，也可能两者都有。佐斯克准备了一堆资料包，里面装满了我的论文草稿的摘要、数据图表、关于奥吉利塔基金会的信息以及一堆剪报。科学也许有坚固的大门，但是从圣巴巴拉到圣迭戈，包括《洛杉矶时报》在内的当地媒体，已经接受了这个广为人知的"太平洋垃圾带"的故事，以及我在那里的冒险经历。有人可能会问，既然有免费的宣传为什么还要为科学的可靠性而烦恼呢？有一个很好的理由——科学（并不总是最好的科学）决定着政策。科学加上强烈的公众情绪更是政策转变的强大动力。如果你也能驾驭法律，那么当政策被证明是有害的或缺乏执行力时，你就会有改变政策的秘诀。我们已经看到这种情况一次又一次地发生，比如无铅汽油和油漆、香烟、滴滴涕和多氯联苯等有毒的合成化学品。

　　一个妇女走过来，她叫凯西·考辛斯，是参展商/海报委员会的联合副主席。我们真是太幸运了。她马上消除了我们残余的不安，不仅没有把我们打发走，还表示说她会支持我们。可以这么说，在会议的早期，她给了我们一种错误的感觉，那就是整个经历像是过了一次情人节，让我们倍感温馨。凯西是一个野生生物学家，就职于国家海洋渔业局，这是会议主办方美国国家海洋和大气管理局的下属机构。她花了很多时间呆在距离檀香山西北部 1 200 海里的中途岛上，在那儿每年有上万只黑背信天翁死去，原因是它们善良的父母从大洋"美食广场"上带来不能吃的塑料，错误地塞给它吃。政策规定在很长时间的繁殖季节中，禁止进入栖息地，这也意味着堆积的塑料垃圾得不到清除。塑料垃圾不仅被飞到这个偏远岛屿上的信天翁摄食，而且正如埃贝斯迈尔所说，它还被携带垃圾的环流"吐出"。它是包括中途岛和其他具有重要生态学意义的土地在内的偏远群岛的外来入侵者，这片土地亿万年来都是干净而且天然的场所。考辛斯告诉我们，她已经亲眼看到了塑料制品和海鸟蛋壳变薄之间存在关联的证据。这些对塑料毒性的怀疑既显得有趣又令人不安。它似乎支持了我那坚定但还不成熟的感觉，即塑料还有待于彻底揭示它造成的危害。当考辛斯表达她的悲伤和沮丧时，她哭了，我想部分原因是来自于这个重要会议的工作压力。几年后，她搬到了爱达荷州，在那里她和美国鱼类及野生动物管理局合作，从事栖息地保护工作，听到这个消息，我一点也不感到惊讶。

我和几个人碰了面，他们的工作我已经研究过了，能够与这些原来我只能远远膜拜、充满睿智的人进行交流，让我获得了巨大的满足感。但是如果说我从圣迭戈研讨会学到的经验是我们需要说明垃圾造成的危害，那么这次会议的收获就是废弃渔具的尺寸很重要。微塑料似乎确实与它们关系很小。它们都是一大团的塑料网、单丝线、漂浮物和浮子。这可能是因为海洋垃圾是由美国海洋与大气管理局下属的应急和修复办公室管理的，这个办公室是个处理沉船事故及其对敏感生境影响的机构。我感觉自己像是在从潜水钟里往外看，探索着这片新的水下地形。从这个有利位置来看，很明显，塑料这种材料本身远未受到什么关注，关注的是废弃渔网及其他塑料渔具。我也感觉诧异，这二者怎么能分开呢。"海洋垃圾"（定义是在海洋和五大湖中人造的固体漂浮物和废弃物）直到二十世纪六十年代塑料渔具出现之后才成为一个重要议题。正是塑料特有的耐久性和漂浮性，使得废弃塑料渔具成为严重的环境梦魇和国际会议的重大主题。

我知道作为激进分子是需要进行明智而审慎的部署的。研究问题的科学家和鼓动寻求解决方案的人之间存在着明显的界线。受挫的全球变暖科学家正在打破这条界线，但是他们发出的警告引发的政治反应暴露了激进主义科学家的声誉风险。和凯西·考辛斯这样的人，激进主义者还能很好地与其沟通。对于其他的人，你得全力以赴地去沟通，否则就等着遭受冷遇吧。事实上，沟通成功与否也因人而异。这也告诉我，为什么塑料垃圾的议题在政府机构和学术界之外没有引起关注。我知道实际上很多研究人员都有使命感，但"专业性"却导致他们只是进行保守的陈述。对与会者来说，最终目标可能只是在渔业和航运业及其管理机构这样的小范围内改变政策。这是必要的，但伞柄、饮料瓶、打火机、鞋、足球等我们在外面看到的塑料垃圾呢？我在想，很多这类消费产品来自陆地而非来自渔船，但是它可能和废弃的渔网一样致命。我还知道，环流区里的东西，包括网、漂浮物、钓鱼线，很多随着时间推移，破碎成千亿万亿个微小的碎片。这些微塑料肯定是所有躲过清理的大件塑料废弃渔具的最终命运，它们的影响是什么呢？

我和一批人共进午餐，其中包括詹姆斯·科，他是《海洋垃圾手册》的联合编辑，这本书非常有用。但是说得好听点，我没有任何兴趣谈论海洋塑料碎片。在塑料垃圾研究者中，安东尼·安德拉德博士是最耀眼的明星。他是一个有着奇特口音的小个子男人，当他停在我摊位边上时，我不知道他是谁，但当他自我介绍时，我差点跳了起来。他是斯里兰卡人，由于他在塑料降解方面的开创性研究，以及作为《塑料与环境》正式文本的编辑，业界人士都知道他。他代表三角国际研究机构来参会，那是一家位于北卡罗来纳州的全球性研发公司。很明显，起初他认为我们是与绿色和平组织有关的反塑料激进分子，希望禁止所有的塑料制品。我向他保证全面禁止塑料不是我们的目的，然后我们的谈话转到我们怎么开展合作。我告诉他，他是我们的将军，我们是他的兵，我们等他的命令。如果我们要清洁海洋，我们需要知道这些塑料碎片曾经是什么，它们在那里存在了多久，我们需要知道它们从哪里来，这样才能从源头阻止它们。微塑料提出了一个特殊的挑战。大多数微塑料都是很久以前丢弃物品的历史残留物，已经经过了多年，可能是几十年的崩解和降解。我们需要知道陆地来源和船舶来源的比例。以前在很多会议上，主流观点认为塑料垃圾主要来自船舶，但是现在，来源问题让研究者很困惑。安德拉德主动提出来，想分析一下最近断面采集的样品，我在 1 个月内给他寄了一小包样品。他证实了我们的想法：这些颗粒是降解的聚乙烯和聚丙烯。但除此之外，谁也说不准它们曾经是什么，从哪里来。

我出席了詹姆斯·英格雷厄姆的讲座，他是柯蒂斯·埃贝斯迈尔的搭档，同时也是海洋表层流模拟器模型的开发者，这个模型对垃圾带进行了预测。二十世纪七十年代，他在从东南亚到白令海的北太平洋区域投放了第一批浮标，并进行了长达 12 年的跟踪，在这个时间尺度里，浮标足够绕着整个北太平洋环流区走两个来回。在北太平洋，浮标往往会漂到两个区域，一个是我的新研究区域，东北亚热带环流区，与之对应的另一个是夏威夷和日本之间往西的水域。他的主要观点是，定位和移除废弃渔具的努力应该集中在这些区域。在讲座的讨论中谈到有上万只北象海豹死于废弃渔网；谈到从脆弱的夏威夷北部珊瑚礁上剥离 7.7 万磅的渔网面临着风险；谈到由于大多数港口的回收系统薄弱或者干脆没有，况且处理还需要费用，以及许多在这片广袤、没有监管的海洋上谋生的人都抱着什么都敢干的态度，渔民没有动机负责任地处理自己的渔具和垃圾。《国际防止船舶污染公约》附则五属于"不长牙齿"的法律文件。一位台湾学者激动地承认，所有台湾渔民在作业完之后都会把渔网丢弃到海里，因为用渔网占据的空间来装渔获物更有价值。讨论的主题非常有吸引力，但是，几乎没有人提及大块的渔网渔具将不可避免地破碎成数十亿个塑料碎片，也没有人提及这些颗粒可能会变成海洋食物链底端成员，海洋滤食动物的食物。

最后安排了"解决方案"研讨会，我选择 D 组，即行业组。这是一个规模较小的论坛，这样我可以试着让更多人听到我的声音，当然关键还是我要讲的内容。我计划提出关于解决垃圾问题的主要观点。

主持人希望以一种成体系的以及善意的方式，在会议上形成一份令人印象深刻的文件，指明一条有利于改善地球的道路，他在一个大白板上列出了一份清单，并在画架上挂着的巨大纸垫上记录。我听到这些措词：需要更多的研究、需要资金来源、多机构合作、高科技监测、意识、教育。我站起来发言，建议我们直接与塑料行业合作。毕竟是他们的材料造成了问题，难道在讨论解决方式的时候他们不应该包括在内吗？他们是否可以承担一些责任，甚至最终责任？

我被大家盯着看，主持人拒绝将我的建议列为未来"优先处理"的项目。他们说塑料行业已经"跑题"了。对不起，我说。塑料行业不是本次会议的焦点吗？塑料行业不是与本次论坛相关的行业吗？他们说不是，渔业行业才是。然后，组织者分发给参会者一些贴纸，并让他们把贴纸贴在建议列表上，作为这些建议重要性排名的一个依据。我开始觉得自己在参加"侦察兵"会议。我把贴纸贴在自己额头上，因为我认为我说的很重要。又有人盯着我看。好像没有人想要直面问题的核心，其实正是塑料材料本身形成了几乎所有的垃圾：巨大的拖网、以英里计的长绳、漂浮物和浮子，以及渔民常常从船上抛下的其他物品：漂白剂瓶、灯杆、丁烷打火机、塑料板条箱和空的塑料化学桶，这些东西都具有招引鱼类的奇特特性，统称为"鱼类集群设备"（FADs）。我的建议不会被毛毡笔写在这个大大的纸垫上，也不会包含在发表的建议中。这将不是我第一次听说塑料引发了"处置"问题，也就是说是"人的问题"，而不是材料的问题。换句话说，这都是我们的错，渔民是航海中的"垃圾虫"。我对此很反感，于是离开了这个研讨会，转到另外一个研讨会，但那个研讨会已经快结束了。

　　几个月后，我收到了这次会议的会议记录，包括演讲材料、海报信息，以及最后形成的建议。规划部分的内容充满了很多很好的想法，但是执行中会有一些障碍，执行成本也相当高。我仍然认为责任和义务在管理机构和利益相关者中分得太散了，而且我觉得前三届会议对于遏制海洋垃圾问题几乎没起到什么作用。我敢打赌，就算是到下次会议召开时，海洋中供小型海洋生物吞食的塑料制品只会更多，不会更少，尽管摄食的重大风险尚未得到科学证明。我还没有看到证据说明废弃渔具，百分之九十五是由塑料制成的，和大洋中大量的塑料碎片有直接的关系。考虑到流氓捕鱼国家和手工渔民的倒行逆施，以及公海上无法执法的情况，我不相信仅仅依靠严格处理废弃渔具问题能让我们的海洋更加清洁，最多只能在短期内稍微减轻。

会议记录中有一个章节是关于海报展会的，在这一节中海报按内容分类，分段说明。3个官方海报类别分别是"监测、执法和清除"、"海洋管理、教育和宣传"以及"垃圾预防和法律问题"。海报展会章节的最后是第四类，也是最后一类"其他类"，只有我的海报孤零零的放在这。好吧。我又被上了一两堂课。但你猜怎么着？我比以前更有决心了。我安慰自己，我们至少正在慢慢进入"对话"，尽管这可能会被看作是来捣乱的。最棒的是，我们已经建立了一些非常重要的联系。

11年后的2011年3月，历史过了多年后又重演了。美国国家海洋与大气管理局在檀香山举办了第五届国际海洋垃圾会议，这次会议的主题是"解决方案"。第一次会议的召开时间是1984年，所以我很高兴我们终于到了最后讨论解决方案的时候了。毕竟，海洋塑料量在过去27年里呈指数增长。这一次，奥吉利塔基金会在最后期限完成了海报，事实上派出了一个由6名科学家组成的代表团，带着海报和PPT演示文稿。我的报告是关于市民科学和我到环流区的10个航次。我们可以接受订单制作可折叠的、便携式的铝制曼塔网（这是由奥吉利塔基金会的工程师和弧焊焊工马库斯·埃里克森设计的）以及塑料现场鉴定工具箱（这是和我在11年前在这里的会议上认识的安东尼·安德拉德一起开发的）。

　　但是有一些事情还是没变。在很多人参加的全体会议上，奥吉利塔基金会改变游戏规则的努力得到了来自欧盟和联合国的环保代表，甚至可口可乐公司的代表的认可。但我还是不受美国国家海洋和大气管理局的欢迎，或者说是被忽略了。也许我在脑门上贴纸的事件仍然让他们感到刺痛。一个韩国电影摄制组老是跟着我，我发现自己成了资金募捐、垃圾艺术开幕式和其他边会活动的"嘉宾"。与 2000 年相比有很大的差别，也更有趣。但是分歧已经扩大了，在 2000 年的会议上还只是一个极细的裂缝。这次会议有 400 多名与会者，是 2000 年参会人数的 2 倍。罗思·萨维奇，这位勇敢的、独自划船环游世界的英国女子，对这次会议作了引人注目而恰当的观察。在那之后不久，她在博客中写道："我曾经认为塑料污染的争议要比气候变化等小得多，但似乎人类寻找分裂而不是合作的理由的能力是无限的。"

　　会议赞助商包括可口可乐公司和美国化学委员会，他们座位后面是关闭的门。关闭大门以里，政府机构官员正在起草"以结果为导向"的檀香山战略，这是一项为实现海洋无垃圾化率先制定的计划。令人难以置信的是，有个消息泄露了这个文件会忽略塑料这个词。这件事曝光后，塑料污染联盟的创始人，也是奥吉利塔基金会的一个强有力的盟友黛安娜·科恩召集反对者并取得了成果。通常保守的学者，包括夏威夷大学马诺阿分校的尼古拉·马克西门科，他正在绘制 2011 年日本海啸垃圾漂流图，以及一些直言不讳的学者，如普利茅斯大学著名的微型垃圾研究者和教授理查德·汤普森，共同呼吁政府与工业界对话，并将责任归由本该承担责任的塑料生产商承担，而不是由志愿者清理队、纳税人支持的政府机构以及非政府组织承担。来源控制明显是最不受关注的策略，因为它影响到了行业的底线。正如我对一位来自夏威夷州考艾岛的记者所说的，所有致力于清除环流区塑料垃圾的富有创意和善意的计划的实施，其结果就像不关闭浴缸水龙头，却又要往浴缸外舀水一样。

北太平洋中央环流区，北纬38度56分，西经142度37分，2000年9月7日，星期四，中午时分。我们参加完檀香山第一次会议返回西海岸的途中，在晴空万里、风平浪静的海上航行。我们又有新的船员。其中一位是指挥官丹尼尔·怀汀，美国海岸警卫队为数不多的海洋学家之一。他现在退休了，他说他为正在做"真正的"科学感到很高兴，这不同于他在海岸警卫队中所做的那种科学。这次航行对他来说是个奇特的旅程，这是他高中毕业入伍时的梦想。正是他把我们的研究方法戏称为"一半是事实、一半是臆想的科学"。另一名新船员是托尼·尼克尔斯，他是美国鲸豚协会的志愿观鲸导游。他说我是神选定的"垃圾复仇者"。哈维尔·圣地亚哥·阿科斯塔再次登船和我们一起回家。我们也欢迎克里斯·汤普森，一位圣巴巴拉的商业有机农场主，他为1999年的航次提供了许多箱的新鲜有机产品，为我们增添了上好的烹饪原料。他对地球非常关注，但他的公海经验却是极少。他的精神和交际能力充分弥补了缺乏航海经验的不足。

这是海上的第13天。我们在陡峭而又美丽的考艾岛北岸的哈纳雷湾起锚。在这个返程航段，我们又回到了环流区。海况为 2 级，风速约为 5 节，海面平静如镜。我们用龙门吊拉起一张幽灵网并拍照记录，但由于藤壶附着严重，因此无法拉到甲板上来。我们的第 1 400 条日志记录着："采集巨型垃圾"。这时，我们注意到即使在这个特别的垃圾带中也有极不寻常的状况。我们当中有个人发现一个看起来变脆的塑料袋冷幽幽地从旁边飘过，接着又是一个。然后我们发现到处都是塑料袋。我们在大洋中央，被塑料购物袋的"海洋"包围了，这就像是龙卷风掀翻了一个地平线上漂浮的购物中心屋顶一样。但这些袋子显然是从一个丢失的航运集装箱里倾泻出来的。我们看到一个超大的塑料"妈妈包"，像水母怪兽一样在水中波动起伏，一堆小袋子就像水母宝宝似的蜂拥在周围。这些袋子应该是装购物袋的袋子，是运往多家知名北美零售商的。我们开始收集，然后读出它们的名字：西尔斯、布里斯托尔农场、婴儿超级商店、伊波罗洛，数量最多的袋子上印着：塔可钟！查鲁帕！

大多数是简单的 T 恤袋，特点是像纸一样薄和有方便的把手孔，是瑞典工程师斯滕·古斯塔夫·图林于二十世纪六十年代初发明的。这个人看着一根由塑料薄膜制成的又长又平的管子，想出了一种通过切割、底部封口以及在顶部冲切把手的方法来制作塑料袋。但直到二十世纪七十年代末，这种比纸袋更便宜的替代品才在美国流行起来。30 年过去了，它积累到了我们今天看到的惊人的分销数字——可能是 1 年 1 万亿。根据初步观察，这些袋子还算新，没有藻类附着，没有撕裂和挤压痕迹，仍然具有弹性，因此我们认为泄漏发生时间应该是在最近。它们可能是在亚洲吹制和印刷，当事故来袭时正在运往你家附近商店的路上，可能遇到了狂风大浪。在春夏季海况相对平静的几个月里发生这样的事情还真有点奇怪。无论如何，我们对印在上面的小字感到惊奇："美国制造"。好吧，如果树脂微球是美国制造的，这从技术讲还算是事实。我们想知道是否在太平洋最偏远的中部海域发现了类似"埃克森瓦尔迪兹"石油泄漏事件的塑料袋泄漏。但等一下，这些袋子会不会是从大概在一年前，在 1999 年研究航次之前埃贝斯迈尔告诉我们的"气象炸弹"中漂流出来的？不太像，因为袋子看起来那么新。然而，我们刚刚也在会议上得知，安德拉德博士的研究结果表明，塑料在海洋环境中降解过程会大大减缓。

我们回收了大概 10 来个袋子，在它们翻滚而过时，把它们捞到网里，或者用抓钩把它们抓上来。我们本可以采集到更多，但是大多数确实够不着，太阳已经快落山了，这时候放下小艇去追踪也的确有些冒险。但是，为了科学，我们还是做了一个单独的 3 分钟目视调查，只看左舷 70 米外的断面，我们在 3 英里的断面上记录了 49 个塑料袋。袋子又漂了 10 英里左右，这时天已经黑了。

回到陆地上，我问我们的海事法律顾问詹姆斯·阿克曼律师是否知道哪位侦探能追查出哪艘船为此次袋子泄漏负责。和往常一样，当我们告诉苏珊·佐斯克这件事的时候，她进入了比特犬模式，连续不断地给我们每一家货运代表公司总部打电话，打通电话的各家公司都不知道有未送达的袋子，这并不奇怪，因为他们会认为货物很可能正在运往中央配送中心的途中。阿克曼推荐的侦探认为他能找到结果，但他想要 5 000 美元的预付金，我们只能就此作罢。经过多年的实践，柯蒂斯·埃贝斯迈尔已经展示了他在检索公司集装箱泄漏信息方面的神奇技能。最著名的是，他直接去耐克公司获取了关于运送二十世纪九十年代初被冲到俄勒冈州海滩上的运动鞋的船队信息。通过援引严肃的科学道理，他有时候能够取得进展。但他承认有时候也会碰壁。

集装箱丢失的货物具有很大的影响，不仅影响环境，而且影响航行。很多集装箱装载的是有浮力的货物，它们不会下沉，密封得紧紧的，漂浮在海洋近表层，就像《白鲸记》中无情的白鲸一样，随时准备将毫无戒心的航海人的小船撞开一个洞，船随后沉没。然而，尽管包括奥吉利塔基金会在内的许多机构和组织协调一致地在国际上做了诸多努力，但法律上仍不要求公司报告此类泄漏事件。事实上，如果货物被认为是"无毒"的话，船主可以不需要承担任何清理责任。一起骇人的、极其恶劣的集装箱泄漏事件于 1997 年 3 月被披露。德国的集装箱船"迈斯塔"号在距英格兰西南端外 28 英里的锡利群岛的纽芬兰角外搁浅，沿岸居民报告说，他们看到 12 个集装箱漂浮在水面上，另外还有几个集装箱冲到岸上。其中一个集装箱装有 1 500 英里长的聚乙烯薄膜，比从墨西哥到加拿大边境的美国西海岸还要长。10 年后，塑料薄膜的碎片还在不断地冲上不列颠群岛的海岸。清理工作花费了地方当局 10 万英镑（25 万美元），因此他们第一时间向德国法院提起诉讼，要求船主赔偿损失。当2005年案件最终审理时，判决对英国原告不利。根据国际海事法作出的裁决，船东无需承担责任，而且更糟糕的是，裁决要求原告自行支付诉讼费用。泄漏事件在托运人、客户和他们的保险代理人之间保守着秘密。所有人都非常满意地躲在海事法的神秘面纱后面。国际法公约时不时地试图打破它们的束缚，但收效甚微。

回到港口，我们将塑料/浮游生物论文提交给《海洋污染通报》，并期待好运。如果论文获得预接受，意味着该论文在这一年里将花费相当的时间经历严格的同行评议程序，而且还不能确保可以发表。"阿尔基特"号挣扎着驶进干船坞来修理所有的系统。我要求船员们把这次航行的印象全部写下来，以便刊登在《海洋科考船"阿尔基特"号新闻》上。当我在指挥官丹尼尔·怀汀的报告中读到以下内容时，我乐了："科考船'阿尔基特'号不是为拍摄电视台寻找沉船而开展的迷人而性感的科学。这才是真正的科学的本来面目：气味难闻、处处危险、而要求还很高。"

由于当地媒体的广泛报道，我的日程安排开始被演讲安排得满满的了。人们想要了解塑料黑暗的一面，它是如何从文明社会中逃离并大批侵入大洋的。用海员的话说，我感觉到风速的变化，一种清新的变化。来自南加州海岸水研究所的史蒂夫·韦斯伯格向我要最近航次采集的塑料垃圾样品。我敲开他办公室的门，亲自把样品罐交给他。那个讨厌的样品罐现在仍然放在他书架上的同一个地方。我们讨论设计另一项研究方案，要么支持 1999 年的环流发现，要么把当年的发现当成一个异常现象。我们计划进行近岸拖网，那里的海水中营养物质和浮游生物的含量远高于环流区发现的"海洋荒漠"，在"荒漠"中，浮游生物稀少且已知有垃圾堆积，因此意味着塑料量与浮游生物量的高比例在某种程度上是可预见的。韦斯伯格警告我，预计会有批评人士对此质疑。我不担心，因为我坚信任何塑料制品，更不用说成千上万吨的塑料制品，在亚热带北太平洋中部绝对不会无迹可寻。但是考虑到更靠近现代文明和塑料排泄物，近岸水域总体上可能含有更多的塑料。这一点我们将会看到。令我感到惊喜的是，在卡布里洛海洋水族馆的美国鲸豚协会当地分会发表演讲并收到我的第一份酬金之后，我应邀在蒙特雷召开的协会两年一度的会议上发表演讲。我在当地做了很多关于海洋生态和有机农业的演讲，但这是我第一次作为海洋塑料垃圾方面的权威专家在一个重要的大会上发言。

另一件好事将随之而来。我的讲话将导致一个具有重大意义的关系得以重建。

第十章　信息自我找到传播媒介

　　现在是 2000 年 11 月，我开车行驶在加州蜿蜒的太平洋沿岸高速公路上，前往蒙特雷参加两年一度的美国鲸豚类协会会议，会议主题为"鲸鱼 2000"。对于演讲有关海洋问题方面的内容我并不陌生，但这次是我作为塑料垃圾的反对者第一次亮相，而且重点关注的是微塑料。戴安娜·赫斯特德是美国鲸豚类协会蒙特雷分会的高级职员，也是大会的联合主席，我和她在好几个不同的项目上合作过。是她提议我为会议演讲的，因为经常会有鲸鱼和其他海洋动物在栖息地遭遇塑料垃圾，有时甚至因此致命。我一贯景仰这个协会的工作。协会创办于 1967 年，是最早倡导鲸豚类保护的组织。目前该协会在美国西海岸拥有 7 家活跃的分支机构，而且享有良好的国际声誉。协会宗旨是坚定不移地反对为了商业目的而猎杀海洋哺乳动物。不仅仅是鲸目动物（灰鲸、海豚、鼠海豚、独角鲸、白鲸、虎鲸），还包括鳍脚目动物（"鳍脚"的海豹、海狮、海象等）。他们控诉国际捕鲸委员会接受日本捕鲸游说团的豪华旅行，而且他们甚至已经在追踪因纽特人，据报道以捕鲸为生的因纽特人以此为借口出售捕获的鲸鱼肉。

　　会议安排了21位演讲者，我是其中之一，有些演讲者来自遥远的阿拉斯加州和新西兰。我准备了一份PPT演示文稿，努力从自然地引人入胜的角度阐述：须鲸类动物滤食微型生物，如浮游生物、磷虾、小型鱼类等，其中自然含有塑料一类的"佐料"。这是一个人们广泛注意且具有讽刺意义的事，这么巨大的动物，包括地球上最大的动物蓝鲸，却依赖最小的生物生存。令我揪心的是，鲸鱼几乎都是在海洋近表层摄食，塑料碎片不仅和须鲸的饵料动物混杂在一起，而且塑料碎片的行为也很像真正的生物体。体型较大的须鲸类动物拥有车库般大的口腔。须鲸的上颚结构适合于滤食食物，看上去像是毛茸茸的头梳。这种结构由弹性角质，一种天然合成物纤维状蛋白质构成，和我们的头发和指甲一样。同样的，与须鲸相对应的齿鲸，包括海豚和虎鲸，也以添加了塑料"佐料"的鱼类为食。长期以来，社会上关注网具缠绕鲸豚类动物的现象，但是最近几起"搁浅"事件（意味着在岸上或者近岸已经死亡或者将要死亡）的齿鲸尸体剖检都发现内脏中含有数量惊人的塑料袋和网具碎片。这使得鲸鱼的摄食成为一个新的问题。塑料袋的发现具有重要意义，因为这些是消费类或者是"用户"的塑料袋，不是废弃渔具或者是工业微球。我在思考如何最合理地提出议题，以及如何让听众关注我的演讲，从而造成更大影响，我发现准备演讲材料让我的思路更清晰了。

　　大约有30个人参加了我的会议，这是"缠绕和海洋垃圾"专题小组的一部分。事后他们不断地向我提问，看上去满怀热情，确实是对我的议题感兴趣。他们想知道能做什么，他们涌向我布置好的"证据桌"，桌上布满了我从环流区采集来的物件：咬碎的饮料瓶、雨伞手柄、一次性打火机、牙刷、塑料瓶盖、装满碎片的袋子。从他们的反应来判断，这些真实的物件，比上百张图片甚至千言万语的效果还要好。

我高兴地看到饱经风霜的比尔·麦克唐纳德也在人群中眯着眼看，他是麦克唐纳德制作公司的老板，公司位于我家稍稍往北的威尼斯海滩。我早先在酒店大堂偶然遇到他，和他谈了我们最新的任务，并邀请他参加我的报告会。我第一次见到他是在二十世纪九十年代中期，那时我向他购买了一台 Hi8 型水下摄像系统来记录"阿尔基特"号的冒险经历。（不幸的是，这个摄影系统属于我的时间很短，在之前昆士兰中部沿岸"阿尔基特"号事故中严重进水损坏了。）我对他从事的库斯托海洋保护协会的工作印象深刻，一个是作为电视录像制作人，一个是作为"海洋意识协调员"。他已经在全国做了 350 场次的库斯托海洋保护协会报告。事实上，我曾邀请他加入"阿尔基特"号早年的一个航次，但当时他被电视发现频道的《鲨鱼周》栏目的工作缠住而无法脱身。他是一个坚定的环保主义者，对此我非常倾佩。

报告结束后，比尔·麦克唐纳德在人群外围等我。等到人少些的时候，他走进来，赞扬了我的演讲然后离开了。但这不是我最后见到他，在会议的第二天，他再次找到我。他说当想起我的报告并深深理解其含义时，他就无法入眠。作为一个专门从事海洋保护工作的人，他说为自己对这个"巨大问题"缺乏意识感到很困扰。我理解他现在的感受。他说他已经厌倦了为《鲨鱼周》观众拍摄镜头，希望做一些更有意义的事。然后他马上采取了行动，建议合作制作一个关于"塑料灾害"的影片。他很快让我相信通过一部影片向世界传播将比偶尔进行 PPT 演示具有更大的影响力。而且他已经想好了题目：化学合成的海洋。

麦克唐纳德丝毫没有浪费时间。很快他就来到我家里，带着各种的摄影器材和想法。我未多加考虑就联系了奥吉利塔基金会董事会成员，但是被告知由于我们的修复工作和日复一日的支出，我们已经没有录制影片的预算了。可是我知道，如果不通过视觉展示，那就什么都不是了，这是问题的关键，而且一部影片确实是可以把信息传播到每个人的家中。我决定自己出资，虽然通过出售最终产品回收投资的希望未必能实现。事关我自己投资的安全，我得像个好莱坞制片人一样认真考虑。但是，我们有曾经驾驶着 50 英尺的双体船在公海航行的冒险经历；我们开展了一半是事实、一半是臆想的科学研究；我们具有坚定地努力拯救海洋的主人翁精神；最重要的是，我们有信息。记着，在 2000 年的时候，垃圾带仍然还是一个保守得很好的秘密。只是我在表演上是个新手，我担心能否很好地完成任务。但是，当我意识到这影片不是关于我的，而是关于"塑料灾害"的时候，我就坦然了。

除了钓鱼，我们还有很多事情要做。我们在等一场暴雨，我们需要完成一项关于浮游生物量和塑料量比较研究的新项目，这次做的是沿岸水体，其他的计划还在酝酿中。我们无法扔下一切，直接奔赴环流区开展为期 3个月的影片拍摄。我们决定转而跑到圣卡塔琳娜岛东端的一个风平浪静的地方去，用圣卡塔琳娜岛来代表一个普通的热带小岛，这样我们的"好莱坞"制作成本将大大降低。它那清澈的蓝色水域能够代替环流区。但是我们先要在陆地上拍摄几个场景，主要是在索斯兰河的混凝土堤岸上，河中垃圾往往比水多。麦克唐纳德和我一起编写了一个脚本，很快我就坐在"阿尔基特"号的甲板上，接受他对我的采访录制。我侃侃而谈塑料垃圾怎样涌现成为一种新的海洋灾难，自认为做得还不错，直到他委婉地提醒我，我的目光往哪儿都看就是不看镜头。他告诉我要放松，要自信地表现我自己，而不是表现别人。我想问我还能是谁，尽管如此，这还是让我放松下来。就这样，我开始获得媒体支持。如果我知道我未来会举办网络新闻片段、深夜脱口秀、大量纪录片和无数You Tube 帖子，我不知道当时会是什么感受。我接到很多老同学打来的电话，他们在电视上看到我，打电话来问我是否就是那个他们过去认识的查尔斯·穆尔，这个问题问得好，因为目前有 4 869 个查尔斯·穆尔定居在美国。我在长出第一根白发之后获得这个"坏名声"，这也许是一件好事。

我把麦克唐纳德带到我知道会被塑料垃圾堵塞的河流和海岸线上，比如临海的圣加布里埃尔河和靠近洛杉矶国际机场的巴洛纳河。他的相机捕捉到令人心碎的镜头，一只只矶鹬和海鸥在铺满塑料的栖息地中觅食。麦克唐纳德独来独往，不带助手，因此无拘无束、自由自在。那天最后下雨的时候，他的背影，一个召之即来、来则战斗，在现场拍到了"第一批冲刷"来的漂浮垃圾的摄影师的背影，映衬着巴洛纳河上汹涌而至的垃圾，这里聚集着直接来自洛杉矶市区的漂浮垃圾。

我们拜访了海洋实验室，这是我们设立在雷东多海滩的新的研究中心，在这里麦克唐纳德拍摄了我对环流区样品进行分类的镜头。我偶然发现一片橙色的塑料，在形状和尺寸上和可食用的端足类动物异常相似。我们曾不止一次强调过塑料在自然环境中和可食生物非常相像。在后来穿越环流区的航行中，我们开展了一次临时实验。我们抓了一只活的樽海鞘，把它放在一个装有采集的塑料碎片的小玻璃鱼缸中，然后我们好奇地观察它。随着视频的滚动，我们的小型滤食性动物，绕着鱼缸吸食，果然，吞下了塑料碎片，好像它们是美味的浮游生物碎片。我们后来把录制的这个场景放到我们演示材料中。

我认为我们应该为应对塑料行业的攻击做好准备。在我们和塑料行业斗争的这几年，每当我们真正赢得关注的时候，塑料行业的"发言人"就会指责我们制造了"阶段性假设"，试图诋毁我们剪辑的樽海鞘视频。实际上，我们很快意识到他们一直在诋毁奥吉利塔基金会所作的努力。他们箭囊里的箭是经过充分磨砺和实战检验的策略，即将不利的非行业研究称为"奇闻科学"。有时候他们使用的词汇是"垃圾科学"。我通过提供不容置疑的外皮覆盖着塑料的现场樽海鞘图片，包括我们在第一次研究航次中采集的标本，让他们闭上嘴巴。我指出科学研究就是这样开展的，实际上，即使是塑料本身也是不断通过阶段性实验研究才得以不断改进的。这是一种常见而且值得信赖的科学实践。

我收到《海洋污染通报》杂志的来信，知道我们的论文已经通过了同行评议，但是在论文正式发表之前还需要澄清几个问题。即将开展的沿岸水体浮游生物和塑料的研究项目也正在推进。史蒂夫·韦斯伯格是一位经验丰富的科学家，希望在第一篇论文发表之前，完成新项目的研究计划。他仍然担心第一项研究可能会因为研究区域生物活性低，而受到批评。新的研究项目将会告诉我们，在生物活性丰富的富营养化沿岸水体中，塑料量和浮游生物量的比较是否也一样会令人不安。沿岸水体可能具有更多的浮游生物，但是我们不知道从洛杉矶大都市来的额外垃圾，在波浪起伏的沿岸水体中以及在风力更小的条件下行为是怎样的。它有可能会垂直分布在整个水体中，如果这样，我们的拖网就会更难以采集它们。比较环流区中部的塑料漂浮物和潜藏在沿岸水体中的物质，对于大多数人来说，可能听起来没那么令人兴奋，但是对于我们来说确是令人兴奋。我们也不能否认这次任务的风险，如果我们不能证明沿岸水体中塑料颗粒数量和浮游生物的数量有得比较，支撑我们结论的论据可能会因此减弱，虽然我们认为并不是这样，因为环流区遭到污染这个论据对我们来说已经足够了。但是如果说我们到此刻为止学习到什么，那就是学习到尊重怀疑的对抗性力量。

还有很多问题。两个生态系统中，哪个生态系统含有的碎片更大，降解和风化更严重？树脂类型会有什么不同？什么东西会附着生长在它们表面？我们知道环流区的涡流会从整个北太平洋捕获和汇聚垃圾，包括人口密集的亚洲地区和渔业船队的巨大输入。然而，涡流中心区是赤道无风带，塑料在那平静的表层水体中漂动。比较而言，近岸水体一直处于扰动状态，即使是漂浮塑料也会被循环流动的沙和沉积物带到底层。我们还知道动力强劲的加利福尼亚海流会把垃圾往南带，而盛行的西风以及海浪则可能将都市垃圾轻轻地冲刷回岸上。然而，这些水体的东侧是一大片快餐店、迷你市场、户外娱乐区、体育运动比赛场所和每年有 1 700 万人次日光浴者造访的海滩，这些日光浴者都带着食物、饮料、护肤液、铲子、桶、飞盘、沙滩球、撇乳器和泡沫冷却器，所有这些都是塑料制品或者装在塑料袋中的，在这些水体中如果没有严重的塑料污染，那才是一件令人奇怪的事情。

还是在史蒂夫·韦斯伯格和雪莱·穆尔的帮助下，我们制定了两条采样路径，每一条都先向着海岸拖网，然后再往外拖。我们计划在 2000 年 10 月，也就是枯水期后 63 天，开始进行第一条采样路径拖网。第二条采样路径必须得等到大暴雨之后进行，这个城区是世界上降水最少的城区之一，什么时候下暴雨得看老天。这样设计的理由是暴雨导致的径流会把大量的新鲜的塑料垃圾冲刷到沿岸水体中。研究目标是要得到不同条件下塑料污染状况，了解二者之间相互关系，以及取平均值后的整体情况。研究结果应该能够代表实际情况。

现在还是初夏。当我们天一亮从滑梯里出来的时候，海上的空气还有点凉。离开加州港后，双体船掠过波浪起伏的海面，浪花飞溅，使得它的旅程有一些颠簸。我和麦克唐纳德以及其他一些人最终将前往圣卡塔琳娜岛。麦克唐纳德是一位经验丰富的海员，也是一位专业的潜水员，他乘坐库斯托海洋环保协会著名的科考船，改装的"卡利普索"号英国扫雷船，在南太平洋、加勒比海、大西洋和地中海上的航行经历比我还丰富。他对水上生活很熟悉，因此他在前往圣卡塔琳娜岛的 26 英里航程中为船员提供了很多帮助，同时向我们介绍了拍摄计划的基本情况。我们带上了曼塔网，一旦进入圣卡塔琳娜岛屏蔽的海域，我们就开始作业，那里的海面平静如镜。我们把曼塔网放入水中，麦克唐纳德穿上潜水衣，也下到水中。他想出了一个办法，把他的水下摄影机稳稳地固定在卧式小型冲浪板上，从海洋表层的角度拍摄，这是从浮游植物的"眼睛"中看到的世界。我们需要重新放置拖网进行拍摄。为了让画面更加逼真，我们带来了环流区航次采集的垃圾样品，但是重新放置的曼塔网真的拖到了我们原本以为在那里不会出现的塑料垃圾。麦克唐纳德蹚水游近，以拍摄曼塔网嗖嗖地快速移动的生动画面，后来他承认他非常担心被网线缠住。

麦克唐纳德以事实证明，他就是海洋纪录片影像制作的克林特·伊斯特伍德：极其高效、节约镜头、目标明确。在剪辑室，他利用大量的视频档案拼接成自然流畅的影像片段，他还从中途岛的公园管理员手中"骗"

来了展现黑背信天翁幼鸟被善良的父母喂食从海里采来的塑料而结果凄惨的录影带。我被叫到威尼斯去录制画外音，因为麦克风很难清晰地接收到呼呼的风声、水花飞溅声和人的嗓音。麦克唐纳德说要开始策划影片的首映了。他将在几个礼拜时间内完成影片的最后制作。

我们开展了沿岸拖网研究，分析数据后发现，我们的假设得到了充分的支持，有几个出乎意料的地方让我们百感交集。我们的数据资料显示，在太平洋环流区中部的塑料丰度（即每平方千米塑料个数）仅为沿岸水体漂浮塑料的三分之一。然而环流区垃圾密度（指定海区所有单个碎片的合并重量）却远远大于沿岸水体的垃圾密度，高达 17 倍。事情可能是这样的：我们假设对于生态系统来说，沿岸水体的碎片更为新鲜，所以在这个时间里它们还没有被滤食性动物摄食。而隔离在环流区的垃圾随着时间的推移，更多地暴露在潜在的"捕食者"中，比如滤食性动物，它们可能会清空体积最小的碎片。我们也从我们在环流区开展的更深层次的拖网结果中意识到，有相当数量藻类附着的垃圾丝下沉而没有被我们的表层拖网计量到。不可思议的是，在都市沿岸水体中我们发现了每平方千米高达 800 万个的塑料碎片，异乎寻常的多。而在环流区研究中得到的结果是每平方千米平均 334 000 个，在当时这是个令人瞠目结舌的数字，但是现在比较后看来，这个数字还不算太大。2001 年 1 月暴雨来临了，我们在暴雨后进行了拖网，不出我们所料，塑料数量直线上升。在特定断面，塑料重量与浮游生物重量比值远远超过环流区的比值 6：1。我们发现在暴雨前，在靠近海岸线的地方，塑料量与浮游生物量的比值最高，随着远离岸线，人类的影响逐渐减小，塑料量与浮游生物量的比值逐渐缩小。在暴雨后，情况有所不同。暴雨带来的径流把塑料推向外海，导致外海的塑料量超过浮游生物量。

我们百感交集，因为我们的假设得到事实的证明。然而，发现一个新的塑料污染区域实在不是一件令人高兴的事情。

这意味着什么呢？和很多科学研究一样，我们的成果不是代表科研的终结而是代表另一个阶段的开始，还有很多事情需要去做。我们对现存的塑料进行定量，希望了解塑料垃圾在海洋中的影响。我们建立了基线数据，以便将来的测量结果可与之比较。只有这样，我们才会知道塑料污染程度是加剧了还是减轻了。这样，我们也才能知道为减轻塑料污染所采取的措施是否发挥效用。我们采取两条腿走路方针，一条是科学研究之路，另一条是改革之路。加上新的信息，我们的 PPT 更具有说服力，我们是捎来 PPT 的"午夜骑士"保罗·瑞威尔。但是还有许多我们不明白的事情。比如，环流区中部的塑料大多数是来自海上的商船和渔船，还是来自陆地？两者来源都有，这点没有疑问，只是制定措施需要针对更主要的来源。还有塑料的危害。塑料废料究竟给海洋生态系统带来了什么危害？

我们已经明确把微塑料作为我们事业的关注点，因此我们的调查路线需要转向摄食过程。海洋中最初级的小鱼是海洋表层滤食性微小生物，它们已经进化得不大会择食了。很久以前，海洋中眼睛可以看到所有东西确实都是好的，都是可消化的食物。为食物链更高端的生物提供健康食物的正是这些小型动物，它们不仅为磷虾和小鱼，而且也为巨大的须鲸提供食物。然而，我们仍然还没有好好地对摄食过程本身进行研究，那样我们只能说摄食塑料的"潜力"是很强大的。我还看到有数据表明，至少一半的塑料漂浮物被海藻和其他机会主义生物附着压覆，沉入海底（也叫海床）。在海底，它们和密度较高、自然下沉的塑料一起，比如聚苯乙烯 CD 盒、圆珠笔和聚氯乙烯塑料制品，可能对海底生物造成危害。安东尼·安德拉德和其他一些人提出的"溜溜球"理论，就是这样运行的：海藻和硅藻（浮游植物）附着在塑料垃圾上并迅速繁殖，这个过程叫做"污损"。那么现在带着海洋植物群落，垃圾开始下沉，下降到真光层以下，在那里这些小型植物进行光合作用需要的阳光无法到达。由于受到光限制的浮游植物开始枯萎，海水细菌开始发挥作用并对它降解。这时，由于变得更干净更轻，垃圾物件又开始上浮到表层，准备开始下一轮循环。

我们可能还处于准确了解塑料垃圾影响的早期阶段。但是，关于认为塑料在海洋环境中是否可以合法存在的认识，我们不再处于早期阶段。

从一开始，成批的塑料就散发着一缕邪恶的味道，可悲的缠绕和摄食问题还没来得及深入研究，而这些数百万吨的东西，就已经在海洋中和活体生物一起并肩游泳了。但是即使是到了 2000 年，在经历了两次环流区航次和阅读了大量的塑料研究文献之后，我的假设还是认为塑料这种材料本质上是惰性的，大部分人也认同这个假设。毕竟，这种令人惊奇的多功能人造材料已经打败了所有其他材料，渗透到了我们生活的每一个角落。惰性一直是塑料的关键词。这不就是像婴儿奶瓶、牛奶罐和一次性泡沫咖啡杯之类的东西都是用塑料做的原因吗？便宜、结实、轻便，当然还有安全。到了二十世纪八十年代，几乎所有涉及"婴儿"的物件都是由塑料制成的：婴儿车、婴儿床、汽车座椅、床垫、床垫套、玩具、便携式浴缸、磨牙环，吱吱作响的浴钩和橡胶小鸭子，色彩鲜艳的盘子、瓶子和吸管杯。婴儿可以把她的瓶子或者碟子甩到地上，它们仅仅是弹起来，毫发无损！婴儿爽身粉、洗发水、精油、尿布巾、儿童泰诺糖浆……全都是装在塑料容器中的。一次性尿布，几乎 100% 是塑料做的，现在是"不那么卫生"的垃圾填埋场中数量最多的垃圾。因此，塑料必须要超级安全！否则世界会大乱，伴随着口哨声、听证会、禁令和诉讼。

或者可能也不会。

几十年来，塑料制品都获得了成功。少数质疑塑料安全性的反对声音被忽视、压制或边缘化。后来的研究让我看到了这样一个事实：早期的怀疑论者几乎从一开始，也就是二十世纪五十年代和六十年代，就发表了相关言论。了解到这一点，我越来越坚信（现在我是作为一个激进分子来发表言论）在文化中的主要运动部分与范式转移一致之前，令人不快的事实是不会被倾听的，更不用说付诸行动了。

问题的第一个苗头出现在二十世纪九十年代，当时我们突然听到有关塑料中微波食品的警告。在那种情况下，由于涉及分子激荡产生的热量，可能有些问题会与塑料有关。如果作为一个化学专业的学生，我静下心来想一想可能会意识到，比方说，暴露在微波下的莎纶塑料膜可能会把氯乙烯添加到加热的剩饭中去，因为在那个时候，莎纶塑料膜就是聚氯乙烯（PVC）膜。但即使我能聪明地感知到这一点，我也不会知道莎纶塑料膜还含有一种让它变得容易拉伸的添加剂，一种邻苯二甲酸盐，这种添加剂可能会给我的剩菜带来一小点具有内分泌干扰作用的化合物，只是那时我们还不知道，在个人护理产品和塑料中发现的这些邻苯二甲酸盐能让发育中的男性女性化。我也还记得读到过"新车气味"不利于人体健康的资料，对于这个问题，我们不需要去考虑释放的化学气味造成健康风险的确切性质，我们只要摇下车窗，这就是一种简单有效的补救方法。只是，谁还没有过从一个热热的车里拿出留在车上的塑料瓶，喝一大口水然后思考的经历呢？是的！我的搭档萨马拉喜欢新杂志的味道，尽管我警告过他，但是他仍然忍不住深吸新杂志的芳香气味，他不知道这样他也吸入了潜在的神经毒性气体，这个问题直到最近才受到关注。

　　另一方面，我早就开始关注工业毒性物质了。从二十世纪七十年代到九十年代中期，在我的家具店里，我就一直对我的员工暴露在挥发性有机化学物质中担心：冒烟的溶剂、油漆、密封剂和通常用来剥除和修复家具的表面抛光剂，像二氯甲烷这样的老派脱漆剂，会在瞬间蒸发，几乎会给所有的生物系统带来损害风险。事后想来，虽然我们采取了正常的预防措施，但我觉得我们本应该更好地使用我们的呼吸器，尤其是在家里和餐馆修理乙烯基瑙加海德革家具时，需要混合乙烯基组分，并在看不见的烟雾中进行现场热硫化。

塑料开始潜入我们的生活，首先像是涓涓细流，很快就变成了滔滔洪水。这些产品看起来总是像它们所取代的事物的新的、改进的版本，于是我们条件反射式地接受了它们，认为它们都是没有危害的。10 年或 20 年能带来多大的不同啊！“那时”似乎是一个神奇的、非批判性思维的时代，是一个无忧无虑地对无数的线索视而不见的时代，是一个盲目相信行业和政府对我们生活中的产品仁慈地监管的时代。

塑料是从石油中提取的碳氢化合物，这意味着它们含有潜在的毒性物质，因为我们知道，石油天然具有毒性。但是它们还有其他方面的问题。第一个问题是我在海洋科学图书馆翻阅文章时发现的。我偶然发现了一个叫彼得·瑞安的南非野生生物学家开展的一项研究。从二十世纪八十年代开始，他把研究南半球海鸟的塑料摄食作为他的科研任务。我很惊讶地了解到海鸟，这种海鸟只在海上捕食，至少在海岸垃圾倾倒前是这样。自从塑料污染开始以来，基本上是在二十世纪六十年代，沿岸垃圾堆就被认为是塑料污染的晴雨表。不久之后，荷兰科学家简·安德烈·范·弗兰克开始解剖从北海海滩收集的搁浅的北方海燕（在这个案例中，是死亡的搁浅生物），作为一种监测塑料污染趋势的手段，正是他最早发现塑料污染趋势不断加剧。瑞安将他研究的鸟类的塑料摄食与它们组织和蛋中有毒残留化学物质（POPs）的检出水平关联起来。但他不能确切地证明化学污染物，在这个案例中为多氯联苯（PCBs），是来自塑料，而不是来自污染的天然食品或其他类型的暴露。

当时主要的持久性有机污染物是能让蛋壳变薄的滴滴涕，一种杀虫剂，于1972年在美国被禁止使用，还有具有致癌性的多氯联苯，用于工业润滑油、阻燃剂和冷却剂，于1979年被禁止使用。但是，由于具有持久性，它们不会消失。这些合成分子不仅极为稳定，而且具有很强的流动性。它们无处不在，包括海洋。但是关键的概念是：鉴于这些化学物质的本质是以油为基础的，因此它们具有被脂肪、油、脂类等物质吸收的特性。所有生物都是由3种基本成分组成：碳水化合物、蛋白质和脂类。因此，我们人体会吸收并确实含有持久性有机污染物，受污染海洋中的生物也是如此，我认识到经加工处理的碳氢化合物，我们所知道的塑料，也是如此。

南加州海岸水研究所的生物学家和统计学家雪莱·穆尔向我展示了东京农工大学的5位日本研究人员的开创性研究。她在美国化学学会的杂志《环境科学与技术》上偶然发现这篇论文，然后马上发送给了我。这篇题为《塑料树脂微球作为海洋环境中有毒化学物质传输媒介》的论文，内容不仅包含了证据，而且还证实了近岸水体中的塑料漂浮物会不断吸收（被表层覆盖）难以捉摸的毒性物质。研究得以广泛地开展。他们的研究考虑了多方面因素而且设计灵活，研究人员聚焦于聚丙烯粒子，这是一种预制微球，是大多数塑料制品的原材料，正因为如此，预制微球作为一种重要的国际商品船运到世界各地。聚丙烯（我们所知的"5 号"）是一种坚固的塑料，可用于制作瓶盖、食物和酱料的容器、耐磨地毯、浮绳、全天候装备等诸如此类商品。使用消毒的不锈钢镊子，研究团队从日本的工业岸线和娱乐海滩中收集塑料粒子。这些是"野生"的微粒，来自于船运中的泄漏或者是从加工处理厂中逃逸而来，在被冲刷上岸之前存在于海洋环境中。一个独立的粒子组由日本大塑料公司生产的"原生"微球构成。这些微球被分装到几个篮子中，然后被固定在受污染的工业化东京港码头水面下。每周取出 1 个篮子，直到回收完所有的篮子，这样就可以测量暴露方向和污染比率。

他们的发现令我们震惊。在实验室里，他们用一种高效的溶剂乙烷将微球上的污染物萃取出来，然后用先进的仪器进行测定。初步结果如下：在被污染的东京港水体中放置时间越长，粒子受污染的程度越严重。它们就像是会吸收污染物的海绵。但是即使是受污染最严重的原生粒子，毒性也没有从近岸水体中采集上来的粒子那么强。那些从工业化岸线水体中采集上来的粒子的毒性物质含量比沿岸邻近水体的高 100 万倍。从更干净的沙滩站位采集的粒子受污染程度较轻，但是也已经受到沾污。

后果很严重而且难以预料。微粒的一个很特别的问题是它们和鱼卵极为类似，而这些鱼卵就好比是海鸟的鱼子酱。实际上，像彼得·瑞安这样的野生生物学家已经确认了预制塑料微球已经成了几个海鸟种群事实上的主食。科学研究设法将海鸟健康问题（指示免疫力减弱的白细胞水平）和日益严重的塑料摄食关联起来，不过目前结果只是显示二者之间存在可疑的关联关系，还无法证实二者之间存在因果关系。一些海鸟种类摄入的无法消化的物质在它们腺胃（胃中的一个袋子，可容纳不消化的物质）中的存在时间长达7个月。具有毒性的粒子在海鸟的内脏中闲置7个月可不是一件好事。日本研究人员还发现了一个令人不安的结果：随着粒子的崩解，它们会释放一种毒性化学物质壬基酚，这是一种常用的添加剂用于减缓氧化和腐败，听起来有点讽刺意味。这种壬基酚在实验室条件下也被证实会强烈干扰细胞行为。

海鸟生物学家将他们的研究对象视为塑料污染的晴雨表，日本团队则将塑料微球视为评估海洋毒性的潜在工具。这是多反常的配对啊：一种污染物用来监测另一种污染物。

我记得凯西·考辛斯在檀香山废弃渔具会议上曾告诉我一项研究。她曾经看到一组数据显示出黑背信天翁的薄蛋壳和孵化失败与其巢窝附近的塑料垃圾具有明显的相关性。我想找出这篇论文，但是没找到，因为它的结论还没有正式发表。在瑞秋·卡森的《寂静的春天》一书中有一页对蛋壳变薄的描述，这本书是对滴滴涕暴露强烈谴责的出版物之一。卡森于1962年逝世，30余年后，研究人员发现了石油衍生物具有改变生物系统，包括人类的激素信号，甚至基因表达的潜在特性。

需要展示危害！我的思想还在像霓虹灯似的闪烁。我知道日本研究人员的成果很适合放在我那尚未发表的首篇科学论文中。我们发了封邮件给《海洋污染通报》的编辑查尔斯·谢泼德,咨询在文章受理的这个阶段是否还允许增加一段文字和一篇引用文献。他同意了。于是在论文的第一段,我们插入了这些文字:"此外,最近的研究确认了塑料树脂微球会累积毒性化学物质,比如PCBs,DDE(滴滴涕的一种衍生物)和壬基酚,对于摄食它们的海洋生物来说,这可能作为一种传播媒介和毒性物质的来源。"

随之而来的是更大的紧迫感。说真的,我对自己所取得的进展感到惊讶,这项研究仅仅是从1997年开始,出发点也仅仅是因为我对大洋中部的垃圾问题有一种简单而强烈的不满。虽然浮游生物和滤食性海洋生物似乎正在吃那些我感兴趣的塑料碎片,然而现在我想知道的是它们是否也正在蒙受毒害。微塑料会杀死这些小生物吗?它们会给整个食物网造成威胁吗?最初,我只是把污染美丽的、遥远的海洋水体视为人类对大自然不尊重的表现,然而毒性因素意味着存在更多我原先没有预料到的潜在危害。

影片《化学合成的海洋》从海豚在帆船前快速穿行以及比尔·麦克唐纳德庄严的画外音介绍开始。然后画面切换到穿着黄色防水衣的我,站在绞车工作台旁,正拉着曼塔网。我说:"作为海洋科考船'阿尔基特'号的船长,我航行去过很多太平洋的偏远海域。在我的航行中,所有我到访过的海滩,垃圾数量的增加深深地警示着我。我的看法是海洋现在充满着垃圾。"

9分钟后,影片放映结束了。效果超出了我的预期。

在这几分钟时间里，简洁、生动，同时又惊人地对整个问题进行了阐述，包括我们拍摄的出自日本科学家的有毒粒子研究。我们将影片设计为一个"短片"，以便嵌入到我们以后在大学校园或者环境会议上时间更长的演示当中。《化学合成的海洋》开创了一个新纪元，不仅是对于我和基金会，而且是对于反塑料垃圾和塑料污染运动。我们为麦克唐纳德提供了一个奥吉利塔基金董事会席位，这是他应得的荣誉，未来的 5 年他将担任这一角色。也正是由于《化学合成的海洋》，他开启了作为拍摄海洋灾害题材纪录片首席导演的职业生涯。

公开首映在 11 月 9 日后不久举行，由一家当地的环保组织"生态联通"主持。这家环保组织表彰了保罗·沃森船长为阻止美国海军测试水下声呐探测系统所作的努力，这项测试已知会伤害，而且导致鲨鱼和海豚迷失方向。沃森将在电视上大放异彩，也可以说是"声名狼藉"，这取决于你看问题的角度。在《鲸鱼战争》节目里，作为一名现代的君王"亚哈"，他在大西洋水域四处搜寻并骚扰挂着"研究"旗号的日本捕鲸者。首映式结束后，我们和这位极为激进的保罗以及他即将离婚的第三任妻子聊了一段时间。他的观点很有吸引力，也很让人困惑。他说，海洋生态系统的崩溃是不可避免的，只是不知道是哪一部分会先崩溃，也不知道何时会崩溃。他告诉我，《化学合成的海洋》只是强化了这个信念。他曾经做过绿色和平组织船队的船长，现在他自己拥有海洋守护者基金会的船队。他到过每一个大洋，他也注意到了塑料垃圾的不断入侵。他喜欢每天停下船来游泳，他说，水中总有一些垃圾。和他热爱海洋一样（还在青少年的时候，他就坐着火车从加拿大的内陆老家去参加加拿大海岸警卫队），沃森对动物权利也是最热心的，特别是对海洋哺乳动物。他为了它们宁愿冒着生命危险，既在大西洋，如我们在电视上看到的，也在加拿大东部，在那里他用身体保护着雪白的加拿大格陵兰海豹幼崽免遭狩猎俱乐部的伤害。我们中的许多人都强烈地认为，动物应该远离人类的捕食和栖息地污染，但很少有人像沃森那样把信仰付诸于实践。

10 年过去了，我让比尔·麦克唐纳德回忆一下"生态联通"组织主持的《化学合成的海洋》的首映反响。他说："反响极其强烈。好于预期。这个问题现在可以讨论了，因为当时我们所有'谴责的'资料现在都能从公开发表的科学论文中获得了。"顺便提一下，我已经收回了那笔投资。

2001 年 12 月，在 1999 年环流区研究航次一年半后，同时也是在具有重大意义的首次环流区穿行三年半后，我们收到了《海洋污染通报》杂志第 42 卷第 12 期的副本。杂志上刊登了我们的论文《北太平洋中部环流区塑料和浮游生物的比较》。这篇简单易懂的 5 页研究论文（很大一部分篇幅被一张表、两幅图、一张海图占用）证实了我们是一群勤勤恳恳的老黄牛。一般的论文会被后来的研究者引用小几十次，而我们的这篇论文到目前为止，已经在已发表的以及尚处在同行评议阶段的论文中获得了超过 80 次的引用。我从中得出两点结论：首先，海洋环境中的塑料污染已经成为一个热点，这个行业的研究生会选它作为研究论文。再者，即使是像我这样一个无组织的、无资质的、独立的科学家，也能通过正确的调查获得相当的重视，虽然从具有良好资质的朋友那里获得了一点帮助，让他作为共同作者也是无妨的。

　　又是论文又是视频，我的时间似乎已经被占满了。演讲邀请成倍增多，而且现在我们有一个很有说服力的小电影可以放映。我们为下一次进入环流区的航行制定了计划，还制定了一趟去一个受到塑料碎片污染的热带近岸海域的旅程。

第十一章　散落的渔网

2002 年夏天。与预订前往毛伊岛的旅行不同，西北夏威夷群岛是个生态脆弱区，获准去那儿不仅过程磨人，而且成本也是刚性的。现在，"阿尔基特"号已经抛锚在波光粼粼、环礁遮蔽的潟湖里，外围是 20 英里的新月形状的礁石和沙洲。嗯，其实环礁遮蔽得没那么严重。我们把双体船的尾缆绑在一个破旧的金属海堤上。金属海堤建造于第二次世界大战期间，起到人造跑道的作用。这里的水流十分湍急，难以预测，可以把我们推回到边上的岸礁上。我们静静地倾听，等待一架小型飞机的到来，它将把柯蒂斯·埃贝斯迈尔和詹姆斯·英格雷厄姆送到这个位于檀香山西北 570 英里处，叫做法兰西护卫舰暗沙的地方。这两位和蔼可亲的海洋学家严格说来已经退休了，但仍像尚未退休一样继续忙着工作。

法兰西护卫舰暗沙是个有意思的地方，它更像个 30 英里宽的浅坑，而不像明信片中描述的那样带着摇曳的棕榈树和金色沙滩的环礁。暗沙的陆地总面积只有 64 英亩，分成 12 个沙洲，一长串沙洲所环绕的潟湖是暗沙中面积最大的，达 200 平方英里。达尔文本人是第一个描述环礁如何形成的人：一个火山岛逐渐沉入海底，而周围的珊瑚礁不断向上生长。珊瑚礁在称为达尔文点的地方停止生长。在达尔文点，海水温度太低，因此珊瑚无法维持生长。环礁这个显得有点奇怪的名字是为了纪念一位十八世纪法国探险家让·弗朗索瓦·德·加劳普·拉彼鲁兹伯爵。在 1786 年的一个黑夜里，他的两艘护卫舰轻轻撞上了这个环礁的暗礁，暗礁可以说是海洋中的地雷。鉴于我们曾在这里与海流和 20 节阵风做过斗争，因此我对发生这样的事并不感到惊讶。在这里，该地区的电子海图没有信号，我们的位置也无法确定。

最大的沙洲是燕鸥岛。它其实是人造岛，是在第二次世界大战期间经疏浚和填土扩大形成的沙嘴，设计成类似于航空母舰的甲板。这是西北夏威夷群岛仅有的两个机场之一，另一个在距离此处西北 500 英里的中途岛。这条跑道沿着这座占地 26 英亩的岛上海拔 6 英尺高的中脊线延伸。机场附近有一个饱经风霜的前海军/海岸警卫队的基站，里面住着两位美国鱼类及野生动物管理局的野外工作人员，他们全年在岛上工作，负责看顾环礁上那些稀有的保护动物。该站将为我们的海洋学家们提供两个晚上的住宿。这里还有个集水系统收集雨水。附近植被稀少。这是一个适合海面之下的水生生物而非陆地生物栖息的场所。

但为什么我们会来这里？其中一个原因是，"阿尔基特"号被得克萨斯农工大学科学家莱塞克·卡兹马斯基租用作为研究长吻原海豚的平台。这一个星期，我们将基地设在这里，便于他观察当地海豚种群，并可以用绑在一根长竿上的维可牢尼龙搭扣获取跃过的原海豚的DNA样品。另一个原因是机场跑道附近有一个公共垃圾棚，这是自然界残酷的讽刺例证之一。这些偏远的岛屿是受联邦保护的海洋野生动物保护区，但它们同时也是世界级的漂浮垃圾储存库。这使得它们无意中成为研究海洋垃圾，主要是塑料及其危害的实验室。

公共垃圾棚里存放着员工们收集的过去112天里燕鸥岛上搁浅的垃圾。通常他们每两周环岛一圈进行周期性清除，记录下他们的发现并回收垃圾。我和美国鱼类及野生动物管理局的要员一起安排了这种特殊的收集活动，他们同样希望能对环礁海滨和礁石上的漂浮废物有更多的了解。飞机一到达，埃贝斯迈尔就开始仔细检查那些我已仔细归类，并置于临时准备的桌子和垫子上的海洋垃圾。埃贝斯迈尔的目标是确定其含量并尝试分析其来源。他的研究对象不包括每年从西北夏威夷群岛岸边和水体中拖到的数十吨网团，也不包括我从环礁内和周边水体中拖到的微塑料。这里有如此多大块的塑料，以至于小一点的东西都不被当回事。尽管如此，在这里，在法兰西护卫舰暗沙的背风处，我学到了重要的一课：海面状况与拖网的"收获"息息相关。在翻腾的海面上，更小的塑料碎片会旋转向下，越来越深，躲过曼塔网的网取。在海面宁静时，它们会重新浮到海面。当然，这是合乎逻辑的，但也混杂着其他因素，需要进一步证实。在波涛汹涌的海面上拖网时，我们所获甚微。当信风减弱时，在潟湖的背风处的同一片海区我们就能采到巨量的垃圾。

　　法兰西护卫舰暗沙是西北夏威夷群岛较南部的岛礁之一，是由 10 个命名过的小岛、环礁、凸岩、珊瑚礁和沙洲组成，位置低下，沿岸浅滩长达 1 200 英里。在这里，你不会看到草裙舞表演、提基酒吧或纪念品展台。在这里，不速之客是不受欢迎的，季节性访客多半是通过审查的科学家和生态志愿者。理由很充分，在最近数千年里，这些岛屿由于自然隔绝受到很好的保护，成为大量当地海鸟、海龟、龙虾、热带海豹和其他数千种物种种群的安全乐园。而后就是"地理大发现"。十九世纪，日本和美国俱乐部的人来到这里"猎取"栖息的鸟类（这些鸟类没有逃避的进化冲动）以获取其羽毛，以及捕获晒着太阳的海豹以获取其毛皮和油脂。

　　西北夏威夷群岛曾是非常坚固的岛屿群，它们提前预告了其年轻的南方邻居，即夏威夷群岛"主岛"数千万年后的命运。远在这个最大最深的大洋中央，深植于地球变动的地壳中，这片环礁正逐渐地受到腐蚀和削减，被波浪侵吞，并由于火山基的冷却和收缩作用被向下拉拽。气候变化和海平面上升可能意味着它要更快地迈向终结，进一步造成濒危物种栖息环境的严重丧失。美国政府西北夏威夷群岛的官方网站承认这些岛屿正在"静静地滑入大海"，最终会变成与其他已经完全没入水面下的海山（叫做平顶海山）一样。如果你查询了美国国家航空航天局夏威夷群岛的卫星图，并把地图中考艾岛西北部一串小小的浅绿色斑点放大，你就会对它们令人揪心的脆弱有所感悟。

　　但是任何试图保护西北群岛，以避免其被掠夺和开

发的严格的法律法规，都在每年在这里搁浅的 50 到 60
吨塑料垃圾面前失去了意义。大多数垃圾是渔网和渔具，
但也有很多未称重的杂七杂八的塑料垃圾，这些垃圾被
我分类储存在跑道旁的棚子里。这些海漂垃圾围绕着礁
石，漂动在潟湖中，堆放在宁静的海滩上，这里离最近
的人口聚集区约 2 000 英里远。海洋学解释了这一点。夏
威夷群岛平分了北太平洋的东—西向洋流，像跨过东向
流动的溪流的踏脚石。它的北端是离富含垃圾的辐合带
最近的陆地，这片辐合带连通和覆盖了埃贝斯迈尔所述
的东部和西部"垃圾带"。当携带着垃圾的海流流过岛
链，垃圾就会滞留，可以这么说，环礁和小岛就像梳子
的小齿，将垃圾梳理出了海洋。

问题当然并不在于海流，而在于海流中携带着什么。
50 年前，这些岸滩会截留住浮木、玻璃浮体和瓶子，还
有麻网和麻绳圈的碎块，而不是成吨的人造塑料，这些
塑料中有许多是渔业船队丢失、遗弃和抛掷的。研究表
明，每年沉降下来的垃圾数量随自然环流的不同而变化。
在厄尔尼诺年，当赤道水体升温，辐合带就往南迁移，
更接近西北夏威夷群岛。在这些年份里垃圾滞留率上升，
给这个世界上濒危程度最高的海洋哺乳动物——夏威夷
僧海豹带来特殊的威胁。这种生物特别容易受到缠绕
威胁。

恰巧法兰西护卫舰暗沙正是西北夏威夷群岛 6 个夏
威夷僧海豹聚居地中最大的一个。这里是世界上最大的
僧海豹聚居地——但却远非是最健康的——有着接近 400
名成员。在潟湖那里，我们匆匆看过一眼，印象非常深

刻，它们绕着礁石嬉戏，捕猎食物，并挪动着爬上沙堤上休息。你可以说夏威夷僧海豹是濒危生物中的超级明星。尽管经过野生动物和海洋生物学家数十年的努力，它们的数量每年仍会无情地下降4%。现有记录到的海豹约1 100头，仅有五分之一的新生小海豹能够活过性成熟之前的4到6年。除非情况逆转，数十年内其天然种群就会灭绝。

我对这些海豹的好奇心印象深刻。鉴于食物稀少，它们乐于调查每件事物。其中一个个体，一头笨重的老家伙夸耀着它标志性的苦行僧般的胡须，不停地在"阿尔基特"号周围嗅来嗅去。打扰或亲近僧海豹都是被禁止的。根据州法律规定，杀死一头僧海豹将被处以最高5万美元的罚款和5年监禁。我们这位潜在的朋友可能是想要一份食物施舍，但它看起来又只是单纯地对位于其栖息地的这个新奇玩意——双体船感到好奇。我不是海洋哺乳动物专家，但我仍可以很容易地理解这些迷人的生物为何会轻易地被缠绕，因为它们有为了寻找食物而去调查和扰动周边事物的冲动。栖息地内散落的网就像陷阱一样，以误捕的食物诱惑着海豹。

自2002年以来，海豹的命运越来越不济。为了解海豹的最新简况，我咨询了比尔·吉尔马丁，一位知名的夏威夷僧海豹权威专家。他是国家海洋渔业服务局的退休海豹专家，国际自然保护联盟海豹专家小组成员，夏威夷野生动物基金会的联合创始人。1983年，他起草了第一份夏威夷僧海豹恢复计划，至今仍工作在第一线。现在他住在火山村，这是一个位于大岛坡上的艺术家飞地，在那里，他的时间分配在保护事业和木工工艺两件事上。他简直就是另一个约翰·缪尔。

吉尔马丁建议我看看 2007 年获批的最新版的夏威夷僧海豹恢复计划。总共 165 页，内容惊人的全面，但却意外地引人入胜。我了解到，国会慷慨地资助了保护海豹的工作，但令人奇怪的是，规模更大的保护措施并没有能够逆转持续下降的趋势。海豹是否值得去拯救？当然。这不仅是为了保护生物多样性，也是为了伸张正义。如果没有人类在海豹栖息地的活动，海豹就会繁衍壮大，就像早期探险者带回的关于沙滩被晒太阳的海豹所占满的传闻一样，海豹皮就是证据。作为唯一的热带鳍脚目动物和"活化石"，僧海豹和在 1 500 万年前游过大海的我们的祖先特别类似。（现代人类仅仅出现在 20 万年前。）夏威夷人把海豹叫做"在波浪中奔跑的狗"。成年海豹体型庞大，平均体重在 400 到 600 磅之间，其自然寿命为 35 年。二十世纪五十年代初，僧海豹的一支加勒比表亲就被猎捕到灭绝，另一支地中海表亲则濒临灭绝。它们的一生中有三分之二的时间在海中觅食，潜到深海中寻找底栖猎物。它们会单独地"搬出到"隔离的海滩，而不像多数鳍脚目动物一样喜欢群居。雌性们会在分娩的时候把自己隔离起来，并在此后 6 周的时间里喂养幼崽直至断奶。在许多不同的僧海豹命名理由中，其中一个原因就是它们有独居的愿望；当然还有一个原因是它们的胡须以及像披风一样围着脖颈的皮肤褶皱。有人说海豹曾居住在夏威夷主岛上，但在波利尼西亚人来到这之后就撤退到这个"次优"但无人居住的西北夏威夷群岛上。在库克发现群岛时，海豹数量只能留待大众猜测了，但十九世纪的一艘船在回到新英格兰地区的港口之时，就携带了 1 500 张海豹皮，这个数值超过了目前星球上所有存活的僧海豹个体数量。

吉尔马丁对"次优的"观点持有不同看法。"西北群岛有礁石和潟湖，那儿有它们喜欢的食物。"他告诉我说。但仅仅这样还不足以对此做出解释，他还说它们很聪明，例如，它们曾被观察到在寻找猎物的时候用脚蹼抬起石头。连接在海豹身上的"动物摄像机"显示，如飞鱼这样的机会主义进食者常常会跟踪海豹，等到海豹将猎物驱赶出来，就迅速将猎物夺走，说明这些鱼类也相当聪明。在岛链最北端的库雷环礁，早期参加保护工作的小船会给年轻的海豹们喂食鱼类，待到这些小海豹成年后，会继续靠近和窥视来访的船只，显然它们是在回忆过去的美好时光，希望能得到一顿免费午餐。

到了二十世纪初，人们就不再猎捕海豹了，但是由于军事和商业活动已经造成了栖息地退化，海豹的命运并没有因此得到改善。军事占领中途岛和莱桑岛的"二战"期间，士兵们会把猎杀海豹作为一项运动。随着中途岛和莱桑群岛栖息地的恢复，海豹才开始在其中 6 个环礁上定居。

在"二战"后，海豹的数量不断攀升，在 1958 年达到 3 000 只左右的峰值。从那以后，这个数字又开始萎缩、稳定、再萎缩，尽管 1972 年通过了《海洋哺乳动物保护法》，尽管海豹在 1976 年被官方定位为"濒危"物种。直到 1986 年，海豹的栖息地才获批成为保护区。但是商业捕鱼仍在继续，这要归咎于一个错误的，结果偏倚的学术观点，这种学术观点认为所有的鱼类和甲壳类动物在海洋中的存量都是充足的。这样，海豹不得不与商业渔民竞争，而后被渔民的延绳钓和渔网所捕捉。有可靠的报道称，渔民会棒击、射杀和毒杀试图"分享"渔获物的饥肠辘辘的海豹，而实际上这些渔获物本该是属于它们的。1991 年，夏威夷禁止在保护区水域内使用延绳钓，但捕捞龙虾和"底栖生物"的渔民仍然在那里作业，捕捞着甲壳类动物和头足类动物（章鱼和鱿鱼）。随着延绳钓渔民的离去，海豹数量稍微有点增加，但这只是暂时的，之后又开始减少。

2000 年，地球正义法律辩护基金代表数个环境组织，成功起诉了国家海洋渔业服务局怠于职守。起诉书指控该局未能履行海洋哺乳动物保护职责和濒危物种法，允许保护区内的龙虾和底层渔业，从而导致了海豹数量下降。律师们组织了一项新的研究，彻底推翻了渔业组织资助的科学研究结果，这些研究认为龙虾和头足类动物不是海豹的主食。事实上，海豹更喜欢底栖生物。这起诉讼导致了 2001 年龙虾渔业受到全面禁止。但为时已晚，龙虾已经濒临灭绝了，直至目前都未恢复。地球正义诉讼案件是一个范例，说明它是一个小团体能够行使权力的一个有力工具，但其前提是法律已经明文规定了机构必须以某种方式行事，同时又有充分的证据证明它不作为。

很少有海豹死在人类的视野中。它们消失了，尽管有着强有力的法律保护、地理隔离，还有善意的人类朋友，海豹普查记录说明海豹数量逐年减少。吉尔马丁说，仍然存在的风险很难控制，而且将对这么一个脆弱的小种群具有特别大的影响。有些风险是行为上的，包括母海豹在受到干扰和惊吓时会抛弃自己的幼崽，以及雄性会对雌性和幼崽发动攻击，有时还会受到群体"围攻"。一旦断奶，幼海豹就会马上独立，与成年个体和其他物种争夺有限的食物，并很容易受到鲨鱼捕食。吉尔马丁也告诉我们，水环境特征也发生了变化，伴随着海水变暖，海豹的天然食物源"产量减少"。野生动物管理人员发布的现场记录令人心碎，经常记载着幼崽突然消失，或者消瘦，这将导致其更易感染病原性疾病。

在恢复计划中，一一列举出了海豹面临的风险及排序，同时也列出了降低风险的可能性和机遇。大体上列出了 11 种风险，包括行为怪癖。但最重要的三项被认为是"决定性的"，包括食物受限、鲨鱼捕食和海洋垃圾缠绕。让我们谈谈这个非我们本意的结果吧！就像爱因斯坦后悔其相对论催生出核武器，聚合物学者也应当对有多少动物会被这些神奇的物质所杀死感到不寒而栗。我对这个问题的研究让我确信，塑料垃圾是仅次于商业捕鱼的海洋生物杀手，它们对海洋生物的威胁比混乱变化的气候更直接。我们可以限制我们自身在海豹栖息地的存在，但是"我们的"任性的塑料会漂进它们的生活，从而对它们造成伤害。实际上，塑料并不是"我们的"。大多数悄然驶入北太平洋的全球捕鱼船队，在其尾波中会留下"幽灵网"和带着闪闪发光钩子的单丝延线。在1982 年到 2006 年间，有 168 只僧海豹被缠绕的案例记录在案。仅在 1999 年，就有 28 只海豹丧身于废弃渔具。大家认为这些数字仅仅是冰山一角。许多被垃圾致命的海豹的遭遇被认为发生在海浪下我们看不见的地方。

恢复计划指出，在二十世纪六十年代，当"耐用、有弹性的塑料材料……代替了海洋行业中的天然纤维"时，人们就开始观察了缠绕现象。计划中还指出，1989年开始实施《国际防止船舶污染公约》附则五，禁止垃圾尤其是塑料倾倒至海洋环境中，然而这个方案的实施，对自 1983 年以来发生的塑料堆积和缠绕比例并没有什么影响。这个结论是可悲的。一些动物拖着缠绕的网打转，变得筋疲力尽，也无法成功搜寻到食物。最后他们挨着饿，直到死亡。还有一些动物则带着很深的划伤，受到严重感染。还有一些挣扎着溺水而亡，或者成为猎物。而受威胁最严重的动物是那些顽皮、好奇，就像吉尔马丁所说的可爱得像活泼的小狗一样的幼海豹。80%观察到的受缠绕的生物都是幼海豹。这对物种生存带来的影响是非常明显的。

虽然垃圾造成的死亡数目不得而知，一份美国国家海洋与大气管理局 2008 年 12 月的报告确认，"夏威夷僧海豹因渔业和其他来源的海洋垃圾而被缠绕的比例，要高于其他鳍脚目动物"，这并不是海豹自己造成的，而是因为塑料垃圾包围了它们的栖息地。海豹因为其外形而被称为"富有魅力的巨型动物"，这种迷人的动物的命运好像要被残酷地扭转，因为它发现自己已经深陷一场与化学合成物有关的祸害。但它也只是每年被塑料器具伤害或杀死的数百个物种（以及数以百万计的海洋动物）

之一。

事实已经很清楚了，任何关于如何阻止塑料垃圾进入海洋的讨论都需要考虑渔业，包括渔业作业方式和渔具。废弃渔具不仅包括丢失和弃置的渔网和单丝延线，还包括浮体和浮子、鱼阱、塑料桶和板条箱，以及一系列普通消费品。商业捕捞渔业也被发现与几次海洋危机息息相关。塑料渔具丢失或遗弃到海里。塑料垃圾，包括速溶咖啡盖、丁烷打火机和用过的荧光棒倾倒到海里。改用轻质塑料器材导致过度捕捞。"误捕"，或者数百万海洋动物每年被意外杀死，包括从食物链顶端的鲸鱼到食物链底端的其他物种。例如，二十世纪九十年代在大西洋发现单独一个丹麦幽灵网就网罗了 2 万磅死去的底层鳕鱼，该物种曾密布于纽芬兰附近的格兰德浅滩，现在数量已经严重萎缩了。

在 1990 年，国际鸟盟估计已有 17 500 只黑背信天翁丧生于流刺网。这种网两年后就被禁用了，取而代之的是延绳钩，根据美国鸟类保护协会的信息，这种延绳钩可长达 60 英里，所挂鱼钩可达 3 万个。残杀升级了，每年信天翁和海燕的死亡数量上升到了数十万只。鸟儿向下俯冲直奔鱼饵，然后被钩住溺亡。国家海洋渔业服务局的新指南要求美国渔民，通过使用圆钩或饵盖，以及在鱼线系上鲜艳的塑料彩带以惊吓鸟类，把延绳钩的误捕量降低到最小。这些方法在一定程度上有所帮助，也被其他国家所采用，但不是所有国家都已采用。一些渔业船队简直就是极度无耻的流氓，使得误捕生物的死亡成为一个持续而严重的问题，这导致了大多数海鸟种群数量的"缓慢下降"。

国际捕鲸委员会认为"在用渔具、废弃渔具和其他海洋垃圾的缠绕"是每年座头鲸和多达 30 万只其他鲸豚类动物人为致死的主要原因。他们现在把误捕看作"首要问题"。

当研究这一章节时,我决定去圣佩德罗附近的国际鸟类救援和研究中心看一看。在这里我了解到所谓的"渔业相互作用"的第一手资料。我的向导,专业兽医海登·内维尔告诉我:"我们看到的多半是和渔业相关的伤害。"她解释说,涉禽尤其容易被单丝延绳缠住腿,以及容易发生筋和软组织被切断的情况。发生这种情况时,这些鸟类必须被安乐死,因为它们已经不能再在野外生存了。她说,一只被溢油污染的海鸟比起一只被缠住的海鸟更有可能存活下来。在柜台上的一个盒子里,有一个用缠绕渔具做的鼠窝,她说是从"数十个"鸟身上取下来的。我看到这些一簇一簇的鱼线,上面连着亮晶晶的发泡浮子以及家庭手工制作的用于游钓渔业而非用于商用渔业的诱饵。我突然意识到它们造成的伤害是可以被阻止的。

塑料和商业渔业看上去有着非常紧密的联系。很难想象有哪个行业更适合使用廉价、防水、轻质可变形的塑料。在商业渔业中,塑料被证明是革命性的,它们令人遗憾地改良了行为方式。新的网和线由尼龙、聚丙烯和聚乙烯丝制成,重量和价格都只是传统渔具的一小部分。传统网具所用的有机材料(如大麻、剑麻、马尼拉麻和棉线)的价格和重量天然限制了网的尺寸和渔获量,同时渔民会努力地维护和重复使用它们。后来，日本的吹制玻璃浮球被空心塑料球和泡沫塑料所取代，廉价塑料器材的出现开创了一次性使用的时代。许多渔民计算后得出结论，将网抛弃后为渔获省下的燃料和空间都是值得的。渔民们甚至将渔具捆起来后抛下船以吸引金枪鱼。在以往没有垃圾的海洋里，任何外来物都会令这些好奇、聪明的生物产生巨大的兴趣。

摆脱了天然材料的制约，装配了高技术探鱼设备之后，国际渔业船队变得令人恐惧。300 万只船（从最先进工厂制造的船到当地平底船）已经耗尽了海洋物藏的80%。这些渔业船队来自秘鲁、美国、印尼、智利、挪威和中国等国家。直到 1992 年被最后禁止时，长达 40 英里的流刺网掏空了海里的动物。这些"历史残留"网的碎片，以及用来支持它们的黄色发泡塑料"香蕉"浮体，仍然是各地发现的垃圾中最丰富的种类之一——不仅仅在夏威夷群岛，还有在阿拉斯加州沿海。在法兰西护卫舰暗沙海滩上的储存棚里，柯蒂斯·埃贝斯迈尔数到的香蕉浮子比其他任何东西都多。他嘲讽地指出，这看起来是多么奇怪，因为流刺网 10 年前就被禁止了，尽管更小的版本仍是合法的——我惊奇地了解到，即使在夏威夷水域，在任何给定时间那里都有 1 000 个左右的近岸流刺网在监管下使用。

废弃塑料渔具的祸害引发了一系列国际研讨会和政策修订，也包括了那次檀香山会议，在那次会议中，我偷偷地展示了我们的海报。而更近的檀香山会议受到了亚太经合组织资助。这次会议被称为"教育"集会，是由一位国际知名的海洋政策专家召集的，目标是令来自中国、日本、韩国、萨摩亚群岛和美国渔业协会的高级别代表们有机会接触到主要科学家关于废弃渔具"负面效应"的报告。在这里他们了解到了很多，比如：每年大约有 100 万只海鸟在延绳钓上缠绕死亡；每年有 10 万只海龟和海洋哺乳动物（海豹、海豚、鲸鱼和水獭）在渔网和鱼线的诱捕下死去；猎杀误捕生物的行为不仅会消耗鱼类资源，还会破坏食物链，从而削弱他们自己的产业；废弃渔具会破坏性地缠绕住船只的螺旋桨，也包括了他们自己的船；垃圾导致的维修、停工和鱼类资源减少，估计每年给渔民造成数十亿美元的损失；网的丢失甚至会导致人员死亡。最可怕的例子发生在 1993 年，当时一艘韩国渡轮的螺旋桨被一簇网所缠，最终在波涛汹涌的大海中倾覆，导致 292 名乘客遇难。在事故发生后进行的一项研究发现，"在两年的时间里（1996—1998年），在韩国海域共计 2 273 起海事事故涉及船只和海洋垃圾，其中 204 起涉及螺旋桨损坏，111 起涉及操作延迟，15 起涉及发动机故障……还有 22 起可以说是'灾难'（即发生了船只倾覆和/或人员生命损失）。"我引用这项研究是因为它揭开了这个令人震惊的国际灾害的冰山一角。

类似于我这样的人希望推动制定法律，要求报告网的丢失以及集装箱泄露的情况，然而我们的努力都失败了。渔业协会的代表们会告诉你，如果法律变得更加严厉，那么执法就很难得到保证。来自管理不善的国家的流氓船队无法得到控制。在美国渔民中，也有一些无赖毫不羞于展示其残暴行为。一位朋友建议我看看探索频道的纪实节目《致命捕捞》，这个节目跟踪报道了一个阿拉斯加捕蟹船。船员们在光滑的甲板上叫喊、拖拽、攀爬；他们用几加仑的漂白剂清洗甲板，然后把空的塑料罐子抛入海里。他们用大威力步枪射击一个"不幸的"充气塑料浮子，想把它击沉。闪过我脑海的形容词是"骇人听闻的"。我曾在深海中见过这些蓝色罐子和塑料浮子，并拖回了不计其数的蓝色塑料碎片。根据美国海岸警卫队的现行规定，这批捕蟹者的货物应当在起运前后清点，以确保所有塑料和其他不易损坏的东西都记录在案。显然，执行或者根本没有执行，才是问题的关键所在。海洋需要休养生息，下次你点晚餐时，请考虑下对鱼虾说不，还有给你的猫买用鸡肉做的猫粮。

辛西娅·范德利普与我们一起在法兰西护卫舰暗沙上。她是最外围的库雷环礁的野生生物管理者，曾直接参与海豹恢复计划和废弃渔具清除。垃圾相互缠绕成一堆，重达 1 吨，就像蛇发女怪一样，塑料堆被多个部门训练有素的潜水员小心翼翼地从礁石上剥落。松散的渔网除了其他的一些异常现象外，也会通过刮擦，给珊瑚礁和底栖生态系统造成破坏，需要严格训练的潜水员定位和小心翼翼地去除。多个部门开始相互协调，这是件好事情。美国国家海洋与大气管理局组织了一项行动，对辐合带的网丛进行感应标记和追踪，计划随后将其清除。通过 4 个不同航次，我们把 7 个他们的卫星浮子安装在废弃渔具上。数据回收回来了，但是清除计划却没有多大效果。这些网具分布得太过分散，使得回收成本变得难以承受。后续利用无人飞机的努力也告失败。美国国家海洋与大气管理局现在搁置了公海幽灵网遥感和回收计划。2009年夏末,库雷岛的垃圾清理行动在高达8英尺巨浪的公海上展开。4吨的废弃塑料网具被清除后,用225英尺长的"库奎"号海岸警卫快艇运回到檀香山。在为期1周的行动中,范德利普说,救援人员救出了7只被诱捕的僧海豹,5只濒危的黑脚信天翁和1只燕鸥。"影响是毁灭性的,"她说,"这是非常严重的问题,在责任方被追究之前都难以解决。但同时,我们将继续做力所能及的事情。"

事实是,要知道防止污染的法律和计划能否起到作用,还需要花费数年时间。原因很简单:垃圾泛滥已经经过了数十年的累积,而且仍未停止。在夏威夷,尽管似乎是因为2008年通过了更严厉的法律,那些塑料单丝制成的刺网网眼更经常性地变得宽松了。现在违法的渔民们在看到州执法机构人员时,普遍弃网而逃——这是这个善意政策的另一个不曾意料到的结果。没有一个人,甚至是埃贝斯迈尔和英格雷厄姆,也不知道有多大比例的漂浮垃圾最终离开了海洋环境——或者搁浅,或者被好心人拖到港口。我们没有任何其他手段,只有通过估算去判断海洋中现在的塑料量,因此我们无法有效地评估恢复工作的结果。我们都知道相对于海洋的面积,能够搁浅的陆域面积是很小的。埃贝斯迈尔说环流区的垃圾可以被困在那里接近50年甚至更长时间。但是应付海洋中幽灵网的袭扰是可怕、危险的,也是昂贵的。毫不奇怪的是,海事保险公司强烈地支持采取强有力的措施来防止渔具遗弃。他们每年都要为此支付数千万的赔偿金。

为了试图抓捕罪行最严重的"罪犯",一群隶属于美国国家海洋和大气管理局和夏威夷大学的科学家,对美国国家海洋和大气管理局及海岸警卫队在西北夏威夷群岛年度清理行动中取回的幽灵网进行了研究。他们记录到的类型不一的网具超过250种。他们还邀请了一群国际专家来帮助鉴定这些网属于哪个国家和哪个船队。我联系了研究人员莫莉·提姆斯和美国国家海洋和大气管理局的外联官员凯里·莫里希,想看看这个数据库是否能对"罪犯"有一些震慑作用。莫里希告诉我,澳大利亚也在进行网具鉴定计划,那里的北部海岸是另一块吸引垃圾的"磁铁"。在皮吉特湾,遗弃蟹笼成为一个特别问题,这种努力也已经产生了一些结果。但两个人都确认在夏威夷的计划并不那么成功。提姆斯从那时起就把她的研究重点转移到珊瑚礁栖息地方面了。莫里希在其电子邮件中解释道:

"在那之后美国国家海洋和大气管理局就停止了那类数据的收集……本质上,我们在夏威夷获得的网具'配置'和类型都是网具碎片的混合体,而不是整个网具,你需要知道整个网具来确定网具类型的准确特征和可能的渔业信息。我们的调查结果显示,大多数情况下,你无法从这些网具上发现其来源,可能知道制造商是谁,但是不知道是哪个水产公司、哪个地点、哪个国家、哪个船只、哪个渔民丢失或遗弃了那个渔网。"

追踪这条路走到了尽头。

为了从还在从事这个领域工作的专家那里了解到僧海豹困境的新进展,我联系了辛西娅·范德利普,她从2002年起和我在船上共事。我在恢复计划中读到,库雷环礁上的海豹聚居地是唯一一个抑制了下降趋势的海豹繁殖地,而范德利普曾在这个礁上进行海豹季节性管理。这是一个大约有100头海豹的家园。她曾在拍照记录后释放了一只海豹,这只海豹的口鼻被一个锥形的盲鳗捕集器夹住了。范德利普认为受伤的动物不可能在下颌肌萎缩的情况下存活下来。"我们再也没见过这只海豹,"她告诉我。这是一头可能已经在一生中生过数十头或更多幼崽的雌性。至于在库雷上所谓的健康栖息地,范德利普说:"我认为库雷现在正在衰落。当我10月离开库雷时,有些今年生的幼崽看上去已经很瘦了。我不认为当地的生态系统已经恢复。"

回到法兰西护卫舰暗沙,第三天快结束时,埃贝斯迈尔完成了他的计量工作:在超过112天里,在小燕鸥岛上收集到总计199个垃圾碎片。一位独立摄像师迈克尔·贝文凯已经加入我们的队伍。他的计划是拍摄可以添加到《化学合成的海洋》纪录片中的镜头。有一个重要的会议将于秋天在圣巴巴拉召开,届时我们将会展示一部更大更好的纪实片。埃贝斯迈尔是一个天生的表演艺术家。摄像师进入他的"窝"——公共垃圾棚里,捕捉到了埃贝斯迈尔所描述的垃圾,即整齐排列的一堆堆渔具和一些消费者用的容器。最多的是流刺网浮子,有

88件，都是中空的塑料和发泡的聚氨酯。一旦它们被挂到数英里长的网具顶端，就像在海洋中挂起了致命的窗帘。一部分浮子都风化了，毫无疑问这些是历史残留物。但其他的就像是新的一样，本来不应当有这种情况，因为流刺网已经禁用10年了。第二常见的是塑料牡蛎隔水管，确切说有83个，这些都是日本水产养殖中使用的硬质塑料管，原本离此地有2 000英里远。它们是怎么到这里的？埃贝斯迈尔说，风暴破坏了沿海牡蛎养殖场，并把隔水器带到海上，然后进入大洋。剩下其他类别的物件都少于10件，但多数也跟渔业有关系：荧光棒、一次性打火机、脱落的浮具、在库雷岛上缠住海豹的那种盲鳗捕集器，还有一罐未开瓶的米勒啤酒。总的来说，86%的垃圾与渔业有关。

让我们回到燕鸥岛的海岸线上。当埃贝斯迈尔在镜头前宣称人类很可能被塑料毁灭时，我们都有点惊呆了。他认为，在几代人之后，塑料中的内分泌毒物会让我们失去生育能力。可能这是造成海豹问题的原因之一。但就目前而言，没有人知道确切答案。

第十二章　不可消化的物品

　　海洋食物链的基础正在被一种不可消化的，没有营养的成分所日渐取代，而这种成分在重量上，在某些情况下是数量上，正在超过天然食物。这是我们面临的核心问题。

　　　　　　——作者于奥吉利塔海洋研究基金会董事会会议

　　经过几次冒险经历，6 年后，我于 2008 年 1 月来到夏威夷鲜为人知的瑰宝之一，希洛镇的港口——瑞迪奥湾。带着一群新船员，其中有 2 位来自夏威夷，3 位来自西海岸，"阿尔基特"号第七次启航前往环流区。这将是一次新奇的海钓之旅——既钓鱼也钓塑料。这也是第一个冬季航次，我们为这次航行做好了完整的日程安排。我们将首次于冬季在新的区域中采集塑料垃圾，我们也会为一项重要的研究工作采集特定种类的鱼。这项研究可以帮助我们解答一个迫切的问题：环流区的塑料是否有污染人类食物网的潜在可能性？我们知道北太平洋中部环流区含有的塑料总重是浮游生物的 6 倍。我们也知道被分解的微小的塑料碎块与浮游动物及其主食，即浮游植物很相像。我们已经观察到塑料黏结到管状樽海鞘和胶状水母的身体内外，管状樽海鞘和胶状水母都是浮游动物，它们在海洋表层随波逐流，沿途捕食任何物品。那么以浮游动物为食的仔鱼，也就是所谓的食浮游生物的动物，情况又会如何？它们可能成为塑料垃圾及其可能吸附的毒性物质的载体，从而进入更广泛的食物网中。

在科学文献中，大家经常能看到这样的特定名词：时间和空间，顾名思义，就是研究发生的时间和地点。此次航行将在这两个方面都有新的拓展。时间上，我们希望了解每年在这个北太平洋并不太平的时间节点，塑料污染较轻还是较重？空间上，我们要朝着国际日期变更线航行，航行到比以往更北、更西的海域，直到西北夏威夷群岛的北部海域。这片海域被称为北太平洋副热带辐合带（STCZ），在这个气候带，北太平洋的主要环流都在大洋中部汇合，在夏威夷的东部和西部分别汇合形成次涡流，在北太平洋的顶部形成较小的阿拉斯加海流。在北太平洋副热带辐合带内分布着一个称为过渡带（TZ）的海洋分界带，所有上述洋流都在过渡带中交错环绕。美国国家海洋和大气管理局的研究者已经通过卫星图片以及较低空航拍证实了过渡带中存在"叶绿素馐面"，其中浮游植物密度特别大。像陆地植物一样，浮游植物生产叶绿素。也和它们在陆地上的同类一样，浮游植物吸收二氧化碳，释放出氧气，给地球上的生命体带来巨大的利益。现在，就在这一片区域里，大家看到了密密麻麻的垃圾，多数是渔业用具，也就是渔网浮子和浮标，当然，这些都是塑料制品，还有渔网线团，包括两个至少 30 英尺宽的"渔网狂魔"。美国国家海洋和大气管理局海洋学家大卫·弗利要我们近距离调查一下其中可能存在的相关性。同时我们也要通过拖网采样,调查航拍看不到的微塑料是否也与浮游生物和"渔网冰山"一起在这里聚集。

船长从来无法预知船员们会紧密配合还是会相互拆台,会努力工作还是会逃避工作。毋庸置疑,不得不在一块长 50 英尺宽 25 英尺的铝制甲板上共同生活,大家会很快熟悉起来,同时这对各人的品行也是一种考验。这批船员的品行就如金子一般,闪闪发亮。杰夫·恩斯特是一个刚从夏威夷大学希洛分校自然科学专业毕业的学生。他证明了自己是一名熟练的甲板水手,对于自己该做的事极其主动,极其胜任。在厨房里,他能凭借锋利的陶瓷刀,做出美味佳肴;也能勇敢地爬上 65 英尺高的桅杆,还可以根据需要挂在吊车旋转杆上,因此他获得了一个绰号:"船中猴"。他拍照也很棒。乔尔·巴斯加在冲浪方面比杰夫强很多。我们很高兴地听说他曾经在面包店勤工俭学,为自己挣得大学学费。他还是一名水下摄影摄像师,美国国家海洋和大气管理局曾对他进行培训并雇佣他参加西北夏威夷群岛垃圾清理工作。赫伯·麦克莱德尔被我们尊称为"医生"。事实上,他是加州大学洛杉矶分校退休的一名外科医生,同时也是一名老练的水手和"镇定的影响者",特别是对于安娜·康明斯这样的新手来说。安娜·康明斯是奥吉利塔基金会的新任教育协调员,首次参加大洋航行。康明斯这样的人这个世上应该多个几百万个。作为一名斯坦福大学毕业生，她绝顶聪明，有着强烈而深入骨髓的环保观念。我们的第五位船员是马库斯·埃里克森博士，奥吉利塔基金会的科学教育和研究顾问，一位勇敢的生态斗士。他曾用塑料瓶做成的筏在密西西比河上航行。在本次航次中，他和乔尔策划了一个更不可思议的计划，乘坐塑料瓶制作的"废弃物筏"从加州越洋航行到夏威夷，以此唤起人们对海洋塑料负荷的关注。去年5月，康明斯和埃里克森在我的生日宴会上相遇，并很快变得如影随形、亲密无间。她说如果他两在这次航次告终时还能彼此交心，或许他们就是彼此的真爱了。

我们要捕捉的是灯笼鱼科鱼类，由于它能生物发光，人们通常称之为灯笼鱼。灯笼鱼能够发光，但却努力保持低调。白天它们躲藏在海洋的"微光层"，650~3 300英尺深的海洋中层，晚上它们才浮上海面享用浮游动物大餐。灯笼鱼是这个星球留存最好的秘密之一。它们数量大而又体型小（很少超过数英寸），占深海鱼类生物量的65%。我们知道，这种鱼曾经密密麻麻，地毯似的分布在陆架上方的水体，密度高到海洋科学仪器误读为海底。尽管数量庞大，但灯笼鱼并没有被当做"鱼群"，因此命运不同于鳗鱼和沙丁鱼，没有成为渔民利用大型网具进行商业捕捞的对象。灯笼鱼科包括254种，甚至更多各不相同的鱼类，在所有海洋生态系统中都有它们的影子。在夜晚，它们垂直洄游到海面，发出亮光。它们日常的垂直洄游每天都是地球上生物量最大的迁移。我第一次见到灯笼鱼，是我们在首次环流区科研航次期间用夜用拖网拖到的样品。灯笼鱼是人类海洋经济生物金枪鱼、鳕鱼、鲑鱼和鲨鱼，以及那些我们不食用但确实关心的生物鲸类、海豚、鳍足类动物和企鹅的食物。关于鱼类摄食塑料的研究非常肤浅。二十世纪七十年代和八十年代的研究发现，至少狗鳕、青鳕、黑线鳕和鳕鱼是偶然的塑料摄食者。爱尔兰海的鱼类会猎食往返于威尔士和爱尔兰之间的渡船上抛出的塑料垃圾。单单一只被捕获的青鳕体内就有 5 个塑料瓶盖。但对灯笼鱼将会讲述一个不同的关于微塑料和食物链的故事。

我们向北航行到过渡带，然后开始拖网，采集样品并保存好，以便大卫·弗利开展研究。后来我们了解到可能由于科学计划上的小差错，这些样品后来没被分析，但这并不能改变我们所发现的惊人事实。我们假设是，北太平洋的塑料垃圾聚集在两个"垃圾带"——一个位于夏威夷和加州之间，另一个位于夏威夷和日本之间。这两个区域都是生物相对缺乏的"寡营养区"。这可能意味着塑料污染与"生产力"更高的海域安全隔离了，"生产力"更高的海域有着成群结队的海洋生物和渔业船只，这在某种程度上保护了食物链免受污染。我们在过渡带的发现击碎了所有的假设。我们在这里的拖网结果是我们所见过最糟糕的，那里堵塞着最多的塑料。康明斯苦恼地在她的博客日志里这样写道：

> "在这片拥有极大生物丰富度和极具商业意义的海域，我们发现了数量惊人的塑料——比我们曾经发现的都多。我们在高生产力区域发现了最严重的污染，其严重性远远超过了人们已有的认识。"

美国国家海洋和大气管理局的研究确认了这个热点区域，"是大量食物链顶端捕食者重要的洄游和觅食栖息地"，并警告性地报告称，远洋（开阔海域）动物可能在海洋垃圾最密集的海域"优先觅食"。换句话说，动物正以这片食物和塑料都大量存在的海域为目标。

在有利的天气条件下，我们离开了过渡带并向南和向东航行，驶入东北环流。我们进行了 7 次拖网来捕捉灯笼鱼，其中 6 次夜间拖网最有收获，捕获了总计 670 条鱼。我们将其保存在福尔马林罐中，等待克里斯蒂安娜·博格的后续处理，她是奥吉利塔基金会擅长冲浪的鱼类学者。她的发现将引发广泛的关注，即使是那些质疑微塑料垃圾是否有危害的怀疑论者也不例外。

当我开展我的第一篇论文研究时，我已经知道关于塑料摄食的研究并不缺乏。第一批研究数据要上溯到塑料消费品生产的初期。他们的研究聚焦于分布在从北极圈到遥远的南极周边海域岛礁上的海鸟种群。按道理说，对某些物种开展研究会比其他物种更容易，但令科学家感到沮丧的是，他们轻易就得到了检测或剖检的样品，即很容易就发现了搁浅的海洋生物，其中不仅有鸟类还有濒危动物海龟和一系列鲸类生物。调查结果相当严峻。

海鸟，多数是信天翁，就是美国国家海洋和大气管理局在过渡带进行低空航拍时发现的物种。我们也看到过它们。我们向北航行到过渡带的旅程是沿着西北夏威夷群岛的边缘走的，我们在 2002 年的航次中到过那儿。我们隐约看到了群岛，因为事先未经批准，我们不能靠泊，但我们知道那里是过渡带主要觅食者的大本营。如果要选摄食塑料的典型生物，那么无疑是黑背信天翁了。谁没见过那幅死亡腐烂的黑背信天翁雏鸟肚子里塞满塑料的悲凉画面呢？

2011 年 3 月，日本发生了灾难性的海啸，对黑背信天翁主要栖息地造成了极大的不良影响，这迫使我们据此展开重新讨论。好消息是 2010 年世界自然保护联盟将黑背信天翁从"易危""降级"为"近危"。"近危"的评级不是说你就可以随意而为了，它意味着该物种"可以认为受到威胁，可能使其在不久的将来灭绝"，应授权对该物种进行密切监控。在 1991 年到 2002 年之间，黑背信天翁数量下降了 30%。此后，很大程度上归功于美国的延绳钓渔业的改进，其种群数量趋于稳定。在 2011 年 3 月，新闻报道海啸摧毁了在西北夏威夷群岛的中途岛和其他区域的黑背信天翁繁育聚居地，初步预计有 11 万只雏鸟，接近所有孵化出的雏鸟的四分之一，溺死或被冲入海中，这暂停了关于黑白信天翁和它们向雏鸟喂食塑料的不良习惯的争议。这场海啸不仅造成了需要喂养的雏鸟数量减少，而且造成了海洋垃圾数量剧增，在未来数年乃至数十年里，情况可能难免变得更糟。

中途岛可不仅仅是 70% 黑背信天翁筑巢的地方，相当数量的黑脚信天翁、鲣鸟、海燕和剪水鹱也在那里繁衍生息。在海啸之前，在中途岛这个面积略小于中央公园两倍的岛屿上共计有 200 万只左右的海鸟栖息。这么多的鸟栖息在这个岛上，导致存在与鸟类相关的风险，一项到中途岛的飞行服务的合同因此被中止了。在这个看似"鸟"丁兴旺的背景下，一个惊人的事实是每年有

10万只黑背信天翁雏鸟在正常环境中意外死亡，其中约40%或者说4万只死于塑料摄食。

黑背信天翁个体已知最长可以活到60多岁，其中有只被亲切地称为"智慧女神"的雌鸟在中途岛筑巢，并在2011年产下一枚充满活力的卵，创下了纪录。她依旧带着原有的标志环。信天翁从一而终，夫妇终身相守，从6岁开始每2年孵化1次。一只雏鸟在大约6个月羽翼丰满。一旦开始第一次飞行，就会飞向大海，并在返回出生地之前，在海上飞行数年。交配发生在数年后。在陆地上，信天翁显得笨拙、走路蹒跚、时而不时地要休息，而且需要空间快跑助飞。数百万只黑背信天翁被大多数来自日本的羽毛猎手和偷猎者棒击，这是造成它们在十九世纪和二十世纪初近乎灭绝的原因之一。这些鸟类因为缺乏快速逃生的身体条件，再加上也缺乏这种逃生本能，因此很容易被猎获。但一旦升空，黑背信天翁就统治了天空。它们超过6英尺多的翼宽和对气流的深刻认知，能帮助它们跨过数千英里的海洋觅食。之所以把信天翁和其他海鸟定义为"真正的海洋生物"是因为它们的一饮一食完全来自海洋。

中途岛的信天翁亲鸟会划出一小块地来筑巢，首选是沙地，有时也会在塑料废弃品上做窝。抚养由双方共同承担。鸟爸爸和鸟妈妈会在必需的70天左右的时间里一起孵化产下的卵。雏鸟孵化出来后，父母会花几周的时间为雏鸟保温，保护雏鸟的安全，并小心地喂食。当雏鸟可以自行调节体温时，亲鸟就会非常认真地开始喂食。亲鸟轮流飞向大海并带回食物。营养由亲鸟预先消化的油液组成，亲鸟将这些油液反哺到嗷嗷待哺的雏鸟张开的喙中。信天翁既是食鱼动物，又是食腐动物。它们掠过海面扫寻食物，密切关注着自己喜爱的食物：章鱼、乌贼、磷虾、沙丁鱼和其他猎食者的残羹冷炙（也称为残渣）。一种特别的美味佳肴是飞鱼卵，这些飞鱼卵通常积淀于浮板碎片上，现在经常是塑料材质的浮板。像"智慧女神"一样年长的信天翁应该会记得，那时候类似唇膏红的飞鱼卵通常黏附在上下晃动的厚厚的浮石或浮木上。

除非发生海啸，不然总体情况都还算不错。对黑背信天翁来说，大屠杀的日子已经过去了。信天翁受到联邦政府所有法律政策的保护。信天翁亲鸟在对子女的担当和关爱方面可以说是楷模，但这种食鱼动物也已经变成了食塑动物。就像是信天翁命中注定的，塑料垃圾和真正的食物模样和花色丝毫不差，闪闪发光、五颜六色、载沉载浮、大小也适合信天翁近 1 英尺长的喙攫取。考虑到日本海啸带来的新的塑料输入，信天翁很难在过度捕捞的海面上找到天然食物。此外，塑料可不会"奋勇逃避"信天翁的猎食。信天翁已经进化成为一种不挑剔的"海表掠食者"，它们的捕猎依靠的是视觉，因此它们慢慢地变得很容易上当受骗。仅仅在两代之前，无论何种情况下，出外觅食或把食物带回给孩子们还是一件风险很低的事。现在美国国家海洋和大气管理局对辐合带的观察指出，海鸟会由于塑料易于获取而前往该区域觅食。

现在我们知道了亲鸟会给雏鸟喂食塑料。如果运气好，亲鸟会喂给雏鸟足够的天然食物，而不是那么多造成树脂填塞、脱水和饥饿等后果的塑料。如果运气好，就不会摄食到尖利的塑料碎片，导致器官穿孔或消化道堵塞。雏鸟如果能存活 5 个月以上，就要经历一项对信天翁而言至关重要的仪式：吐出第一团反刍食丸。反刍食丸是一种鸟类胃内毛球，由不可消化的鱿鱼喙、浮石、鱼鳞、木屑、羽毛组成，而现在则是塑料。成年信天翁就是借助这种反刍能力来避免大多数有害塑料的伤害，而雏鸟则需要和时间赛跑。

在库雷环礁和中途岛上，辛西娅·范德利普都已经直面观察到了黑背信天翁雏鸟的（顺便提一下，大概有鹅那么大）缓慢而悲惨的生命消逝过程，并做了尸体剖检。她总是发现一堆杂乱的合成树脂，多数是碎片状的，还有如瓶盖、一次性打火机、牙膏把和玩具人物等。中途岛的工作人员说一只成年信天翁每年可能从海洋表层捡取并运回 5 吨塑料。

贝丝·弗林特是一位海鸟专家，服务于美国鱼类及野生动物管理局，负责管理中途岛上的野生生物。在公开演讲中，弗林特说："从 8 月到冬季结束，雏鸟的尸体处处可见。尸体腐烂之后，可以看到实际上所有尸体的肠胃中都有塑料垃圾。"但考虑到其他威胁的存在，如旧建筑物上的含铅油漆、亲鸟的遗弃（可能部分亲鸟是因为被延绳钩"误捕"致死），这位优秀的科学家在这些遗骸中没有找到塑料致死的确凿证据。被问及是否有"塑料时代"前信天翁雏鸟死亡率的基线数据时，她回答说没有。事实上，弗林特注意到塑料垃圾同时也为飞鱼卵提供了更多的漂浮平台，这可能使得信天翁的食物供应得到一定的改善，然而很难想象塑料筏上供应给雏鸟的飞鱼卵能对这种生物有真正的帮助。我们在 2008 年冬季航次的一个早晨，通过拖网采集到飞鱼卵。那是一团小水泡状的透明鱼卵，聚结在钓鱼线绳结上。这些卵正巧也是黑脚信天翁喜爱的食物，这种信天翁比它们的黑背信天翁表亲衰退得还厉害。

在另一个公众尚未意识到的科学案例中，信天翁（在此不提占所有海鸟总量44%的其他数十种海鸟）对塑料摄食的研究可以回溯到近 50 年前。第一项研究始于 1963 年。该研究发现，在珀尔—赫米斯环礁上（西北夏威夷群岛的另一个岛），73%的黑背信天翁会"吞食"塑料。但在那塑料消费品刚刚普及的早期时代，他们在鸟类个体中发现的塑料数量最多 8 个。后来在 1983 年开展了另一项重要的信天翁研究，此时已经能在 90% 的死亡黑背信天翁雏鸟体内观察到塑料，摄入的塑料均重从 1963 年的 1.87 克上升到 76.7 克，接近 3 盎司，暴涨了 3 000%。西奥·科尔伯恩是一位野生生物学家，因在其著作《我们被偷走的未来》中将化学合成化合物和内分泌干扰联系起来而知名，他于 1997 年和其他科学家合作完成了一项研究，此时，已经发现 97.6%的雏鸟样品中存在塑料。作者得出了一个结论，中北部太平洋海洋表层塑料垃圾的含量处于上升趋势。也是在那一年，我恰巧航行经过了北太平洋垃圾带。现在，海鸟胃容物已然成为海洋污染水平的晴雨表，但当时有谁知道呢？到这个时候，《国际防止船舶污染公约》的附则五已经实施将近 10 年了。

一次性打火机是一种信天翁特别喜爱的"食物"。闪闪发光的金属和千变万化的色彩很是吸引。范德利普观察到："信天翁对颜色充满兴趣。尽管没有相关研究，但是我注意到它们会啄咬我彩色的服装和鞋子。它们吃色彩斑斓的甲壳类动物，因此它们钟爱红色和蓝色。"在中途岛上的两个月期间，志愿者们从筑巢地共收集了 1 310 个打火机，有不少是渔民遗弃的。从死去的雏鸟体内回收的其他人造品包括一架"二战"战斗机上的老式塑料（被鉴定出是最早的远海塑料）、牙刷、梳子、塑料小珠、塑料按钮、西洋跳棋、高尔夫球球座、盥洗手套和白板笔。其中最常见的垃圾物件是塑料瓶盖，是由耐用聚丙烯制成的。瓶盖很少被回收，在海洋环境中可能留存的时间比我们的寿命还要长。

没有人会去不断地对瓶盖本身进行统计，但瓶盖数量可以通过瓶子产量数据推算得到。例如，根据容器回收协会报道，每个美国人每年平均消费 686 瓶单杯饮料。这就相当于 2 150 亿个容器，其中约 750 亿个是聚对苯二甲酸乙二醇酯或聚乙烯瓶子。最多大约有四分之一的瓶子得到了回收，而且多数都不带瓶盖。现在很多瓶盖还被用于其他产品，比如药物、补品、洗发水和护发素、防晒霜和润肤液、液体皂和清洁产品、番茄酱和薄饼糖浆的封装。每年这些瓶盖即使只有一小部分进入海洋，由于不断累积，总量也将与大洋表层中的天然食物不相上下。

至于塑料导致黑背信天翁雏鸟死亡的数量缺乏科学

上的"定量证据"的问题,辛西娅·范德利普说:"在这一点上,我想必须问问我们自己,是否需要科学家们来告诉我们所有的一切,我不认为我需要……我想我们宁可失之谨慎,也务求选择稳妥的做法。"

我经常觉得航行中的"阿尔基特"号就像一只信天翁。起风时,信天翁展翅高飞。停风时,信天翁必须扇动翅膀;起风时,我们的"阿尔基特"号扬帆起航,停风时,柴油机"振动"螺旋桨让我们继续前行。航行时常常能看到信天翁,那种兴奋感我们从未有稍稍减退,即便是它们对我们的鱼饵显然比对我们更感兴趣。曾经有一只遇险的黑脚信天翁在我们的尾波上方进入视野,船员们立即跑到船尾甲板上去看。我说:"我希望它不是为了鱼饵而来的。"可惜它就是,然后就被勾住了。我们的帆快速地把它拉近。乔尔·巴斯加解开了它,并轻轻地捧起它抚慰它(这个场景催生了一张非常棒的照片),直到把它放飞回到天空。这些鸟儿看起来好像不顾危险,其实它们只是遵从与生俱来的天性。

在2009年,奥吉利塔基金会的研究员霍莉·格雷研究了47只误捕的成年黑背信天翁和黑脚信天翁的胃容物,美国国家海洋和大气管理局派驻渔业船只的海面观察员将这些误捕的信天翁回收并冷冻,以备研究。迄今为止,科学家只对雏鸟肠道和成鸟反刍食丸完成了检测。尽管注意到一些潜在的干扰因子,比如鸟类的创伤会导致其在死亡前反刍,天然觅食习性可能因为渔船的到来而改变,格雷仍发现83%的黑背信天翁和52%的黑脚信天翁体内含有塑料。黑背信天翁体内的塑料大多数是塑料块；而黑脚信天翁体内则主要为鱼线。但没有哪一种信天翁的塑料含量接近典型雏鸟食丸或消化道中发现的量。成年信天翁能够轻易反刍吐出误食的塑料，但雏鸟却没办法。这个发现对于我们了解这些海洋表层摄食者摄食塑料的普遍性具有重要意义。他们还支持了对信天翁的跟踪研究，结果显示黑背信天翁会向北飞行到富含塑料的辐合带，而黑脚信天翁则会飞向美国西部海岸，在那里，水面波涛汹涌，塑料分布更加分散。

2002 年在荷兰开展的一项研究显示，80% 被冲刷上岸的大块漂浮塑料都曾被海鸟啄食过。从各种研究中摘出的各种鸟类摄食塑料的百分比是：海鹦，95%；蓝海燕，93%；暴雪鹱，80%。近期的一项关于南非远离陆地的马里恩岛上蓝海燕雏鸟的研究显示，90% 检测的雏鸟胃中含有塑料，这显然是来自于亲鸟的喂食。这说明蓝海燕和信天翁可能有某些不确定的密切关系。不同于黑背信天翁，个头相对小一些的海燕会潜入 20 英尺深的海水中捕食，这就引发了水面下的塑料也可能成为捕食对象的疑问。

由于陆地和海洋在海鸟的生活史中各占一段时间，同时海鸟往往是在海洋表层捕食，因此针对它们的研究比其他海洋生物更易于开展。但其他很多物种也同样会误食塑料垃圾，并导致相应的后果。关于海洋中塑料无处不在的任何质疑都可以被一个简单的事实所推翻，那就是从海洋中最小的滤食生物，到海洋中，乃至地球上最大的生物鲸鱼体内都发现了塑料。其中最脆弱的生物是濒危的海龟。海洋哺乳动物委员会于 1997 年开展了一项研究，考察了搁浅动物，也就是海岸上所有那些已失去生命的海洋生物的尸体剖检数据。只有两种生物从来没有塑料摄食的相关证据：海獭和甲壳类动物。

海龟的情况特殊。在人类出现之前，海龟已经进化了数百万年，并在一个没有智人的世界中取得了系统性的成功，它适应了环境并存活下来。而现在因为有了人类的存在，美国水域中 7 种海龟中却有 5 种濒危，其他两种也面临威胁。研究结果告诉我们，海龟存活主要的威胁来自渔业误捕、船只碰撞、人类和来自陆地和海洋的其他生物的捕食，以及一个相对新的现象，一种与疱疹相关的致肿瘤疾病，即纤维性乳突瘤症。鉴于这一系列挑战，再加上海洋垃圾造成的致命危险，上天似乎对海龟太不公平了。在 1985 年，一位常驻夏威夷的美国国家海洋和大气管理局海龟专家乔治·巴拉兹，确证了 79 只消化道内塞满塑料垃圾的海龟案例。通过对死亡海龟的尸体剖检，地中海地区的研究者发现接近 80% 的海龟摄食海洋垃圾，大多数是塑料。在巴西和佛罗里达对搁浅海龟开展的研究，得到的比例也仅仅是略低于此。大家都知道，海龟很容易将塑料购物袋当作钟爱的食物——水母而误食。1988 年的一项研究引用了一只传奇的海龟，这只海龟在纽约被回收并进行尸体剖检，从它的胃和食管中取出了长达 540 米——超过四分之一英里长的鱼线。

海龟死亡率的统计大多基于死亡后被冲上岸的成年龟。海龟有一个奇怪的生长特性，产生了一个极度脆弱的群体——刚孵化的小龟和年幼的小龟，对于它们几乎无法开展研究。法国护卫舰暗沙恰巧是濒危动物夏威夷绿海龟的核心筑巢区。破壳后，这些小家伙会在月光之夜，从它们的沙窝中掘出一条路，向着水中爬去。受本能的支配，它们向开阔的大海游去，在直到它们的鳞足再次踏上陆地之前，它们将在海里度过 2 年"无影无踪的岁月"。它们的海上岁月避开了研究者的视线，却面临着多重威胁。这些年来，人们对它们的旅程知之甚少，但不可避免地，许多海龟会在它们游弋的浮游生物层中遇到塑料小块。

我们在 2002 年停泊在法国护卫舰暗沙的时间，正是绿海龟的孵化季节。我们志愿帮助美国鱼类及野生动物管理局引导刚孵化的小龟离开潟湖爬到海里。通常情况下，波动的潮水会把许多小龟冲回环礁的礁石上，另一些则被珍鲹吃掉，那是一种在潟湖巡游的大块头鲹科鱼类。于是我们把这些小宝宝带上"阿尔基特"号，开到礁石外的安全水域，然后把它们放入海中。这些小家伙顶着海流摆动着脚蹼，看上去非常可爱。想到许多这样刚孵化的小龟最终会到环流区摄食塑料，我们还真是感到不一般的沮丧。在我的一次幻灯片演讲中，我展示了一张一个澳大利亚船员带回来的海龟宝宝的照片。尽管图片上海龟仍栩栩如生，但其实这个小生命已经被两个小塑料片杀死了，两片塑料堵住了它的幽门排泄通道。这些可以被更大的动物排出的塑料碎片，却能够抹杀这些年轻的生命。

就像塑料袋一样，气球和气球碎片看上去对海龟有着特殊的吸引力。我们在近岸海洋调查中确实偶尔会遇到气球，甚至在离岸数百英里的海域也发现过铝箔气球。在南加州连绵数日的降雨停歇后，2010年2月里的一个湛蓝的早晨，我们自长滩解缆出航，想去了解一下又有哪种新型垃圾冲入近岸海域。那天我们看到了一个几乎全部由塑料吸管构成的风积丘，一小群海豚和一群趴在一个浮体上晒太阳的加州海狮，其中一头还摆弄着一条塑料钓鱼线套。我们的鸟类专家霍莉·格雷，撰写了这天的博客，"最奇怪的东西"。她写道，

> "是一个气球。不幸的是气球在水面上是极为常见的……人们举行派对，把气球释放到空中。今天我们见到了各种形状和各种颜色的气球，但这个气球与众不同。我们远远地就能看到这个闪亮的粉红色气球。当我们靠近时，穆尔船长熟练地用钩头篙把它捞了起来。这是个粉红色、闪着光、装饰着汉娜·蒙塔娜图片的气球，上面写着'让我们摇滚'。果然，用钩头篙敲击气球触发了嵌在其中的扬声器，它开始鸣唱起来。"

这就是所谓的铝箔气球，由接近于坚不可摧的b/o-聚对苯二甲酸乙二醇酯（双向拉伸聚酯）金属化膜制成。杜邦公司发明了这种材料，并于1954年以"麦拉"为名申请了专利，但真正的麦拉膜很少被用于制造这些廉价但耐用的新奇玩意。事实上，所有这些都是中国制造的。充满氦气后，它们能够取悦过生日的女孩子，但放飞的气球被证实对电网和海洋环境是个威胁。2008年，一项禁止铝箔气球的法案在加州议会的一个议院获得通过，

但由于气球行业——是的，有这么一个气球行业，发动媒体全面反对，这个法案数月后就夭折了。他们引用的统计数据令人瞠目结舌。如果他们自己报告的统计数据准确的话，发表于《华尔街杂志》的一份报告揭示了这个行业的规模多么庞大。气球理事会发言人对《华尔街日报》说，"每年加州售卖4 500万个铝箔气球，每个平均售价只要2美元多一点。加上花卉摆设和泰迪熊礼品，总量达到9亿美元。如果禁令通过，加州每年在销售税上的损失将达到8 000万美元。"

由此看来，气球游说团组织严密，并致力于与希望禁止大量投放气球的环保倡导者们展开持久战。根据清洁海洋行动，一个服务于大西洋中部沿海地区的组织的报道："升空的气球及其碎片有大于70%的几率最终会落在海洋中，给海洋生物带来危害。研究搁浅鲸类、海豚、海豹和海龟的科学家们发现，许多死去的动物胃中都发现了气球、气球碎片和气球绳。"该组织在2003年继续报道称，单单从新泽西州的海滩，志愿者就收集到了4 228个麦拉和乳胶气球。

这些数字与气球理事会网站Balloonhq. com上公布的"事实"形成鲜明的对比。理事会援引了二十世纪九十年代海滩清理数据，数据显示气球"占全部收集垃圾的0.64%"。该网址声称后续海滩垃圾研究的数据有待确认，他们是在做梦吗？那些数据和更多近期的数据集都是现成的，而且容易获取。在气球释放发展迅速的英国，当地的海洋保护学会列出了海滩垃圾的种类，并谴责了释放氦气气球和普通气球的行为。截至2008年，数据显

示，在过去 10 多年里，与气球有关的海滩垃圾增长了
260%。但看看气球理事会网站的以下声明："基本论点
——气球垃圾从未成为垃圾清单上的重要部分，况且还
在持续下降。"

即使是气球游说团，也谴责了大量释放铝箔气球的
行为，但它坚定维护了乳胶气球"专业地"大量投放。
乳胶是由可生物降解的天然橡胶制成的。当乳胶氦气球
爬升到 5 英里高空时，它们开始氧化、脆化和膨胀，对
此气球理事会报告称，气球会破碎成"意大利面条状的"
碎片落回地球，并以"橡树叶的降解速度"分解。针对
这一点，一个英国组织研究了橡树叶的降解。它发现，
在特定的条件下，一片橡树叶的生物降解需要长达 4 年
时间。气球理事会说有约 10% 的气球完整无损地回落到
地球。环境组织准备调高这个数字。

我们的朋友，塑料研究者安东尼·安德拉德对这个
问题做出了判断。他认为：

"乳胶橡皮气球是海洋环境中重要的一类产
品。降落到海洋中的用于宣传推广活动释放的
气球，会对海洋动物造成严重的摄食和/或缠绕
危险。鉴于气球在空气中暴露在阳光下会迅速
解体，预计气球不会造成特别严重的问题。我
们在北卡罗来纳州开展的一项实验中观察到，
漂浮于表层海水中的气球比暴露于空气中的气
球降解要慢得多，甚至在暴露 12 个月后仍保持
弹性。"

为了纪念例如毕业、婚礼、葬礼，以及支持崇高事

业、新店开业等场合，往往会释放气球。高飞的气球象征着希望、梦想和励志，向着高处飞去以祈求祝福。但飞上去总是要落下来的。二十世纪九十年代早期，佛罗里达州著名的海龟生物学家彼得·鲁茨开展了一项海龟实验。他发现如果给海龟两个选择，透明的塑料片和亮丽的乳胶，它们总是会选择乳胶。他也发现被剥夺天然食物的饥饿的海龟会摄食气球碎片，无论这气球碎片是什么颜色的。当然，绑在气球上的缎带也都是不可生物降解的塑料。

　　对塑料摄食的研究越深入，我们在这转过一道道弯的奇幻之旅中就越感到不知所措，每道弯都揭示了一幅鲜活的令人毛骨悚然的死亡透视图。大多数关于垃圾摄食研究的文献都涉及海鸟和海龟，这并非偶然，它们都是海洋表层的机会主义猎食者。但是由于塑料垃圾数量的泛滥，更有辨别能力的海洋哺乳动物也已经越来越难以避免对它的摄食。2000 年 8 月，一头布氏鲸（鲸须类中体型较小的一种）在澳大利亚海滩上搁浅，它虽然还活着但是明显受到了伤害。当地救援人员支起一幅防水布为它遮荫，并把海水浇在它身上。一段视频令人痛苦地记录了它的最后时刻，拼命挣扎直至最后放弃。尸检结果令人震惊，从这个动物的消化道中取出了近 6 平方码挤压的塑料，大多数是购物袋。

　　2010 年 3 月，一头 37 英尺长"亚成年"的灰鲸搁浅在皮吉特湾海滩上。由于灰鲸每年向南迁徙，搁浅即便不会频繁发生，也会季节性发生。这次尸体剖检从鲸鱼腹中取出的物品可以分类为：短裤、高尔夫球、手术手套、小毛巾、塑料碎片和 20 个塑料袋。人造物品含量在鲸鱼胃里 50 加仑有机物质中只占较小的比例。但不管数量多少，都应被视为是重要的而且是"不寻常的"，因为灰鲸是海底捕食者而非海洋表层捕食者。这种生物从海床里挖出数加仑的沉淀泥浆，然后通过其角质鲸须滤网排出体外。这就像你喝下一大口蔬菜汤，然后通过牙齿把汤喷出来（建议不那么干）。剩下可吞咽的应当是磷虾、章鱼、螃蟹，还有其他鲸类喜爱的底栖生物，而不应当是塑料袋和手套。虽然这次的死亡事件不能直接归因于塑料垃圾，但二十世纪九十年代，在墨西哥湾北部搁浅的两头小抹香鲸则是由于塑料垃圾而丧生。一头在加尔维斯敦岛海滩上搁浅时仍幸存，但在 11 天后死在了储水池里。尸体剖检结果显示头两个胃室"完全被各种塑料袋堵住了"，这是其致命的原因。另一头鲸也遭遇了相似的命运。《联合国迁徙物种公约》分类列举了对过境物种的威胁。它发布于 2010 年的最新名录中，列举了多个经确认的对洄游鲸类动物产生威胁的案例，这些案例都是由消费类和渔业相关的塑料摄食导致的。

虽然消费类塑料是我们工作的重点，但是渔业垃圾仍然令人愤怒。弗朗西丝·格兰德博士是旧金山湾著名的海洋哺乳动物兽医服务中心的主任。这个了不起的机构每年收治大约 1 000 头海豹和海狮，同时也开展研究。格兰德的专长覆盖了各种海洋哺乳动物物种，并且，截至 2011 年，她还是总统任命的 3 位海洋哺乳动物专员之一。这个中心主要的案例包括了疾病、营养不良，以及"人为的"危害——通常来说指缠绕和人类造成的伤害。

2008 年深冬季节，两头抹香鲸搁浅在北加州海滩，搁浅时间间隔不到 1 个月，当她加入派往搁浅地点的病理学小组之时，发现自己遇到的事情不太正常。她热心地给了我这份报告，也就是我在这里总结的内容。

鲸鱼在搁浅的地方得到尸检。第一头外形保持完好，没有消瘦或创伤痕迹。打开腹腔时，研究小组看到"一大块紧密的网状物"通过鲸鱼腹腔壁上一个流着血的穿孔突出到了外边。"推测"的死亡原因是由于垃圾挤压引起的"胃破裂"。第二头鲸鱼是一只 40 英尺长的雄性鲸，处于"营养不良状态"，有缠绕引起的条痕和伤痕。这头鲸鱼的胃是完好的，但它的第三个腔室受到大量网、线和袋屑的压迫。它看上去像是饿死的。科学家们在洪堡州立大学脊椎动物博物馆对垃圾成分进行了分析。回收到的最大的网约 45 平方英尺。第二头鲸鱼可能吞下了 200 多磅的垃圾，相比之下第一头就少多了。大部分的网有一个"扭曲"的绳结标志，表明了来源于亚洲。有些看起来很破旧。报告推测，鲸鱼可能被网中的天然渔获物所诱惑，摄食行为可能发生在冬季的北太平洋中部环流区。

刊登在《奥杜邦》杂志上的关于海豚误食的故事有一个罕见的好结局，但也表明了这么聪明的动物在刺激下也会被塑料所诱惑。位于中国东北部的抚顺皇家极地海洋世界有两头明星瓶鼻海豚，它们小心翼翼地"啃咬"池边的塑料自娱自乐。当它们没有胃口，"变得抑郁"的时候，兽医发现了问题所在。兽医通过手术工具无法从海豚口中取出塑料，于是请来了这个世界上最高的人，蒙古族牧民鲍喜顺。身高 7 英尺 9 英寸的鲍喜顺有着长度过人的手臂。饲养员们用毛巾吊起海豚的嘴，防止咬伤。鲍喜顺把手够到海豚的长长的咽喉中，把一把塑料碎片取出来。报道显示，此后海豚完全康复了。

塑料摄食的危害不仅仅局限于海洋环境，它造成的危害还能给我们带来意想不到的同盟军。在夏威夷的比格岛，一个脾气暴躁、政治保守的牧场主在距离垃圾"转运站"只要几阵强风就能把垃圾吹到的地方拥有一片牧场。他与环保组织联合起来，希望在这个岛上推行塑料袋禁令。事情的开始是他给议员写了一封信，信中提到他的几只小牛被散落的袋子噎死了。他把小牛描述得特别脆弱，因为它们天生好奇，并且喜爱嬉戏。不幸的是，据此提出的议案被专业的袋子零售游说团队支持的保守派议会否决了两次，但预计过段时间会通过。关于地方塑料袋禁令的新闻（包括洛杉矶县和我的老家长滩市，我很高兴证实这一点）正在变得越来越普遍。现在意大利已经禁止使用重量较轻的购物袋。

在阿拉伯联合酋长国，德国出生的兽医乌尔里奇·韦内里是迪拜中央兽医研究实验室的科学主任。根据 Gulfnew.com 网站报道，韦内里在 2007 年调查一个偏远的被视为骆驼和牲畜的尸体填埋地的山谷，可怕的是，在那里他发现了 30 具动物残骸。尸检显示，骆驼胃里有塑料袋和绳索形成的钙化球，单个可重达 100 磅。他现在相信在阿联酋，每 3 匹骆驼中就有 1 匹死于误食塑料。平均而言，迪拜居民每人每年产生的垃圾超过 1 吨，那是世界上人均垃圾产率最高的地区之一。但是塑料消费量远远超过了废物处理系统的规划建设进度。韦内里告诉《海湾新闻》："这是这个国家面对的最糟糕的环境威胁。我们的动物因塑料而死亡，已经达到了流行病的程度……但人们对此却无所作为。"除了骆驼，在阿联酋误食塑料的受害者还包括绵羊、山羊、羚羊、鸵鸟……甚至波斑鸨。已发布的照片显示，驴和山羊正在成堆的塑料袋中挑选、寻找食物残渣。

为应对危机，韦内里成立了阿联酋环境组织。他的努力正在带来变革，包括在迪拜附近建造的一个世界级的回收利用设施。联邦政府已经下令，到 2013 年，在阿联酋任何地方生产的塑料袋都必须是可生物降解的。但在农村地区，牧区植被稀少，塑料垃圾仍然堆得和新年时纽约的时报广场的垃圾堆一样厚。

在印度被认为圣物的牛也同样成为塑料垃圾的牺牲品。印度新近的繁荣包括一次性塑料容器和包装业的巨量增长。印度是塑料的第三大消费国，其化工业主要是生产聚合物，拥有 4 万家塑料制品厂，以满足出口和国内加工的需要。根据网站 Indiatimes.com 报道，印度的塑料废物产生量估计为每年 450 万吨，一个家庭平均每天使用 10 到 12 个塑料袋。印度有几个邦已经禁止或限制使用塑料袋了。与其他新兴经济体一样，印度的固废管理基础设施落后于塑料垃圾的迅速增长。在北方邦，每天因摄入塑料袋而死亡的牛估计为 100 头。印度奶牛有点像海洋环境中的机会主义捕食者，因为一些奶牛场会在挤奶间隙把它们放出去，让它们在街头觅食。这样经济代价其实是很高的。奶牛在垃圾堆上放牧，嗅出袋子上的食物残渣，然后袋子也变成了餐食。首府勒克瑙的一名奶牛救援人员描述了典型的受害牛：消瘦憔悴，肚子肿胀。在一个被广为报道的病例中，一头死的奶牛体内藏有 77 磅重的塑料块。还不像迪拜那些骆驼的情况那么糟糕，但仍然很可怕，而且这种情况本来完全不应该发生。

鳍足类动物（海豹和海狮，还有一些其他物种）是食肉动物，它们足够聪明以至于可以区分喜欢的食物（鱼群、甲壳类动物和头足类动物）和塑料。它们遇到的问题是垃圾缠绕而非把塑料误当成真正的食物。2010 年底，当我按计划到圣佩德罗附近麦克阿瑟堡的海洋哺乳动物护理中心访问时，我听说了一个案例，这个案例令经验丰富的海洋哺乳动物救护人员也倍感惊讶。主管兽医的劳伦·帕尔默博士招待了我。我们漫步在水箱之间，受救治的动物在那里愉快、健康地嬉水，开心地啸叫。当时受救治的动物很少，只有 9 头。她说，她在检查镇静的受伤的动物时候，看到它们的伤害都是商业捕捞造成的，在隔壁的国际鸟类救援组织也听到同样的观点。这些伤害包括刺伤和枪伤，推测是那些把鳍足类动物视为竞争对手的渔民干的，虽然他们非常清楚，除非有正当理由，伤害受保护的海洋哺乳动物是违反联邦法律的犯罪行为。她给我看了一些照片。其中一张是一头自小被单丝钓线缠住的海狮。随着它长大，线越绷越紧，嵌入了头骨，造成一个横跨头部的畸形裂缝。它的脖子同样被线套勒出裂缝。它存活了下来，但像其他很多动物一样，不太适合回到野外生活。帕尔默告诉我，该中心几乎所有的残疾动物都到海洋公园去了，在那里，康复动物深受游客喜爱，实质上提高了客流量。她还说，预计在春季生育季节期间会有更多的病号，可能超过 100 位。她们中心观察到，这个季节也是软骨藻酸毒性的高峰期。当一种被称为拟菱形藻的硅藻门微型水生藻类突然增殖，或者就像他们讲的发生藻华时，软骨藻酸会污染沿岸水体。它会给沿岸的生物带来极大的伤害，因此也被海洋动物救助中心视为一大祸害。这些藻华是如何与塑料发生关系的？容后再提。

多数人一般都知道它们是赤潮。但海洋保护机构称它们为有害藻华，或叫 HABs。这是一个很大的课题，超出了多数人的认知，也远远超出了对受污染贝类的定期预警课题。HABs 给渔业和沿海社区造成了数十亿美元的损失，也引发了许多大规模的海豚、鹈鹕和我们在新闻中听说的其他生物搁浅或受困事件。美国环境保护署已经成立了一个特别小组来调查这一现象，并正在积极地资助相关研究。坏消息是：HABs，一个包罗万象的名词，涉及种类繁多的有毒和无毒藻类，其数量、强度和频率在全球范围内在不断增加。我向我在沿岸水域方面的导师，南加州海岸水研究所的史蒂夫·韦斯伯格做了咨询，他确认这个问题要严肃地看待，以及在这个问题上还有很多东西需要学习。基本情况已经有所了解：这种现象是季节性的，发生时间从晚冬到晚春沿岸水温较低时，它与季节性的"上升流"有关，上升流是一种海洋动力学现象，把大量沉积物带到表层水体。HABs 与陆源径流看起来也有联系，其实主要是和径流中的污水和肥料相关，其中富含矿物质和化学物质，能够促进海洋和陆地的植物生长。像南加州海岸水研究所以及南加州大学卡隆实验室这样的组织正在展开合作，以确定 HABs 是否能够预测，以及它们是否可以控制或减缓。海洋动物救助组织也为 HABs 多发季节做好了准备，谁也不知道情况会变得更糟糕还是更温和。洛杉矶市和长滩港于 2007 年春季和夏季，发生了有史以来最严重的 HABs 事件，也是有史以来测量到的毒性最强的一次。

帕尔默清楚地记得那时的情况。数月里超过 1 000 头海狮和海豹被带到她们中心，鸟类救援中心也同样难以招架，因为很多动物吃了有害藻华污染的鱼中毒了。病得最严重的需要被执行安乐死。软骨藻酸是一种隐伏的生物毒素，一种可以引起癫痫发作、行为异常以及器官损伤，有时甚至造成麻痹性死亡的神经毒素。怀孕的鳍脚类动物受影响的比例高到不成样，因为它们必须食用足以喂饱母子的食物量，在这种情况下，食用的往往是受感染的贝类，和像鲱鱼和沙丁鱼这样的摄食浮游生物的鱼类。

毒素会通过食物网传播，整个生态系统都可能遭到破坏。我们已经知道，有些中毒的鹈鹕在飞行时试图捕猎，却砰地一声撞在挡风玻璃上。在繁忙的公路上出现离家数英里的海狮。那些无法控制和治疗的癫痫生物只能被执行安乐死；它们在癫痫发作时会让自己在自然栖息地溺水。已知有食用受污染海鲜的人死亡的例子。这与塑料垃圾有什么联系呢？

虽然我知道鳍脚目动物误食塑料是罕见的，我依然询问了帕尔默是否见过类似情况。作为回答，她点开了她电脑上的一张照片。这毫无疑问是一头海狮，有一只塑料袋从它的下腹部伸出来，像是正在剖腹产分娩一般。她告诉我，马里布在发生严重有害藻华事件的 2007 年，将这头雌性海狮救起并带回到中心救助。手术结束后，13 个塑料购物袋从她的肚子里取出来。在那之后，她又存活了 41 天。帕尔默博士肯定地告诉我们，它有多种健康问题，包括软骨藻酸中毒，其中一些健康问题决定了她的命运。但是帕尔默认为软骨藻酸的神经毒性作用可能刺激海狮做了在正常情况下不会做的事情，即食用袋子。这个病号消瘦憔悴，这是误食塑料的症状，即使她从中毒中恢复过来，肠子里的袋子也必然会杀死她。如果袋子没有出现在不属于它们的地方，没有在沿岸水体中漂流，那么马里布海狮至少可以少受一点痛苦。帕尔默说，她希望看到将来有研究项目来研究调查软骨藻酸诱发的痴呆和塑料摄入之间可能存在的关系。

　　凭着直觉，我决定看一看有害藻华方面的相关研究。我发现 2003 年在西班牙地中海沿岸水体中开展过一项研究。在某次 HABs 暴发期间，巴塞罗那海洋科学研究所首席科学家梅赛德斯·马索从沿岸水体中取回了一些塑料垃圾碎片，并在显微镜下做了镜检。她发现 HABs 孢子在其"黏性"阶段会附着在塑料上，理论上说，由洋流推动的塑料碎片会传播有毒藻类孢子。她呼吁开展进一步的研究。我也转而做了一些猜测。我们知道，许多与塑料相关的合成化学物质，包括塑料本身固有的化学物质及吸附在它上面的持久性有机污染物，都具有雌激素的性质。乙烯气体，最高产的一次性使用塑料的基本组成部分，是一种主要的植物激素，在商业上应用于催熟水果。泡沫聚苯乙烯可作为观赏植物的生长培养基，同时也被发现是一种重要的生长促进剂。密度更大的塑料在吸附了污染物后沉到海底会造成怎样的结果？它们会增强上升流从海底携带上来的物质浓度吗？我认为研究塑料对浮游生物的生物活性效应可能是有价值的。我联系到一些看起来很有兴趣的有害藻华专家。夏威夷大学希洛分校的一位年轻教授计划利用他所在部门的新电子显微镜，检查塑料垃圾上是否有夏威夷亚热带水域中已知的几种有毒孢子。在适当的时候，可能会有新的共享数据，但是在缺乏实验结论的情况下，我的想法只能是猜测。

2月下旬，当我们靠近加州海岸的时候，环流区中部的"背心加短裤"的好天气让位给了"风暴装"。船员们已经开始幻想着热水浴和新鲜果蔬了。2月23日，在海上航行了1个多月后，我们回到了港口。安娜·康明斯现在炫耀着她的订婚戒指，这是由马库斯·埃里克森这个能用各种材料做出各种东西的机械能手用纤维绳编织的。她认为她是第一个在北太平洋副热带环流区被求婚的女子，而且是在情人节那天被求婚的。我们带回了装着为克里斯蒂安娜·博格的解剖显微镜准备的鱼类样品罐，我们热切期待她能尽早开始她的研究。我们想知道，为她捕获的670条灯笼鱼，是不含塑料，还是含有塑料呢？

把每条小鱼进行解剖、检验、数据处理和文章撰写又要花 1 年的时间。当《海洋污染通报》在经过同行评议之后认为这项研究是有价值的时候，我们感到很兴奋。这项研究的重要性（这也是在海洋动物塑料摄取的众多研究中，它之所以突出的原因）是因为它研究了一个新的生物门类。灯笼鱼科是"低营养阶"生物，这意味着它们占据了食物链的低层，而食物链本质上就是为了给高营养阶动物提供食物。我们有个很好的主意来研究哪些生物吃灯笼鱼，但考虑到这个题目跨度较大，深入研究会很棘手。我们知道国王企鹅吃它们。法国科学家2006 年的一项研究证明了关于海豚食性的假设是错的，这与博格的工作有密切关系。两个属于机会主义捕食者的海豚种群，被发现有选择地捕食两种灯笼鱼科鱼类，原因是灯笼鱼提供了比其他它们能获取的猎物更多的"能量"（更多的卡路里），更物有所值。已知在阿拉斯加、墨西哥和亚北极水域的许多鳍足类动物都以灯笼鱼科为食。在南极圈附近的麦夸里岛上，在海豹排泄物中发现了塑料，这被认为是塑料在食物链上传递的证据，原因很可能就是海豹食用了摄食塑料的灯笼鱼。一个特别有意思而且有意义的研究，是 2008 年开展的瓦胡岛海岸长吻原海豚捕猎策略研究。研究人员追踪到一群海豚，它们把猎物赶进一个紧密的圈子，然后轮流享用围场中的猎物。我对此最感兴趣的是，狩猎发生在夜间，而且猎物是灯笼鱼，在夜间这些灯笼鱼自然地垂直洄游到海洋表层来。巧合的是，海豚需要满足其每日热量需求的灯笼鱼数量是 650 条。这几乎达到了博格研究涉及的灯笼鱼数量：670 条。根据上述的研究成果，来考虑博格的结果：

她发现采集到的灯笼鱼有 35% 的体内含有塑料小块。较大的标本含有更多的塑料。所有鱼体内总共含有 1 375 个塑料颗粒，颗粒平均大小为 1 毫米。作为纪录保持者，其中一条鱼体内含有 83 个塑料碎片。较大的鱼平均包含 7 个颗粒。绝大多数的颗粒是碎片，薄膜以及小段线绳的占比加起来小于 6%。

如果说过去还有疑问的话，现在我们知道，许多不同的动物偶尔会摄食塑料。我们还知道塑料垃圾数量多到不可估量，单单 2011 年 3 月日本海啸就把 20 万个家庭及其财产冲入大海。洋流和风会把这些垃圾分散到整个大洋生境，其中肯定有很多会被误食和消耗。我们对塑料垃圾对生物内脏造成怎样的机械损害有了一些认识。但我们一直在回避一个重要的问题。现在是时候想想了，这个世界和这个世界上居住的生物，包括人类，是否正在被塑料毒害。

第十三章　有害的化学品

虽然这个世界并没有因为范式的改变而改变，但范式转换后，科学家却在一个不同的世界里工作……

　　　　　　　　托马斯·库恩，《科学革命的结构》

2005 年，奥吉利塔基金会举办了一次名为"塑料垃圾——从河流到海洋"的会议。自然地，那次会议主要关注的是河流携带的塑料垃圾对海洋的污染。按我自己的话说，那是一次海洋垃圾方面的盛会，有顶级专家和最新研究进展。那次会议还见证了一个至今还在实施的项目的启动，即国际微球值守计划（IPW）。IPW 使得奥吉利塔基金会的好友之一，东京农工大学的高田秀重教授最终梦想成真。高田是一篇 2001 年发表的在这个领域内具有深远影响的研究论文的共同作者，在这篇论文中他证明了预制塑料微球，也就是塑料粒子，强烈地吸附污染海水中的持久性有机污染物（POPs）——很好地支持了我的第一篇研究论文的观点。那项研究还植入了一个观念，即塑料微球可以作为环境污染的监测媒介。当我邀请高田在会上做报告时，他问我在这个理想的会场

上是否可以推广自己关于 IPW 的想法。当然！这个想法
希望征集全球滩涂的树脂微球，并鉴定微球上吸附的多
种 POPs，包括一些较新的难降解有机物。在高田看来，
这似乎是一种巧妙而经济的"了解海洋塑料中污染物的
全球分布"的方式。一般来说，监测工作包含了海水或
野生生物取样，两者都需要相当的技术协调和费用，而
他的假设是微球能在流经污染水体再到达岸上时表征当
地海水中的污染物浓度。

但正如日本研究团队 5 年前已经发现的，塑料微球
能吸附污染物，也能释放污染物。他们测得的毒性物质
除了来自周围水体，还来自塑料材质本身。为了让塑料
具备所有值得期待的功能，制造时需要加入一大堆的化
学物质来催化、润滑、稳定、硬化、软化、强化、橡胶
化、着色、纹理化、阻燃、防霉、耐热，以及防止氧化。
据估计，一个产品的每个部件，比如说塑料奶瓶，连带
它的橡胶奶嘴、硬塑料项圈、透明的瓶底，都包含了几
十种化学物质，幸亏有商业秘密的保护规则，制造商无
需公开其中任何一种成分。IPW 项目也将测定部分这些
内含化学物质的含量。

到 2010 年，欧洲大陆 23 个国家的 51 个沿海地区的
志愿者，使用不锈钢镊子或洗干净的手，从每个场地收
集了至少 100 粒，大多是 200 粒以上的微球。看起来发
黄老化的微球会更好，因为这些微球暴露在环境中的时
间更长，得到的结论也更具有说服力。经过指导，志愿
者们使用不锈钢镊子或用洗干净的手去收集样品，样品
邮寄的时候既不要清洗也不用塑料包装，取而代之地采

用铝箔或纸类包装，在标记好站位的 GPS 坐标后，航空
邮递到东京。迄今为止的研究结果是这样的：旧金山的
微球受污染最严重，其次是东京和波士顿。周围社区人
口越多，工业化程度越高，那么以下这一堆缩写字母组
合所代表的毒素等级也会越高：PCBs（多氯联苯）、DDT
（滴滴涕）、PBDEs（多溴联苯醚，用作阻燃剂）、PAHs
（多环芳烃，含碳物质如油类、木头、烟草、垃圾和煤炭
不完全燃烧所产生的，有成千上万种）和塑料添加剂，
包括臭名昭著的 BPA（双酚 A）。最干净的地方：泰国、
哥斯达黎加、夏威夷和其他工业化水平较低区域。在完
全不了解它们会怎样与沿海地区样品比较的情况下，我
们向他提供了我们储存的环流区塑料碎片。结果令人惊
讶，一点儿也没有减轻我们对海洋食物链的担忧，但是
我们把这事放到后面来讨论，先来深入探究一下这些合
成制剂令人不安的特性。

　　两大重点。一是：高田的实验比较了两大主流塑料
种类的毒性，聚乙烯和聚丙烯。迄今为止受污染最严重
的是聚乙烯。很不幸，塑料包装材料占了我们的海洋塑
料样品的 75%，而聚乙烯则是迄今制造塑料购物袋用得
最多的塑料种类；二是：微球受到的污染不仅揭示了周
边海水中含有什么，也与沉积物污染有一定关联。沉积
物是无机泥、沙和金属，以及生物体遗骸、粪便和渗滤
液的混合物。因此，它是油性的，会与脂溶性污染物相
结合。这样，在受污染的近岸区域，从海底到海洋表层，
海洋生物有很多机会接触到人类的毒素。而从海底涌升
的上升流将毒性物质带到表层，又给塑料吸附和富集这

些毒素带来机会，导致一份有毒塑料药丸"药方"的毒性比周围海水高 100 万倍。

在 2005 年，美国环境保护署公布了有陆源径流输入的河口沿岸海域沉积物污染程度的基线调查数据。为获取这些数据，他们把一种小型甲壳动物——双眼钩虾（*Ampelisca abdita*），一种沉积物研究用的实验"小白鼠"，暴露于美国 7 个海岸带区的沉积物样品中。他们的目标污染物有 100 种，包括了多环芳烃、多氯联苯、农药和 15 种金属，参数非常广泛但仍然不够全面。10 天后在样品中如果至少有 80% 的双眼钩虾依然存活，该沉积物就被评定为合格。根据这项调查结果，2 区，也就是纽约州的污染最为严重，其中 24.4% 的河口沉积物对这种微小的端足类动物来说是致命的。6 区，路易斯安那州和得克萨斯州是石油和化工生产中心，毫无意外地排在第二，不合格率超过 18%。接下来 3 区，从新泽西州到弗吉尼亚州的不合格率达 9.4%——考虑到新泽西州和特拉华州大量的工业分布，以及切萨皮克流域臭名远扬的污染状况和鱼类灭绝现象，这个数字低得让人有点意外。令人意外的还有：从北卡罗来纳州往下到佛罗里达半岛，往回到密西西比州的区域，这个区域的沿岸沉积物非常干净。至于我的所在地，9 区，考虑到该州很多区域人口密集及高强度的工农业活动，不合格率低至 7.2%，也是让人意外。尽管使用的是标准的研究方案，美国环境保护署还是承认了此项研究具有局限性。

我决定将这些结果和我的海洋科学的标准南加州海岸水研究所的研究成果进行横向对比。在它的网站上，我发现了一项 2007 年完成的研究工作。为了寻找理想的沉积物"小白鼠"，3 位科研人员比对了 11 种候选生物，其中包括美国环境保护署采用的双眼钩虾，还有其他端足类动物和海胆、贻贝、蛤、牡蛎。他们的测试参数不只包括致死率（急性毒性），也包括亚致死率。4 个物种被用于"急性"实验，瞧！双眼钩虾是最后一名，在其他物种死亡的情况下依然存活。换句话说，如果美国环境保护署用最敏感的物种来开展加州沉积物研究的话，那 7.2% 的"潜在毒性"比例必然会飙升。该研究团队大方地指出，在其他地区双眼钩虾作为沉积物"小白鼠"得出的实验结论还是可靠的，但要注意的是这个物种具有一个看上去很成问题的特征："双眼钩虾的表观敏感性较低，可能是由于它们不在沉积物中掘穴，而是生活在管状结构中，并且不摄取沉积物。"这实际上保护了它们免受环境暴露。

因此，如果读者们还没有很好的理解，那么这里再重申一遍。科学的黄金标准很难实现。一个不争的事实是：塑料垃圾、海洋动物、陆地动物和人类都有一个共同点——我们都是油性的。而这使我们成为所有那些不溶性的、亲脂性的、人造持久性的、油性的有机污染物的靶标。

不可否认，海洋生物与沉积物具有一定的相关性。大约 90% 的海洋物种在其全部或部分的生命史中都生活在底层沉积物之内或之上。让我们看看受污染的沉积物是如何与食物链中比微型甲壳动物高级的生物相关联的吧。

2008 年，美国环境保护署研究人员与弗吉尼亚海洋科学研究所的科学家一起，深入探究了在各种鲸目动物的鲸油中普遍存在持久性有机污染物的原因，这些鲸类包括抹香鲸、喙鲸、虎鲸、海豚和独角鲸。我们已经知道这些物种摄食深海底栖头足类动物：章鱼、鱿鱼和乌贼等等。研究者在西北太平洋 3 300 到 6 600 英尺深的海水中网获了 22 份头足类样品。"令人惊讶的是在如此深远的环境中都可以发现，有时甚至可以测得较高含量的毒性污染物。"美国国家海洋与大气管理局的米迦勒·维奇翁说。分析显示，多氯联苯、滴滴涕和溴代阻燃剂最常与塑料联系在一起。这些动物是在深海海底附近"而非"在河口水体中受到污染的。

海豹和海狮也是贪婪的头足类捕食者。在旧金山湾的海洋哺乳动物中心，也就是在高田的 IPW 中发现微球污染最严重的地方，接近 20% 搁浅而无法挽救的海狮患有癌症，其鲸脂中含有高浓度而具有持久性的多氯联苯和农药，部分个体的生殖器还畸形。海洋哺乳动物中心的医疗主任弗朗西丝·格兰德，曾对两头因摄取塑料垃圾而死亡的加州鲸进行尸检。他指出这些动物是人类健康的"哨兵"，因为它们摄食的许多东西我们也吃。化学污染是一众海洋哺乳动物健康问题中的备受质疑的因素。在食塑海鸟、海洋哺乳动物和海龟身上常常同时发现自身免疫功能障碍和化学污染。人们认为，和有害藻华毒素一样，毒性化合物会降低生物对微生物和天然毒性物质的抵御能力。甲状腺失调导致的疾病在加州象海豹身上很常见。而虎鲸，作为受污染最严重的海洋哺乳动物之一，幼崽死亡率上升，繁殖率下降。这种污染的阴毒之处在于它不会直接杀死动物。它会削弱和危害动物的生理系统，造成抗病能力下降、生殖衰退和亚健康。

我们回头看看毒素的来源地，陆地环境。化学污染是个多方面问题，几乎深入到我们生活的方方面面。塑料是一个方面，一个重要的方面，它们与我们现在日常生活中遇到的大部分人造化学品同属于石油化学谱系。据报道，国际化学工业的年产值为 30 亿美元，塑料占比 80%。在美国生产的近 10 万种化学品中，有 2 800 种化合物被美国环境保护署密切关注，并正以平均每年至少 100 万磅的高产量生产出来。这份化学品列表并没有包括聚合物或工业金属。与我们相关的化学物质有两种，一种是具有高度稳定性、高迁移能力的有毒分子，通常是杀虫剂或工业化学品，可以附着在漂浮的塑料上；另一种是用于制造塑料的化学品，添加到塑料中后从塑料中释放，进入到生物群落。后者有部分已证明具有持久性，而其他部分在环境中则没那么持久。但它们都具有生物活性。两者几乎在我们呼吸、饮食和触摸的每一件事物中都可以被检出，包括它们自己本身也可以被相互检出。情况就是这么简单。尽管相关研究数量已经达到数以千计，并且还在源源不断地涌现，但是对于它们如何影响我们的健康，我们还处于研究的早期阶段。毫不夸张地说，这个主题可以写一本书，真的，一点不夸张。因此，我们接下来将主要关注那些同时涉及塑料和海洋的化学物质。

历史残留污染物，诸如滴滴涕和多氯联苯，都可以归类为卤代有机化合物（HOCs）。作为迁移能力强和具持久性的分子，它们在海洋环境中已经存留了数十年。卤素在周期表中是一组5个元素：氟、氯、溴、碘、砹。前三者与所有关于塑料毒性的讨论都密切相关。它们不是孤立的元素。它们都具有很强的化学反应活性，很容易与其他原子和分子结合。一旦形成了键，就会产生稳定的"持久性"化合物，需要花几十年时间才能降解。在生物系统中，卤代有机化合物可描述为"容易吸收但无法新陈代谢的"化合物。这意味着它们会生物富集，会被分配到体脂和含脂器官，如肝脏中，并无限期地潜藏下去。

氟不仅在卤素中，而且在所有元素中都是反应活性最强的。氟元素通过电解的方式从矿物中萃取得到，而后以非常小心的方式处理，不仅毒性高，氧化性也强，甚至能够腐蚀玻璃。我们对在二十世纪五十年代初开发和使用的全氟化合物（PFCs）感兴趣：这是一种长链分子，其中氢被氟所取代。它们本身不是塑料，但是塑料的化学近亲，因为也常常被用于合成聚合物，这种物质也令人不安地存在于水生环境中。其变体称为特氟龙、思高洁、戈尔特斯（一种聚合物：发泡含氟聚合物；怀疑具有化学敏感性）。这些化学物质被用作涂层和密封材料，因此关键是其耐用性。自二十世纪五十年代开始，3M和杜邦公司就是这些化学物质的两个生产商。到了二十世纪八十年代，这两个公司都开始怀疑其健康和环境问题。全氟化合物在水中、野生生物和人体血液中都被检出，它们对实验动物是有害的。但杜邦没有根据1976

年的《有毒物质控制法》，将发现向美国环境保护署报告，这类发现以后将会更多。事发后，美国环境保护署起诉要求杜邦减少全氟化合物生产。在研究了本公司思高洁部门的工人健康状况并发现了致死性前列腺癌发生率高出 3 倍之后，3M 公司在 2001 年调整了思高洁的生产规划。

在 2007 年，约翰霍普金斯大学的一项研究发现，300 名婴儿脐带血中都含有痕量全氟化合物。为了追溯这种人体普遍存在的污染的来源，美国环境保护署在 2009 年测试了 116 种消费品。他们在防水服装、室内装饰品、家用织物和地毯，地毯护理产品、地板蜡和除蜡剂，石材和瓷砖密封胶，以及有趣的是，在无纺布医用服装中，都检测到纳克级或 10 亿分之几的痕量全氟化合物。一些指甲油品牌也含有全氟化合物。Foodproduction. com 网站作为商业"出版物"，经常会提供关于行业实践的补充信息，根据其在 2007 年刊登的一篇新闻报道，"PFOA（全氟辛酸，一种常见的全氟化合物）已经用于制造抗油脂包装，用来包装糖果、比萨、微波爆米花和上百种其他食品"，包括黄油和快餐容器和包装纸，这是蜡纸的化工时代版本。它的普遍存在被隐藏在商业秘密保护的外衣之下。在健康问题出现之前，全氟化合物在电子制造中广泛使用，既作为电路板的表面密封剂，又作为制造过程中的抑雾剂。

几十年来，防水产品中一直注入有全氟化合物，这其中有鞋靴、行李、露营和运动设备，也包括背包。由于这种化学物质已被证明具有持久性和毒性，因此在源头上阻止它的努力在国际上得到一致认可。在 2010 年的一项研究中，全氟化合物在鱼类、潜水鸟、生病的海獭和濒临灭绝的红海龟体内被检出，而它们的血液样品中已经显示出肝脏损伤和自身免疫功能受损的标记。一项海洋哺乳动物健康评价项目发现，海豚器官中全氟化合物平均浓度达到 2003 年至 2005 年水平的两倍。杜邦自己承认了多年来向水系统倾倒了成吨的全氟化合物，于是全氟化合物从水体进入了食物链。在实验室实验中，给啮齿动物和猴子服用不同剂量的全氟化合物，结果显示：后代的体长减小，死亡率增大；身体发育减缓；肝脏、睾丸和胰腺癌；甲状腺功能紊乱；脂质新陈代谢改变，这意味着可能促使它们发胖。这些恰巧都是"新的"健康流行病。2010 年在《福布斯》杂志关于开具最多的处方药的报告中，治疗甲状腺机能不全的标准疗法的左旋甲状腺素排在第四位，每年有 6 600 万个处方。"休伊"，我们的短腿小猫咪需要每天两次服用左旋甲状腺素，使得它成为日益增多的患有慢性疾病的宠物中的一员。印第安纳大学开展的研究发现狗，特别是猫的身上含有持久性合成化学品。宠物健康日益受到包括癌症、肥胖和糖尿病的威胁。

美国和欧洲大学开展的人类研究发现，血清中较高的全氟化合物含量与更年期提前、甲状腺功能障碍、多动症，以及"亚生育力"有关，这意味着有生育力问题。在西弗吉尼亚杜邦工厂，全氟化合物与人体损害之间具有更强的联系，几名女工被报道生下了面部畸形的婴儿，与在一组暴露于全氟化合物的老鼠中所看到的类似。职业性暴露导致的危害成为一个"有趣"的问题。虽然它们是消费者通常不太可能经历的最坏情况，但它们提供了我们唯一真实的人体测试结果——在许多情况下印证了动物研究中得出的"潜在"人类风险。如此严峻的结果支持了这一观点：任何有毒物质的大规模生产都是魔鬼的交易。我们肯定可以找到绿色的化学同类物，或者简单地不使用有毒性和持久性的化学物质。环境保护局认为全氟化合物存在"潜在的"健康风险，并"命令"在二十一世纪初自愿地逐步停止在消费品中的使用。虽然全氟化合物没有像以前那么广泛地使用，但它们仍将作为难降解有机化合物长期存在，给我们造成困扰。

我偶尔看到少量关于塑料垃圾吸附全氟化合物的报道，作为研究对象，这类化学物质的研究没有历史残留的难降解有机化合物那么多，这类历史残留的难降解有机化合物主要是我们要介绍的下一类有机卤化物：有机氯化合物。这些都是爷爷辈的人造毒素，尽管其诞生之初看起来是个好东西。像滴滴涕农药和那些极为稳定的工业分子多氯联苯，现在仍旧像不受待见的客人一般存在于环境中。它们与塑料毒性之间的相关性具有环境风险。它们不溶于水，具有亲脂性，易于迁移，因此它们能轻而易举地随大气扩散或随径流进入海洋。其中一部分，正如我们所了解的，会与底泥结合，污染底栖生物。其他部分则会漂浮在水面上，直到碰到以及缠上油性物质，例如磷虾或塑料浮具。虽然这些历史残留的难降解有机化合物正在明显减少，但2007年佛兰德地区的一项研究显示，在工业区附近捕捞的当地鳗鱼仍然含有相当高浓度的对氯联苯，这么高的浓度足以警示鳗鱼爱好者在有进一步通知之前，暂停野生鳗鱼的捕捞。

最令人痛心的是，这些难降解有机化合物对偏远地区人群的影响。有些地区的污染水平可与职业性暴露水平相当。格陵兰西北部和加拿大的土著聚集区是地球上污染最严重的地区之一。1991年，加拿大印第安人及北方事务部实施了"北方污染物计划"。在狩猎季，科学家通过与因纽特猎人和捕兽人合作，获得鱼类和捕获的猎物的组织和器官样品，其中环斑海豹提供了特别宝贵的生物监测数据。2005年的最新报告发现，多氯联苯和滴滴涕含量在1975年达到峰值——美国禁用滴滴涕后，多氯联苯禁令生效前不久——而后已经下降了50%以上。但是新的难降解有机化合物含量在上升。所研究的生物体内还含有高浓度的有毒金属，主要是甲基汞和镉。毒理学家说，这种浓度虽然只达到亚致死水平，但有导致令人不安的健康状况的趋向，最显著的是严重失衡的男女出生比例。生物监测中污染最严重的人群生活在格陵兰西北部。在那儿，新生儿男女比例是1:2。母亲体内脂肪多氯联苯的浓度与她生育女孩的可能性有关。此外，研究该区域的丹麦科学家发现，这些婴儿有先天性早产而且体型小的倾向，这往往预示着发育和神经学方面有问题。这是内分泌紊乱的迹象，也是怀孕期间由于受损的激素信息导致基因蓝图改变的迹象。

生活在远离工业中心的人们，比如布鲁克林人，是如何变得更容易受到工业化学品的污染呢？为了找到答案，我们需要重新回到海洋。那些少有的坚持传统生活方式的因纽特人，是始于浮游生物的食物网的顶端掠食者。他们是最接近于被当成"海洋生物"的人类，主要以海豹、鲸鱼和鱼类，以及较少量的驯鹿为生。这些勇敢的灵魂在海洋食物网中占据了最高位，因此极不公正地成为了阐释生物累积和生物放大的对象。化学物质和塑料给海洋造成了污染，而塑料又可以有效地富集和传输化学物质，一不小心就会进入动物的嘴和鸟类的喙中。因纽特人体内高浓度的污染物就是这种污染物传递方式的集中体现。

这里介绍一下生物累积和生物放大的海洋过程：

在第一个营养级上，我们知道"初级生产者"——浮游植物（微型植物）和藻类，依靠阳光和光合作用生存。你可能听说过替代能源公司，甚至一些石油巨头也正在开发从藻类中提取燃料的技术，这说明藻类会吸收含油物质，包括难降解有机化合物。二十世纪初的研究表明，在极地地区，无论是北极还是南极，空气中的难降解有机化合物会通过类似于海洋环流的大气环流凝结在海冰中，然后在"夏季"月份融化成极地海水。这解释了为何这些地区历史残留的难降解有机化合物和地球上大部分地区相比，保持在更高的含量水平。春季融冰与每年浮游植物暴发性繁殖时间相一致，这就意味着浮游生物浸泡在这些物质中。

食物链的一个层级被称为一个营养阶。食物链的地域化版本称为食物网。在微生物之上的第二级和第三级，包括滤食者，如樽海鞘、仔鱼、水母、灯笼鱼和非常重要的磷虾。当生物获得被称为生物放大的倍增效应时，它们会从周围水体生物中富集毒素。当动物摄入的食物受到污染时，生物放大过程就会发生，造成有毒残留物的连续摄入和累积。极地的顶级食肉动物主要是鲸鱼和海豹，有着储藏难降解有机化合物和有毒金属的厚厚脂肪层。因此，因纽特人是被他们的"天然"传统饮食污染的，他们现在也意识到了这个令他们很不开心的事实。2010年，格蕾特尔·埃利希，一位被寒冷地带吸引并生活在格陵兰土著人中的作家，在她的《冰帝国：在变化的风景中邂逅》一书中，引用了一位土著人的话："我们正在谈论社会正义问题，我们正在谈论重金属、放射性、汞、烟尘和难降解有机化合物。我们正在从你们的煤厂运来汞，吃着你们的内分泌干扰物，吸着你们的煤烟……而我们是世界上最后一群传统的冰河时代狩猎人。"他比一个典型的布鲁克林人懂得更多的生态毒理学。

在这里，我想做一个明确的声明。我相信食物链营养阶图是不准确的，需要修订。他们由于忽略了食物链各阶的塑料，因而歪解了事实。尽管没有营养，而且可能有毒，塑料在每个营养阶上都在被摄食。它甚至存在于被微生物占据的亚浮游层中，现在我们已经知道这些微生物摄食塑料——也就是部分生物降解，同时正如我们所见，这些塑料也会浮到水面被信天翁和鲸鱼这样的顶级捕食者误食。考虑到"幽灵网捕鱼"的致命性质以及对海龟、哺乳动物、鳍脚类和鲸目动物的缠绕，在某种意义上，塑料甚至可以被认为是捕食者。虽然塑料不是一个活的生物体，但它的行为却像一个生物体，也具有一个生物体的影响力，因此在界定海洋生物群落时应加以考虑。在这个更现实的现代场景中，塑料在某种意义上作为人类的替身，与鱼类一起游泳，并对它们造成伤害是最令人羞愧的。

我们在上文中已经看到塑料是如何潜入陆地食物链，并对迪拜骆驼和印度奶牛造成致命威胁的。现在我还了解到有一个产业有目的地将塑料投加到人类食物网中。自二十世纪七十年代以来，一些饲料供应商已经将塑料微球混入"浓缩"饲料中，通过这种形式来"养成"肉牛。在一些赠地大学①的畜牧业项目中，这一案例得到了很好的研究，被证实可以提供一种"粗饲料"形态，进而促进养分吸收和牲畜生长。可是人们必须弄明白的是，如果增塑的粪便在经过堆肥并添加到农田土壤后，会发生什么后果。关于这一做法的实际情况明显缺乏现成的资料，但我有来自权威人士的说法。一位我的合著者的丈夫二十世纪七十年代在堪萨斯州的一个饲料和谷物批发商店工作，曾把许多麻袋装的增塑饲料装载到车上。有机牧场是一种正在推进的做法，我们从数十份有机牧场的在线推广服务说明书中，可以推断要生产有机牛肉，需要遵循几个基本原则，其中一条就是不给牛喂食含塑料的粗饲料。

①　赠地大学（Land-grant universities，又称 land-grant colleges、land-grant institutions）亦称"农工学院"和"拨地学院"，是美国各州依据两次《莫里尔法》（1862 年、1890 年）获联邦政府赠地而建立的教育机构，旨在促进农业和工艺教育，适应南北战争后经济发展对技术人才的需求。以教授农业和机械技术知识为主，设有农业、工程、兽医和其他技术科目，还包括军事技术和军训，同时开始农业科学、物理学、医学及其他一些领域的研究——译者注。

一些赤道国家由于受到疟疾的严重威胁，仍在使用滴滴涕，在那里，滴滴涕的毒性作用只好让位于疾病的威胁，但总体来说，它正在最终退出历史舞台。在一些使用滴滴涕的非洲国家，可以看到出生时体重过轻的婴儿数量具有增多的趋势。但其后面世的、更被广泛使用的多氯联苯退出历史舞台的过程却仍然缓慢，仍旧出现在人类的母乳中。不管在新近排放的微球中，还是在长期野外暴露的微球中，不管是在东京湾及其周边区域，还是在国际微球值守计划研究的世界其他地方，多氯联苯都是我们的日本同事在塑料微球中最常检出的污染物。我们已经了解到酸性消化过程会将有毒物质从塑料中释放到生物系统中。不只是误食塑料的海鸟受到有毒塑料的毒害；它们的鱼食也受到了污染。这些"毒丸"已经被证明会增加生物的化学负荷，并导致免疫系统功能紊乱，这似乎是多氯联苯对海鸟所造成的主要影响。

多氯联苯是一种工业化学品，通常被用作电力变压器（其中一些仍在被使用）的绝缘体和阻燃剂。这似乎不足以解释这些分子对人体造成的近乎普遍性的污染。2011年初的一份报告带来了一个不容乐观的消息，即如今的孩子们可能会由于老建筑中含有多氯联苯的填隙材料，而暴露在多氯联苯中，包括学校。康涅狄格州公共安全部提供了一份多氯联苯的历史应用范围的加长清单。它包括黏合剂、沥青屋面材料、无碳复印纸（一些人指责它导致了"多重化学敏感性综合症"）、填料、压缩机油、除尘剂、染料、荧光灯镇流器、油墨、润滑剂、油漆、木地板密封剂、杀虫剂、增塑剂、橡胶、暖气机、焦油纸和用于坐便器安装的蜡混合剂。虽然自 1978 年以来生产的产品不能（合法地）含有多氯联苯，但较早的含多氯联苯的产品仍然大量存在于我们的生活之中，以多种方式造成污染残留。事实上，老旧的家庭环境、旧货商店和旧货出售将使多氯联苯在可预见的未来中仍将与我们同在。

　　这些看似植入于其他物体的毒素究竟是如何进入人体和其他生物体内的呢？毒理学家指出了 3 种基本的污染途径：摄食，吸入，以及通过我们最大的器官——皮肤来吸收。摄食的并不总是食物。我们吞咽食物的同时，也吸入受污染的灰尘。研究表明，被污染的家庭灰尘是一个重要的化学物质载体。关于吸入，全新的淋浴帘就是一个很好的例子。谁会不知道那强烈的"塑胶"味？这种"塑胶味"不知怎么的总是让我们联想到"新"和"干净"。2008 年，加拿大研究人员决定对从多家大卖场购买的 5 种新的聚氯乙烯淋浴帘排出的气体进行量化分析。28 天后，他们记录下了 108 种化学物质，其中大部分是挥发性有机化合物（VOCs）——有毒溶剂，如苯和甲苯——以及邻苯二甲酸盐，这让我们大为惊讶。一些物质的浓度在消散到"正常"水平之前，有数天超过职业安全与健康管理局（OSHA）的安全标准。长期接触这些化学物质与呼吸道刺激、头痛、恶心，以及肝脏、肾脏和中枢神经系统的潜在损伤有关。它们也可能导致癌症。随着时间的推移，乙烯浴帘尚属于可接受的风险。但是它和其他几十种研究较深入的、人类摄食、呼吸和触摸的家庭污染物相结合，风险就放大了。

很多我们想象中稳定的、结实的和惰性的事物其实不是那么回事。虽然肉眼看不见，但是分子们仍然过着它们的"小日子"。例如，随时间流逝，聚氯乙烯窗框会受到太阳紫外线的照射而老化，或者你能看到洗碗机在反复加热清洗之后，硬塑料杯子（聚碳酸酯）的表面会形成小裂缝。随着时间推移，聚合物（也就是分子链）会发生氧化反应形成裂纹和凹坑，会缩短。这样，游离的单分子添加剂就会被释放出来。根据特里·理查德森和埃里克·洛肯斯加德编著的塑料领域书籍《工业塑料：理论与应用》，以下是添加剂的"主要种类"：抗氧化剂（主抗氧剂：在生产过程中使用；辅助抗氧剂：在最终产品中使用）、抗静电剂、着色剂、偶联剂、固化剂、阻燃剂、发泡/发泡剂、热稳定剂、冲击改性剂（增强剂）、润滑剂、增塑剂、防腐剂、加工助剂、紫外线稳定剂和抗菌剂。这里面包括了很多化学品，而且每个种类都有许多不同的化学物质可以选择，其中许多来自有毒物质：酚、乙二醇、重金属、溶剂和生物灭杀剂。在1993年前，毒性金属铅、镉、汞和六价铬（埃琳·布罗克维奇毒素）是被许可的无机染料。当二十世纪九十年代这些药剂被禁止用于这些用途的时候，人们的关注点主要是垃圾填埋场渗滤液对地下水的污染，而不是与人类的直接接触。塑料食品包装袋的应用需要美国食品与药品监督管理局的安全许可，但不是说总会进行彻底细致的实验室检查，或者甚至检查公司的化学配方以查看受专利保护的物质成分。监管政策考虑到了对公司底线造成的不利影响，似乎相信市场检验能够解决问题，可是这种情况只有在化学物质导致了死亡或者成为政治皮球的时候才可能发生。如果到了这两个阶段，那么真的是太迟了，特别是当有害药剂是持久性污染物的时候。在这种情况下，危害效应首当其冲的"哨兵"往往是非人类生物，通常是水生生物，接下来就是做毒理实验的实验室小白鼠。

　　第三种卤素是溴。它的其中一种形式上面已经提及：多溴联苯醚（PBDEs）。从盐分中提取出来的溴是另一种需要化学配对的高活性元素。含溴阻燃剂（BFRs）产生作用的前提是热量导致分子断裂，然后释放出扑灭火焰的溴。它们有着不同分子链长度的多种分子式，分子链较短的毒性更大。在结构上，它们类似于多氯联苯。由于有越来越多的证据证明它们能危害野生动物和人类健康，包括华盛顿州、缅因州、密歇根州和加州在内的几个州，以及欧盟都已经禁止或限制使用所有或其中数种含溴阻燃剂。欧洲国家从未真正接受它们。由于商品专有信息没有公开，它们在塑料中使用的广泛程度都只是猜测。一个合理的假设是它们曾经属于广泛和深入使用的材料，但现在的使用量减少了，主要原因是一些据报道毒性较小的其他阻燃剂进入了市场。因为手机、电脑和电视等电子产品的塑料外壳会暴露在热环境中，所以通常含有阻燃剂。汽车和商用喷气机中使用的塑料和合成纤维，以及羊毛毯和泡沫床垫也是如此，其中一种品牌因为缺乏阻燃化学品最近还被消费者产品安全委员会召回。有安全意识的美国人在二十世纪七十年代报复性地接受了含溴阻燃剂，以取代被禁的多氯联苯。加州按全国最高标准为儿童产品和家庭家具设立了阻燃标准，这是一个好事办成坏事的典型案例，造成的结果是，加州的家具和人体是所有监测的样品中受含溴阻燃剂污染最严重的。事情在 2003 年突然发生了 180 度转弯，加州立法机关投票禁止了两种形式的多溴联苯醚，化工产业设法将淘汰期限从 2006 年延长了两年，到 2008 年。随着时间推移，加州人体内的阻燃剂浓度应当会有所下降，但是伤害可能已经造成了。研究表明，较高的多溴联苯醚暴露水平与婴儿智力水平下降有关。像多氯联苯一样，含溴阻燃剂在燃烧时会产生高毒性的二噁英，这导致了一个更奇特的具有讽刺意义的现象：消防队员游说反对阻燃剂。虽然浸渍有多溴联苯醚的垫子可能可以熄灭一支落地的香烟，但对大火无效，然后问题就转变成了有毒烟雾，有毒烟雾比火焰更有可能造成伤害或死亡。据密苏里州消防局长说，如今，房屋火灾使消防员"处于防御模式"。

到二十世纪九十年代末，每年有 250 万吨聚合物添加了含溴阻燃剂。大概就从那时起，也就是经过二十年的迅速、扩大使用后，开始出现安全问题。含溴阻燃剂也开始出现在监测的野生动物（鱼类和鸟卵、旧金山斑海豹、西雅图附近的虎鲸），沉积物和下水道污泥中。从

1980 年到 2000 年，五大湖的碧古鱼①和湖鳟体内的多溴联苯醚浓度呈指数上升，每 3 到 4 年翻一番。多溴联苯醚还出现在食物，尤其是肥肉和鲑鱼中，以及出现在人类母乳和家庭灰尘中。摄食大量牛肉和鸡肉的人体内溴阻燃剂浓度较高。瑞典 2002 年的一项研究表明，多溴联苯醚健康效应与多氯联苯不相上下，甚至可能更严重。已有几个州禁止了多溴联苯醚，电子公司和床垫公司开始放弃使用多溴联苯醚，甚至沃尔玛也逐步淘汰了含有多溴联苯醚的产品，可是环保署为什么还不采取行动呢？这个画面有点不对劲。

在二十世纪七十年代晚期，即《有毒物质控制法》（TSCA）于 1976 年通过没多久，多氯联苯和一系列农药一起被禁止了。多溴联苯醚很快填补了阻燃剂的空缺，但由于存在一个令人震惊的漏洞，在《有毒物质控制法》的规则框架下，多溴联苯醚不需要证明其安全性。法令要求化学物质生产商提供数据以取得注册，但不要求进行毒性测试。只有在美国环境保护署提供了化学物质会对人类健康造成伤害的强有力证据（意味着人类会因该化学物质致病）之后，才会触发要求安全测试的开关。

---

① 碧古鱼（Walleye）是一种北美特有的淡水鱼，华人习惯根据其法语名称译音称为"多利"。碧古鱼是一种冷水鱼，偏好水温为 15-20 度，喜欢藏身在有水流，或是水底有石头、沙石、沉下的树木头和水草堆内，另外在人为的建筑物，如桥柱、石坝或船坞内部都能找到碧古鱼的踪迹。碧古鱼是群居的鱼类，尤其是在产卵以后的季节，都会聚居在一起。碧古鱼在春季产卵，通常在入秋时候，它们会慢慢地游回产卵水域附近，不停捕食，准备越冬。当湖面冰块开始溶解时，便会游向水流较急的河流、水坝下游、满布沙石的岸边、或浸在水下面的小岛等产卵区产卵——译者注。

只有在那时候，美国环境保护署才命令公司开展安全试验，这种做法就如同把布雷尔兔放在布雷尔大地上，任其自由①。《有毒物质控制法》对行业厂商是如此的友好，以至于一种已知的致癌物——石棉，在其准则框架内以及在技术上已证实有残留的情况下也没有被禁止。而同期，已有其他 30 个国家禁止了石棉的使用。美国环境保护署禁止石棉或其他有毒化学品的努力于 1991 年才告成功，这也证实了《有毒物质控制法》的无能。随后可疑化学品的逐步淘汰还是美国环境保护署请求的志愿行动的结果。然而，各个州有权自行禁止化学物质，正如我们所见，它们也已经行使了这个特权。加州由于 65 号提案走在各州前面，提案要求企业通过贴上会致癌的、致出生缺陷或其他生殖损害的产品成分来披露信息。美国化学委员会（ACC）并不热衷于这种一个州接一个州"拼凑"的做法，而是更倾向于以剥夺各州权力的方式引导国会改革《有毒物质控制法》。要知道，美国化学委员会与当地和州政府禁止塑料购物袋的努力可是作过足够多的斗争。

2011 年 4 月，一项新的参议院法案面世了，2011 年版的《安全化学品法案》各项措施中有一条，呼吁对成效不佳的 1976 年法律框架下未经仔细审查的数以万计的化学品进行评估。就在宣称支持《有毒物质控制法》改革的同时，美国化学委员会对提出的法案表达了遗憾：

———————

① 布雷尔兔（Briar Rabbit），美国南方黑人民间故事中的一只兔子。它凭借自己的机智狡诈在与强者的对峙中取胜——译者注。

"不幸的是，看来许多我们关切的事都没有得到解决……今天提出的法案可能使美国的创新和就业处于危险的境地。"换言之，如果新法律要求阐明目前普遍使用的有毒物质以及对化学"混合物"开展毒性试验，如果它揭示了日常材料和产品中受保护的"专有"成分，那么以往的商业模式就会结束。我建议美国化学委员会要看到光明的一面：要创造安全的替代品，需要大量的工作和创新。

经过多年的犹豫，越来越多的主流卫生组织加入了支持《有毒物质控制法》改革的生态倡导团体，包括美国医学协会、美国儿科学会、内分泌学会和自闭症学会。化学品暴露，也称为环境暴露，与迅速发展的一系列慢性疾病和慢性失调之间的可能联系，以及对此的关切，所有这些都已记录在案。这些所谓的新病态包括肥胖症、2 型糖尿病、自闭症、多动症、哮喘、甲状腺疾病和男性不育。受到特别关注的是那些能够穿越胎盘屏障，可能改变发育中的胎儿基因表达的暴露。到目前为止，哪怕它自己不说，市场也已经被证实是一个比任何机构都更有效的调节机构。当像双酚 A 这样的化学药品受到媒体谴责时，制造商们会争先恐后地将不含双酚 A 的产品摆到商店的货架上。但是实际上，这些努力可能白费了，得克萨斯大学生物学教授乔治·比特纳最近进行的测试显示，在一些不含双酚 A 的产品中含有的内分泌干扰物比原来的产品还要多。

美国遵循"危害证据"规则，而欧洲采用了预防原则。这意味着他们的风险分析把人类健康置于化工厂商

的经济健康之上。因此，欧洲人体内的化学物质含量比
美国人少得多，特别是含溴阻燃剂这种物质。

随着第一代含溴阻燃剂逐渐退出市场，包括纳米配
方在内的更新的品种上市了。现在仍受关注的三羟甲基
氨基甲烷（Tris），一种氯化阻燃剂，在二十世纪七十年
代成为头条新闻，当时它被禁止用于儿童睡衣，但仍可
用于其他用途。三羟甲基氨基甲烷的动物实验显示具有
肝脏和肾脏毒性，以及神经效应，包括认知功能障碍。
在疾病控制预防中心进行的年度人体抽样中，已被逐步
淘汰的含溴阻燃剂的残留水平仍然很高，这一事实甚至
令美国环境保护署都感到困惑，美国环境保护署推断含
溴阻燃剂是从家庭用品中来的，比如旧地毯、家具和电
子产品，还有就是受垃圾填埋场污染的水源中来的。因
为含溴阻燃剂的污染范围如同史诗般宏大，所以当初滥
用的事实现在看来是很清楚的了。我们的塑料泡沫、固
体和纤维（我们的家具、地毯、窗帘和汽车座椅大部分
由聚合物纤维制成）都含有化学阻燃剂。那么哪里是你
最不需要阻燃剂的地方？也许是在极地地区？可是事实
不是你想象的，就在这些遥远的生态系统在难降解有机
化合物历史残留减少方面开始看到一丝曙光的时候，含
溴阻燃剂又来到了这里。

这些化学物质最受关注的是对甲状腺的影响。在胎
儿发育过程中，甲状腺释放出许多决定胎儿发育细胞正
确排列的信号，包括大脑发育的相关信号。如果母亲的
甲状腺功能严重抑制，又没有得到治疗（这在发达国家
是罕见的），那么就会导致克汀病。如果母亲的甲状腺功

能只是稍有下降，那么她的孩子仍然可能失去智力潜能。当多溴联苯醚开始表现出有害的一面时，新的和"改进的"具有更长分子链的含溴阻燃剂取代了它们。几年后，它们出现在同一批受监控的野生动物种群中，其分子链被分解成较短、毒性更强的分子。到2004年，欧盟已经全面禁止了这类产品，斯德哥尔摩公约将这些产品，连同聚四氟乙烯类化学物质（PFOs）一起列入了禁用名单。

在2010年9月，一批激进的科学家汇聚于得克萨斯州圣安东尼奥，制定了我们所知的《溴化氯化阻燃剂圣安东尼奥声明》，如绿色科学政策研究所所述，记载如下："在家具、婴儿产品和其他消费品中使用含溴和含氯的阻燃剂对健康具有危害，同时并无证据证实它们对消防安全有益。"从那时起，这份文件已经获得了来自30个国家的200多人签字认同，其中大多数是杰出的科学家和医生。这些国家包括已经禁止含溴阻燃剂的欧洲国家。他们为什么会为此不安？因为我们的阻燃剂影响到了他们的生态系统和全球食物链。这些科学家在他们的关注清单中，不仅列入了以往已经注意到的疾病和失调，而且列入且不仅限于列入了对人类智力的侵蚀。回顾一下，加州可能是地球上含溴阻燃剂含量最高的地方。现在塔夫茨大学的一位经济学家计算得到，含溴阻燃剂导致的智商损害可能会给加州带来超过500亿美元的损失。如果真的智力下降，那么社会将失去天赋、生产力、竞争力，可能还会失去通过政治组织应对自身衰落的能力。

签字人之一是设立于迈阿密的非营利性的海洋环境

研究所的创始人，苏珊·肖博士。肖以海豹作为指示动物开展"哨兵工程"项目，通过监测当地海豹种群来获得化学污染和疾病的证据。通过测定搁浅海豹体内的化学物浓度，她发现含溴阻燃剂和多氯联苯、滴滴涕一样，不仅具有持久性，而且具有生物蓄积性。迈阿密当地并没有经历高度工业化发展，但含溴阻燃剂可以在地球上到处游荡。海豹摄食的很多生物和我们吃的一样，如黑线鳕、鳕鱼和甲壳动物，我们推断这些生物应该也受到了污染。肖最关注的是，海豹发生大规模相继死亡事件的规律性越来越强。肖认为动物的化学负荷可能降低了它们的天然免疫能力。她在为探索者俱乐部写的一篇文章中说道："越来越多的数据表明，继续污染海洋，我们可能会不可逆转地毒害海洋生物和我们自己。"

在 2011 年春，美国最大的化学公司陶氏宣布发明了一种新的聚合含溴阻燃剂，并已经进入了市场准备阶段。他们称它为"聚合 FR"。第一张生产许可证给了科聚亚，一家密歇根州生产多溴联苯醚的化学公司，这家公司由于其产品具有风险，于 2010 年申请破产保护。现在科聚亚又回来了。根据陶氏的新闻稿，"新一代"材料被设计于"挤塑聚苯乙烯和发泡聚苯乙烯泡沫保温材料的全球性应用"。这是"陶氏继续寻求更可持续的产品"的产物，换句话说就是，产品没有被禁的风险。该公司称，聚合 FR 已经经过了陶氏全面的安全测试，发现它很稳定且不会在生物体蓄积，也没有毒性。根据现行法律，如果陶氏的测试显示有毒性，而且如果陶氏化学被发现拒绝提供相关信息，该公司有可能会被罚款。（该政策已经劝阻了许多行业测试。）我们所能做的至多就是希望陶氏对美国环境保护署及其用户说了实话。如果这个"稳定的"分子最终在羊水和母乳中，以及最终在生病的海獭血液样品出现，那么我们将再一次被愚弄。

对于持久的、能生物蓄积的卤素毒物，比如含溴阻燃剂、含氟涂层、含氯润滑剂和杀虫剂，一直是以这样的模式来运作的：行业运行良好，但是令人不安的证据在点点滴滴地不断增加，而后当一种化学品预期的收益不足以为其意想不到危害辩护之时，临界点就出现了。当临界点出现时，化学行业就会推出一种或几种替代品。同时，因为法律并不要求披露材料中的成分，而且因为工业产品中的成分常常受到"商业秘密"法律的保护，所以我们无法确切知道我们面临什么样的威胁。

同时，那些臭名昭著的塑料化学物质使许多美国人变成了业余毒理学家，这真的是事实。双酚 A 和邻苯二甲酸酯可能就是这类化学品，二者都是过去五年的热门话题。仅就这两个化学"恶棍"就可以写个好几卷，而且材料确实也有很多了，所以在这里我们考虑采取稍有不同的策略来叙述。至今为止，数以千万美元的研究经费已经用于证明它们的安全性或危害性，但是至少在官方眼里，对此仍然没有科学定论。双酚 A 是一种具有温和的雌激素性质的合成苯酚，生产中制成粉末态，而后在工业条件下与光气（一种在第一次世界大战中使用的有毒气体）进行反应，生产出坚硬、透明的聚碳酸酯塑料。直到市场最近采取迅猛的纠偏行动之前，聚碳酸酯塑料都是用于生产婴儿奶瓶、5 加仑水冷瓶和可重复使用水瓶的标准材料。它还是许多其他产品的首选用料，包括眼镜镜片、护目镜、头盔和电器外壳等。双酚 A 还用于罐头食品和饮料的环氧树脂内衬，它能在 95% 的美国人的尿液中检出。邻苯二甲酸酯是合成酯类化合物，用于软化硬质乙烯基塑料来制造诸如咀嚼玩具、气垫、浴帘、乙烯基地板和瑙加海德革之类的产品，用于个人消费品则是作为"香料"。在 95% 以上的美国人体内可以检测到邻苯二甲酸酯。在 2008 年，最具生物活性的邻苯二甲酸酯，邻苯二甲酸二（2-乙基）己酯（DEHP），被禁止用于制造儿童玩具。邻苯二甲酸二（2-乙基）己酯不是美国环境保护署禁止的，而是被一项由乔治·W. 布什总统签署成为法律的国会法案所禁止的。

邻苯二甲酸酯和双酚 A 不同于卤素有机物。它们不能在环境中持久存在，也不会在生物体内蓄积。在污水处理厂和垃圾填埋场附近的水道和沉积物中能检出低浓度的这两类化学物质，但在海洋顶级捕食者的组织中未能检出。虽然现在已知它们在人类体内存在的时间比过去认为的要长，但能被肝脏代谢并排出。它们可被代谢以及美国人体内普遍被沾污的事实，表明存在持续的暴露。邻苯二甲酸酯甚至是双酚 A，能在那些通常与这些化学物质不相关的塑料材料，即聚氯乙烯和聚碳酸酯以外的塑料中发现吗？这就是美国几乎成为超级救护基金国家的原因吗？

在 2005 年奥吉利塔基金会开展塑料垃圾和陆地上回收松散塑料粒子的化学污染研究前，我还没有找到这些问题的答案。这项工作是加州水资源控制委员会委托开展的研究的一部分内容，它需要从洛杉矶河床中和在一家当地塑料微球批发商店外收集样品，关注的焦点是难降解有机化合物。高田秀重和他的同事已经了解到，在海洋环境中塑料微球会吸附多氯联苯和滴滴涕。我们想看看这类污染是否在塑料微球和碎片到达海洋之前就已经发生了。因此，奥吉利塔基金会的全职生物学家安·泽勒斯、格温·拉廷和我，手持着镊子和金属收集碗出发了。我们采集到样品，然后贴上标签，送到一个国家认证的实验室进行复杂的萃取和分析过程。

取得的结果与高田及其团队取得的结果相比差异巨大：不含多氯联苯或 DDE（1，1-双（对氯苯基）-2，2-二氯乙烯，滴滴涕的一种代谢产物），但每一个样品都含有痕量有毒的多环芳烃，这可能来源于洛杉矶的空气污染。它们还几乎普遍含有邻苯二甲酸酯。邻苯二甲酸酯不是那种能在环境中飘荡、附着在零散塑料片上的化学品。因此我们只能得出这样的结论，它们来自于样品自身的成分。如果我们收集的样品是软质乙烯基橡胶浴缸玩具，或即剥即贴的地砖，这还可以理解，但是我们的样品不是。我们所有的样品都是聚乙烯和聚丙烯。邻苯二甲酸酯肯定不是从环境中吸附的，而是添加到聚乙烯和聚丙烯样品中的。如果这是一贯做法，那么说明这个行业已经愚弄了我们所有人，而且是利用商业秘密保护法律提供的合法外衣来这样做的。

双酚 A 会比我们预想的使用范围更广泛，也可能出现在别的硬质塑料中吗？国际微球值守计划分析结果证明确实是这样的。聚乙烯和聚丙烯微球和碎片所含双酚

A 含量与历史残留的工业化学物质和农药含量相当，在某些情况下甚至超过其含量，介于 1 到 1 000 ppb 之间。这种化学物质的关键问题在于，在非常低的动物给药剂量下，一些研究人员已经在动物体发现了健康效应。在实验室实验中，ppt 级别的双酚 A 已能抑制睾酮的产生，而与环流区相当含量的双酚 A 已经在小白鼠中造成了"不利的健康影响"。弗雷德里克·S. 沃姆萨尔和克劳德·休斯，最著名的双酚 A 研究者和反对者，在 2005 年为《环境健康展望》杂志撰写的一篇论文中写道："因为有证据证明双酚 A 被快速的新陈代谢……这些发现（95%的美国人尿液样品中检出双酚 A）意味着人类通过多种渠道，持续暴露在相当数量的双酚 A 下。"这就引出了两个问题：聚碳酸酯塑料的使用比我们认识到的更为普遍吗？美国化学委员会的树脂生产数据甚至没有列出聚碳酸酯，想来是因为它们的生产率与聚乙烯、聚丙烯、聚氯乙烯和其他的塑料相比是微不足道的；第二个问题是：有95%美国人每天食用那么多的罐头食品，喝那么多罐装饮料吗？看起来更像是双酚 A 隐藏在我们生活中接触的一大堆其他类型的塑料中。你最后一次看到汽车方向盘、手机或笔记本电脑上的标签列明它的化学成分是什么时候？

因此，我们再次回到国际微球值守计划和我们环流样品的分析结果。虽然在"吸附"污染物和历史残留的化学物质方面，如滴滴涕和多氯联苯，我们的样品更干净，但是我们有两个不是很确定的特征，也就是有两个类别的化学物质污染最严重，在 51 个不同的站位都得到这样的结果可不是偶然，而且其中有许多站位位于城市或者工业区。在所有站点的聚乙烯样品中，我们的样品含有最高含量的壬基酚，它是双酚A的化学表亲，最常用作洗涤剂和农药的表面活性剂，而且也可用作塑料中的增塑剂和抗氧化剂。二十世纪八十年代后期，塔夫茨大学曾有一项涉及乳腺癌细胞的研究被搞得乱套了，因为乳腺癌细胞不仅没有减少还大量增殖。这证明了生产商将雌激素活性的壬基酚添加到了用于制造实验室器皿的塑料中。环流区浮游动物是否会越来越雌性化？有毒海洋微生物会激增吗？雄性灯笼鱼是否会失去魔力，导致生殖问题？我们对此还不了解。

在所有聚丙烯微球和碎片样品中，我们来自环流区的样品是到目前为止受十溴联苯醚（BDE209）污染最严重的。BDE209是新一代更长分子链的溴系阻燃剂，能够分解出更小，且毒性更强的片段。有毒阻燃塑料存在于地球上最大的水体的中部位置。我们缺乏词汇来表达这一发现的反讽和荒谬。我们刚刚总结过了这类化学品能够引起的健康影响类型。

迄今为止，国际微球值守计划的总结报告标题是"海洋塑料中有机微污染物的全球分布"。高田是第一作者，我是13位共同作者之一。但正是他选择用以下观点来结束这份报告："即使在开阔大洋和偏远海岸，也发现了高浓度的由添加剂衍生的化学物质，如壬基酚和十溴联苯醚（BDE209）……在开阔大洋和偏远海岸，塑料添加剂带来的生态风险可能比从海水中吸附的化学物质带来的风险更为严重。"

换句话说，塑料材料本身是一匹有毒的特洛伊木马，看起来没那么糟糕，但带着谜一般的肉眼看不见的化学物质，这些化学物质可能比可怕的持久性有机污染物对海洋和陆地生物的风险还要大。调查这一潜在威胁的任务可能要由下一代海洋科学家去完成了。

第十四章　塑料垃圾现场取证

　　"驯服"塑料污染可能比禁用有毒化学物质更困难，达到这两个目的面临许多相似的问题。塑料污染的归宿和来源一样多，而且二者之间通常很少或根本没有联系。但是我们对来源知道得越多，截住塑料浊流的机会就越大。我们从一个故事开始。

　　海豹滩位于长滩市南部，虽然叫海豹滩，但是这里从来没有很多海豹。只有少量斑海豹，大多数是加州海狮，它们以往在倾斜的沙滩上沐浴阳光，直到海岸带开发迫使它们离开这儿。但这里仍然是一个很好的冲浪场所，恰巧我的一位老朋友朱迪·奈米亚兹迪住在这儿。她比任何人都了解这片海滩。这位冲浪者基金会的长期会员会定期来到这儿，收集垃圾并关注污染状况。一天，她看到了罕见的一幕：数百条蓝色胶线圈散落在沙滩上，看起来就像是卷发器从天而降一般。由于当时我是冲浪者基金会一个水检测项目"蓝水特别工作组"的负责人，所以神秘胶线圈的新闻引起了我的注意。那还是二十世纪九十年代早期，在我穿越大洋垃圾带的首航之前，沙滩塑料垃圾已经成为一种环境灾害。我联系了一位朋友，他是再生塑料行业的销售代表。即使是业内人士，他对此也感到困惑。他握着一把胶线圈，答应我去咨询一下。

垃圾现场取证是应用我们所知的或者是可以了解到的塑料垃圾知识，追溯它的来源，阻止它出现在那儿的方法。这个名词很有犯罪现场调查的感觉，因为塑料垃圾出现在海洋中正是对国际法的违背，比如现在读者应该非常清楚的：1988 年生效的《国际防止船舶污染公约》附则五。联邦法律也禁止在美国专属经济区——距美国海岸线 200 海里以内海域倾倒塑料。美国海岸警卫队要求超过 26 英尺的船只，包括海洋科考船"阿尔基特"号，在显著的地方张贴标志，列出所有依法禁止进入海洋水体的材料。根据塑料碎片对海洋物种危害的详细记载，将它比喻成犯罪一点也不为过。著名的海洋学家，被尊称为"深海女王"的西尔维亚·厄尔在她的《海洋变化》一书中写下尽管塑料本身缺少"可检测到的香味……（它们）将死亡的气味带到海里"的时候，她已经了解到塑料是有害的了。

由于城市海岸线上的垃圾要比大洋中部的漂流物容易追溯得多，因此它是非常重要的塑料垃圾取证的地方。一旦塑料垃圾进入大洋，它就逃离了犯罪现场，"痕迹"也就消失了。到这个时候，即使是最先进的取证方法也不会让你获得更多进展，因为现在没有一种技术能对这些碎片进行年代测定，或者至少揭示塑料在海洋环境中完全降解的时间。有一种理论认为，随着年限增加，小块塑料会变得更圆滑。虽然这个假说貌似合理，但毕竟还没有经过科学验证，因此作为取证工具还没有得到许可。我们只能接受碎片化的塑料成为"悬案"的事实，然后继续探究。

当安东尼·安德拉德还在研究用碳氢化合物鉴定裂解塑料年份的方法时，他就已经制定了研究塑料"降解"因子和步骤的计划。尽管还不能回答全部问题，但他的工作已经取得了进展。他已经解码了塑料分解的因子和步骤，但是还没有办法预测这些过程需要经历多长时间，因为自然环境中存在着无数的变量。我们已经知道，塑料最可怕的"敌人"是热、光照和机械磨损。其次，空气、水和生物有机体也推动了降解过程。聚合物是通过化学键结合在一起的微小纤维，暴露在一些要素中时，这些键就会变得僵硬、受损，然后脆化，就像是被遗忘在花园角落里的塑料桶会在你手中碎裂一样。降解的最后阶段是矿化，聚合物分子降解成不可见的二氧化碳、水和痕量矿物质。但即便不是一个高分子科学家，你也会知道一个薄薄的塑料购物袋将比聚氯乙烯（PVC）草坪椅降解得更快。

安德拉德在与 J. E. 皮格勒姆共同开展的一项实验中，对比了不同环境条件下典型海洋垃圾样品的降解速率。他把数节尼龙网，聚丙乙烯、聚苯乙烯材质的捆扎带悬挂在海水中，并在附近的陆地上放置比对样品。他们的实验在两个差异很大的地点开展：佛罗里达州的比斯坎湾和华盛顿州的皮吉特湾。在研究结束时，他们测试了这些材料的"机械完整性"损耗。发现在 1 年后，两个地方海水中的样品基本上没有变化。但是仅仅在 6 个月后，陆地上的样品就显示出"机械完整性的严重损耗"。颜色较深的塑料碎片是热"汇"——测得温度比环境气温高 86 华氏度。他的结论是：对塑料来说大洋是香格里拉，是理想的天堂。一系列因素使得塑料在海洋中的降解以缓慢的速度发生：水温比陆地温度更低；盐水的氧化能力比空气弱；海藻"污损了"海洋塑料，也就是说，它遮盖和屏蔽了阳光的降解射线。

根据这些数据，我们的环流区样品不太像是在海里降解了很长时间的塑料——虽然其中一部分毫无疑问是——而更像是以前在陆地上存在过一段时间，曾在阳光充足的沙滩上或在一段柏油路上烘烤过。事实上，一位新西兰研究者发现在高温的海滩上仅仅数周之后，特定类型的塑料，如"炸马铃薯片"袋子，已经变薄变脆了。这个发现看上去支持这种观点，即：很多塑料漂浮物，至少是微小的碎片，来源于陆地，在进入海洋之前经过降解。它也强化了防止塑料垃圾入海观点的重要性，在海洋中塑料垃圾停留时间越长，对生态系统造成的破坏越大。在陆地上丑陋的有碍观瞻的东西，到了海里就会变成了一种可憎的威胁。

我们已经粗略了解了环境机构制定污染补救措施的体系。污染物分为两类：点源，可追溯到一个特定的实体，如非法倾倒或工厂；非点源，无法追踪到特定污染者，如路边的垃圾或沙滩上的小块塑料。这样的分类规则在海洋中很少应用，因为在海上船舶的倾倒物中可能包括了消费品塑料和渔具。关于陆源和海源垃圾之间比例大小的争论很难有结论，但像 2011 年日本海啸这样的大灾难告诉我们，陆海比例是会发生变化的。安德拉德提出陆源和海源塑料漂浮物的量大致相当。我认为这是合理的，安德拉德还警告说：塑料是全球化的润滑剂，全球化则导致了塑料污染——特别是在那些缺乏足够处理系统的地区。许多发展中国家的河流和海岸被塑料袋、瓶子、包装物和容器堵塞了，这些垃圾最终要进入海洋。不管怎样，这些塑料的制造商和供应商理应为此负责，但实际情况还不是这样。

每个人都可以在一些事情上达成共识。根据联合国环境计划署，海源塑料垃圾来自商船、渡船、客船、渔船、军事和科考用船、游艇、海上油气平台和养殖场。我要增加的另一个种类是落海的集装箱，箱内的货物可为洋流研究提供便利。主要的陆源海洋垃圾来自岸边或近岸的填埋场、河流和水道，处理过和某些时候未处理的污水，工业设施，还有"旅游"。另一大类当然是自然灾害：季风、台风、海啸和地震。其中任何之一都能够而且也确实经常排放大量的垃圾到海中。大洋垃圾带中的垃圾，和在阿拉斯加以及在夏威夷偏远海滩收集到的垃圾种类是相似的，都包括大量的渔具、亚洲产品和容器，以及塑料薄片。

追溯塑料垃圾来源由于垃圾的高度流动性而容易被混淆。塑料垃圾来来去去。风和潮水将它冲入海中，海流和波浪又将它冲回岸上；它沉啊、游啊、浮啊、飞啊。它通过洄游动物沿着食物链传递。1992年著名的集装箱事件泄漏了2.8万只"友好漂流子"牌浴室玩具，使得柯蒂斯·埃贝斯迈尔和詹姆斯·英格雷厄姆能够测试和修正他们关于全球洋流的OSCURS模型，因为他们知道这些活泼的塑料鸭子、青蛙、海龟和海狸泄漏的地方。但这些塑料动物最终能告诉我们更多的其实是关于塑料降解的信息，而不是如何追溯在夏威夷海滩上发现的那种不知名而阴差阳错闻名于世的塑料漂浮物。

卡米罗海滩位于夏威夷最南部的比格岛南端附近，以拥有世界级旅游目的地的特征而自豪——薄雾笼罩的山地背景、新月形的海湾、熔岩雕刻的潮池、声音低沉的涌浪，以及看似沙地的海滩。但它却是真正意义上的垃圾场，也是一个收集证据的地方。卡米罗是大自然罕见的奇观之一。南北向海流穿过比格岛背风面海岸，独特的位置使得卡米罗不仅为非常了解这个地方特殊性的古夏威夷人带来鱼类，还带来其他的物品。它帮助他们获得来自远方的宝藏。来自太平洋西北地区的巨大的原木随着西向流来到卡米罗，人们利用它制成独木舟。卡米罗终生岛民雪莉·戈麦斯告诉我，二十世纪四十年代，她和她的朋友们去那里选择木质漂浮物来制作冲浪板。他们还收集日本玻璃鱼漂来玩"算命先生"游戏，这种鱼漂现在已经少见，而且很值钱。卡米罗还是这样的一个地方，刚刚丧失亲人的人到这儿能找到在海上失踪的亲人的遗体。现在，在那儿迎接你的是塑料喷嘴、瓶类产品、鞋子部件、雀巢咖啡盖、牙刷、丁烷打火机、成吨的渔网，以及其他一些需要取证分析的物品。

由于地质、大气和海洋条件等因素共同形成的极端条件，卡米罗对垃圾来说就像是吸铁石。首先，这儿有莫纳罗亚，这座休眠火山如此之大以至于信风在这里分叉。卡米罗位于山的背风面，恰巧又是两股风重新会合的地方。再加上南北向海流的交汇，以及卡米罗邻近北太平洋环流区的南部边界，太平洋沿岸国家长期存在的垃圾会定期输入到这来。因此，这里形成了一个充斥着垃圾的亚涡旋，随时准备着把垃圾往岸滩推送。

走到卡米罗需要长达 1 小时的艰难的荒野跋涉，沿途坑坑洼洼、布满了尘土和尖利的熔岩。当海滩清理行动有组织地到这里开展活动时，大多数人发现自己不得不一路跳着才能从那儿出来。我加入海洋学家柯蒂斯·埃贝斯迈尔，以及他"海滩拾荒"行动的伙伴诺妮·桑福德的队伍，诺妮·桑福德和她的丈夫罗恩当我们去卡米罗的向导。她隶属于埃贝斯迈尔的"海滩拾荒者"和海洋学家国际协会，她从位于火山村的家中出发，前往参加在大陆"海滩拾荒"热点召开的网络年会。她还负责火山消防和救援志愿服务，但是她在当地出名的原因是她利用在卡米罗海滩找到的玻璃和塑料浮子制成精巧的珠宝和吊坠。她也是一名海滩清理活动家。当有其他当地人说几年前此处垃圾堆成 10 英尺高时，桑福德证实了这一点。那时她打电话给县和州的政府官员，敦促他们采取行动。然后她也给新闻媒体打了电话。最后，她接到一位官员的"恐吓电话"，这位官员让她止步，因为夏威夷海滩堆满垃圾的消息会伤害当地旅游业。但她和其他人的呼吁最终得到了重视，美国地质调查局于 2003 年开展了大规模清理行动。

第一次官方清理期间，军队直升机运出了 50 多吨的海滩垃圾，大部分是塑料，其中大部分又是渔具。现在，夏威夷野生动物基金会和临时组织的小组每年会组织几次清理。数十名志愿者带来的几十个大垃圾袋，每次都装得满满的。但是，即使每天进行，也无法清除海滩上数以万亿计的微型塑料碎片，有人说，现在在1 200英尺的主海滩上塑料碎片的数量超过了沙粒。"我每次都带几袋回家"，桑福德告诉我，"我浸洗后，根据颜色把它们分开。虽然总体上让人很恶心，但也有些可爱，至少我取回的那些不会再被鱼或乌龟吃掉。"我们凝视着一捧从潮位线上捧起来的沙土，里头几乎清一色的塑料碎片，大多数大小不一，在你看来是一般的碎片，但是我们有经验的眼光马上能从中辨认出闪闪发亮的塑料微球。这些是塑料粒子，预制塑料微球。我们在卡米罗发现的令人疯狂的所有事物中，这些是最令人不可思议的。卡米罗应该是远离少数几家生产这些微球的美国化工厂，以及远离这些微球的加工厂的。大多数塑料制品都是通过熔化和模塑成形的——不管是袖珍梳子、热管还是番茄酱瓶，几乎所有的产品都是以树脂微球为原料开始生产的。但是"热塑性原料"为什么会在这里呢？沿着中途岛高潮线，我在1平方英尺面积区域内收集了2 500个大于1毫米的塑料碎片，其中500个是塑料粒子，这些原料足够制成一个塑料袋。

根据海滩垃圾经验法则，在偏远的海滩主要收集到的是渔具，而不是城市垃圾，卡米罗的微球和这一条不符，这只是偶然吗？当我在夏威夷大学希洛分校卡拉·麦克德米德教授的海洋科学课上演讲后，她决定开展海滩塑料研究。她与高级荣誉学生特蕾西·麦克马伦合作，定量测定了夏威夷群岛9个海滩上的塑料垃圾。他们在所有站位采集的所有样品中都发现了"小块塑料垃圾"。但含量最大的地方是中途岛和莫洛凯岛的最偏远海滩，而这两地周边都没有多少商业活动。他们从标准断面中筛选出垃圾，发现塑料重量占比72%。从20平方米区域内回收了19 100个碎片，其中11%是塑料粒子。你又如何能对远离家园的不明来源的塑料粒子应用垃圾取证方法呢？

我们知道每年生产的3 000亿磅塑料制品大多数都是从塑料微球开始的。通过轨道车辆、罐装车和海陆集装箱，微球被运往遍布美国和世界各地的模塑工厂。如果这种原料有千分之一散落到海洋中，那就是15万吨的潜在年沉降量。以每磅25 000粒计，就有7.5万亿个单位的小颗粒，其中约一半会漂浮在海面上。在环流区的拖网中，我们没有看到这么大规模的散落证据。我们再回头看看野生动物学家彼得·瑞安的工作，他在二十世纪八十年代发现，微球事实上已经成为几种海鸟的主食。他在2008年分析了从1999年至2006年开展的摄食研究，发现塑料摄取率没有变化，但所有样品组中微球含量均下降了44%至79%。他的结论是："过去20年来，海上小块塑料垃圾的成分发生了全球性的变化"。你可以假定偏远海滩上的大多数微球都是过去堆积的，是在陆上加工厂改进其运营管理模式和承运人改进海洋集装箱安保方法之前就进入海洋环境的。

在卡米罗，常常能找到的3种外来物件可以在《请说出此物名字》的电视智力竞赛节目中展出。第一种是约6英寸长的半透明塑料圆筒，通常其一端有一个环，有被挤压的痕迹。这一道题是给年轻竞赛者的一个安慰奖：用过的荧光棒，1973 年由美国氰胺公司获得专利，在狂欢节和摇滚音乐会上很流行，也是夜间机动部队不可缺少的工具。事实上，美国海军掌控了多数的相关专利。荧光棒也是商业渔民的基本工具之一，渔民在延绳钩和网上绑着成百上千个荧光棒。掰弯一根新的荧光棒时，一个薄的玻璃安瓿瓶在其内部断裂，释放出一种活性化学物质并产生化学荧光。渔民知道特定的鱼类会被光线吸引，包括一些有价值的渔获物，金枪鱼和剑鱼。在中国，它的座右铭也可能是："让 10 亿根发光棒发光"。商业渔用荧光棒是热门的商品类别，在某个网站上的宣传词为"高品质的商业渔用 4″和 6″荧光棒，用于全世界的金枪鱼船和延绳钓船"。从在线销售网站能感受到这种商品产量巨大。数十家生产商中的随便一家，淄博德星实业股份有限公司，声称每年制造 1 亿根，且每根报价为小几十美分。荧光棒没有被宣传成一次性用品，但实际上它们不能重复利用或回收使用。用过的荧光棒应当是弯曲的和不完整的。我们发现的荧光棒实际上是被咬啃过的。你不得不去同情这些误食的生物，它们咬下一口后就会吞下一嘴化学物质，连带不可消化的塑料和玻璃。《环境毒理学与药理学》杂志上的一篇论文发现，荧光棒中的化学物质"对海洋生物有毒性，特别是在低稀释条件或直接接触时"。荧光棒也是信天翁幼鸟的主食。可重复使用的 LED 杆状灯现在已经面世了，尽管成本较高，许多进步的渔民已经在使用了。

第二种是黑色的锥形塑料篮子，看起来像小狗鼻子。

这类奇特的东西被用来诱捕一种奇特的猎物：盲鳗，也叫"黏液鳗"，一种无鳞、无颚、丑陋、浑身黏液的腐食生物，它们看起来、游起来都像鳗鱼一样，以海底腐烂物品为食。韩国是盲鳗的主要市场。在韩国，盲鳗和牡蛎一样，都是著名的壮阳补品。由于过度捕捞，韩国耗尽了自己的盲鳗资源，但仍有每年 900 万磅的市场需求。盲鳗皮也具有商业价值，被用于制作"鳗鱼皮"钱包和在城市小摊上能看到的口袋物品。韩国盲鳗买家向美国西海岸渔民支付高达每磅 20 美元的价格。锥形捕集器套入置于海底的放上饵料的圆柱体中。盲鳗会以为这个装置是死鱼，然后把它的脸伸进圆柱体，当它要出来时，就会被锥体末端的尖刺挂住。卡米罗和其他岛屿海滩上的捕集器可能来自韩国的老渔场：多数看起来已经老化了。据说新的捕集器是用生物可降解塑料制成的。尽管如此，我们仍然可以在环流区和卡米罗收集到很多老旧的捕集器，这些遗物提醒我们，昨日的塑料在未来仍可能继续存留。

　　第三种神秘的物件是黑色、蓝色、灰色和绿色的聚乙烯管，长度在 1 到 8 英寸之间，直径约 3/4 英寸。这是牡蛎间隔器或者说用于牡蛎延绳养殖的"管子"。工人们把幼牡蛎（"牡蛎卵"）种在单丝绳上，用间隔物把它们分开，这样它们就不会在生长期间挤在一起。这些延绳是从锚定在受保护的近岸海域中的筏子上垂下来的。牡蛎养殖场在亚洲、美国、欧洲和其他水温合适、没有冲浪活动、工业污染和人类拥挤交通的沿海水域中很常见。但哪个区域会排放数百万个间隔器到大洋呢？一个怀疑来源是来自日本水产养殖，但是他们的文件推荐使用的是竹制间隔器。中国每年的牡蛎收获量占全球 3 亿吨收获量的 82%，韩国和菲律宾也有牡蛎产业。但文献显示这些农场会使用更便宜的纽结法来分离牡蛎卵。西海岸的牡蛎养殖场使用的确实是塑料间隔器，但它们往往规模较小，这无法解释这类管子如此极端的无处不在。间隔器是埃贝斯迈尔博士在法兰西护卫舰暗沙收集的数量第二多的垃圾物品，仅次于渔业浮子，而在卡米罗海滩的垃圾统计中，它总是排在第一位。

现场取证的突破发生在 2010 年 6 月，当时我被邀请在夏威夷大学希洛分校举办的国际海洋会议上作为主旨发言人。另一位发言人是来自日本渔港渔场渔村技术研究所的研究人员大塚浩二。他报告的内容是自然灾害后进入港口城市的第一批响应者通道。后来事实证明，他的模型模拟的最糟情况也没有 9 个月后 2011 年 3 月发生的历史性灾难那么极端。虽然如此，他的演讲预见性地描述了一场大地震是如何通过破坏道路和跑道，导致陆路和航线被切断的。他说，另一个选择是通过海路进入，但是可能受到垃圾，包括牡蛎养殖场的阻碍。啊哈，我对自己说。这家伙可能有解开牡蛎间隔物秘密的钥匙。在问答环节中，我问他这些牡蛎养殖场使用了什么类型的间隔器，竹子？他说有时是竹子，大部分是塑料。我问他是否知道这些间隔物到处都是：在偏远的海滩上、在环流区、在死亡的信天翁幼鸟的肚子里。他的英语不是很好，但我能看得出来，他已经把牡蛎间隔物，这种他从来没想到过的东西，和我一两个小时前讲过的塑料垃圾及其对海洋的影响联系起来了。在会议的最后，另外几个演讲者讲完，这位绅士请求在我们所有人面前发言。他用磕磕绊绊的英语认真地说，要把关于塑料牡蛎间隔器的信息带回去。现在，他清楚地看到了这个问题，似乎情绪上还有点激动。我告诉大塚博士，把塑料换回竹子应该会有所帮助。不幸的是，这些事情还没来得及做。海啸后评估报告称，灾变中心附近的牡蛎养殖活动受到了严重破坏，数百万个间隔器四处漂散。

垃圾取证也能告诉我们海洋生物活动区域的信息。它们的饮食可作为生态系统健康或欠佳的指标。以 2009 年一项里程碑式的研究为例，题目很尖锐"把垃圾带回家：基于觅食分布的种群差异是否会导致黑背信天翁摄食塑料的情况增加？"该研究有 5 位作者，其中包括辛西娅·范德利普，他们使用监视器跟踪监测两个黑背信天翁种群的觅食模式，一个在库雷环礁，另一个位于库雷东南 1 500 英里的瓦胡市区。本研究旨在比较各组间羽翼刚丰满的幼鸟反刍食丸中的内容物。结果可以指示出哪片摄食场污染最严重，以及受到的是什么污染。研究人员发现，100%的反刍食丸中含有塑料。但是，夏威夷大学的首席研究员林赛·扬发现——可以用"令人震惊"来形容——在遥远的库雷，幼鸟反刍食丸中所含的塑料量是瓦胡岛的 10 倍。研究发现，相比未繁育的信天翁情侣，为了更接近自己的孩子，信天翁亲鸟会选择在更近的地方觅食。对于库雷的鸟儿来说，这意味着它们向北飞往"富含垃圾"的辐合带，或向西飞往夏威夷和日本之间污染严重的西部垃圾带，两者都有。而瓦胡岛鸟儿则向东飞行，飞往东部垃圾带以南的一个比较干净的区域。具有讽刺意味的是，人口最多的岛屿上的信天翁吃的人类垃圾反而更少。两地的塑料种类也不尽相同。库雷的信天翁反刍食丸中大多数目标物都带有亚洲的特征。除了一个圣诞布景中塑料玩具人物和一个密封的面霜罐外，发现最多的非天然物品毫无疑问是来自于渔业：化学荧光棒、牡蛎间隔器、单丝线、一次性打火机（用于修补线条和点烟）。瓦胡岛信天翁则反刍出了相对无害的残食和非渔业相关的垃圾。

毫无疑问，一些库雷信天翁从风积丘中猎食塑料，海洋表层的风积丘是冒牌的"任你吃到饱"自助餐，这本身也需要取证追溯。我曾见过的最大规模的风积丘是在 2002 年，我在法国护卫舰沙洲停留之后，从加州到檀香山的航行中遇到的。首先介绍一些背景知识。

从技术上讲，风积丘是由以欧文·朗缪尔（1881—1957 年）命名的朗缪尔环流形成的。朗缪尔是一位出生于布鲁克林区的通用电气（GE）公司的实验室主任，他曾获得 1932 年度诺贝尔化学奖。在闲暇时光，他喜欢解密自然现象。在 1938 年穿过大西洋的客船上，他发现了第一个风积丘，那是在马尾藻海——泡沫和马尾藻平行并排。这种现象吸引了他，随后他发现这种现象还没有得到解释，于是决定自行解答。他设计了实验方案，并在通用汽车公司的斯克内克塔迪实验室附近的乔治湖上进行实验。他发现在某些条件下，风吹过平静表层水的剪切力会产生对流涡旋。当不同温度的流体或气体发生碰撞时，对流涡旋就发生了。当冰块加入热水，水开始

打转时,我们就会看到对流涡旋。在海面上,结果就像
是滚木头一样,不过这个"圆木"是海面表层水沿着相
反的方向旋转形成的长长的平行管状水流,漂浮物就在
这里滞留。朗缪尔在大西洋横渡时看到的是天然海藻和
泡沫,现在则散落着从周围水域集中过来的塑料垃圾。
风积丘把海洋肮脏的小秘密暴露出来了。一只正在觅食
的信天翁见到风积丘会兴奋不已。

我们追踪了 2002 年发生的大风积丘,通过白天和晚
上(带着水下泛光灯)在它周边和下方潜水探测。我们
没有找到它的尽头在哪儿,但我们确实亲眼目睹了幽灵
网混合形成的"小团",这种"小团"让美国国家海洋
与大气管理局的垃圾搜寻者感到懊恼。柯蒂斯·埃贝斯
迈尔第一个告诉我,海洋总是把各种东西编织在一块。
我观察到的它的形成机制是一股绳子缠绕着穿过一片拖
网。沿着风积丘,可以发现处于不同结构阶段的呈波浪
状条带的幽灵网团,有的还是杂乱的小巢状,有的已经
缠绕成一个巨大的球。我原本以为风积丘仅仅是把垃圾
暴露出来,直到那时我才怀疑风积丘在操控海洋垃圾方
面也起到了作用。

我们从风积丘中回收到的物品包括:管子、蓝色塑
料防水布、塑料薄膜、洗衣筐和板条箱(被商业渔民用
于渔获物分类和饵料储存)、塑料泡沫漂浮物、中空塑料
漂浮物,偶尔还有玻璃漂浮物、鞋类、果酱罐、毛毡笔、
高尔夫球、管装胶水、胶棒、安全帽、牙刷、衣架、电
视阴极射线管、工具、照相机和公文包、鱼饵和鱼钩、
肥皂、漂白剂、调味品瓶、冰棍棒、玩具、运动器材、

伞柄（这是我采集上来的）、塑料碎片和网球，当然还有瓶盖、荧光棒、牡蛎间隔器、打火机、盲鳗捕集器、气球、塑料刀鞘、一个日本锥形交通路标、塑料椅子零件；还有一个独一无二的发现：一个"卫洗丽"座位——后来我们了解到这是一种低价的日本坐浴盆。许多大块塑料都印有亚洲字体。我们感觉渔具出现在这里是"不幸"的，但是日本和韩国的消费品出现在这里却不能用"不幸"来形容，因为这些国家有高效的固废管理系统。这些物体很少能被海洋生物完整吞咽，由于它们会降解成更小的碎片，因此事实上它们最终都会被吃掉。

就我所知，受污染的风积丘还没被科学研究过。由于其出现的时间和地点难以预测，且稳定存在的状态很少超过 1 到 2 天，导致研究工作很难开展。但它的内含物品为海洋垃圾研究提供了一个不错的断面，帮助我们了解它的来源，同时提供了一个进行表层清理的机会。

布鲁斯·拉贝尔，是一位伯克利的加州有毒物质控制部环境化学实验室的负责人，他已经定量分析了那些我们想要知道的垃圾，但是如果我们希望追踪海洋中这些无名塑料垃圾的来源，这些信息还是不够。我们需要具有解码一块塑料识别标记的分析能力，但首先塑料要嵌入编码，或"DNA"。这些标记应该告诉我们，聚合物树脂原料是在哪里制造、改性和制成产品的，以及是哪个公司代理和销售这些产品的。不幸的是，截至目前，对一滴血进行 DNA 分型远比解开一块塑料碎片的世系来源容易得多。即使我们有这样的能力，我们仍然面临着一个困难的任务，即如何识别对塑料不当处置的实体。

这就是为什么一次性使用的塑料，特别是那些容易到处乱飞的塑料薄膜和容易逃脱人类管控的泡沫，需要重新被设计，使它们能够在水中生物降解，或者被禁止。

关于海洋塑料垃圾的来源，沿岸地区能告诉我们些什么呢？海洋保育组织（OC），一家位于华盛顿特区由行业及政府资助的非营利性组织，在每年9月的一个星期六开展"国际海洋清洁日"活动的时候，都在寻求这个问题的答案。最新的数据来自于2009年即第24次的年度活动。来自108个国家和美国45个州的近50万名志愿者（创纪录的数字），在超过17 000英里海岸线上收集和清点了"令人震惊的"740万磅垃圾。他们也解救了超过300只鸟、鱼、海龟和哺乳动物。

海洋保育组织有时会受到批评，认为它产生的数据过于粗略而无法有效处理海洋污染的复杂性问题，以及认为它只是秀了一个让人"感觉良好"的假象，即每年的清理活动仅仅勉强称得上是一种补救措施。但是海洋保育组织声称，其目标是提供一个海岸垃圾的"快照"，作为一种提升环保意识、促进更负责任的行为和改进政策的一种方式。将垃圾单独统计后，含量最高的前十类垃圾往往年年相似，大多都是滨海游客留下的垃圾。在一个个清点后，烟头的数量总是独占鳌头，而2009年也不例外，志愿者收集到了2 189 252个；其次是塑料袋（1 129 774个），食品包装和容器（943 233个），瓶帽和盖子（912 246个），以及盘子、杯子和器皿（512 516个）。塑料饮料瓶数量增长最快，上涨3个百分点达到9%，然后是搅拌棒和吸管，最后则是纸袋。前十类占了整个清理日全球收集垃圾量的 80%，加起来达到 8 229 337 件，而全球清点出了超过 1 000 万件垃圾。尽管只有袋子和瓶子明确是塑料质地的，但是可以肯定的说，绝大多数的吸管、杯子、盘子、盖子、帽子和烟头也是塑料制品。

这个"快照"中海滩游客是现行犯。让我们将这些数据与卡米罗的情况做个比较，卡米罗最多的垃圾无疑是塑料瓶帽和盖子（30%），而海洋保育组织则为 9%。在卡米罗，你会发现丁烷打火机比烟头多，牡蛎间隔器比塑料袋多，发光棒比塑料吸管多，一个共同之处是塑料瓶：两者都很多。但从统计数字上看，海洋保育组织恐怕怎么都没办法统计到比香烟头多 100 万倍的东西，那就是在卡米罗可能比天然沙子还要多的塑料微粒。此外，在卡米罗几乎没有垃圾来自海滩游客，因为游客很稀少。

虽然这些海洋保育组织发起的清理活动出发点显然是好的，但当我看到制作精美的报告，看到可口可乐公司、Solo Cup 公司、Glad 公司和陶氏公司都是赞助商，还读到最后的那些啰啰嗦嗦的空话时，我还是叹了叹气。以下一名赞助商"企业责任"官员的声明很好地代表了这些空话："*需要公司、个人和组织共同努力去教导人们注意其行为的影响*"。这是一个来自超级肇事者的道德训斥，递出武器的人却在有人受伤时指责"不负责任使用武器的人"，这种极度胆大包天的做法让我感到无比惊奇。无论如何，我在想对于许多年轻人来说，他们的第一次，也许是唯一一次的海上和海岸经历，就是作为组织活动的一部分到这个地方来清理垃圾，这实在让人感到羞愧。

加州比其他大多数州更重视环境管理工作。在二十世纪九十年代初，州官员认为像工厂和污水厂这样的点源污染已经得到了很好的控制。因此，他们把注意力转向了像营养盐径流输入——氮和磷从高尔夫球场、花园、农业中渗出——和海滩垃圾这样的问题。这不仅给海洋生态系统带来风险，沿海城镇也由于海滩被垃圾堆满以及水体受到污染而遭受经济损失，而且维护费用非常高。我最喜欢的公共机构，南加州海岸水研究所就曾负责对其进行科学指导以制定新的政策，从而获得更干净的沿岸水域和海滩。

我曾在一个评估奥兰治县海滩垃圾项目中担任顾问。项目需要一个采样实验方案，因此我们设计了一个采样计划，在每个海滩设置特定截面，或"断面"来挖采垃圾。志愿者们接受训练，从这些断面上挖采 5 加仑的沙子，然后再从中收集和筛分垃圾。相关发现出乎所有人的预料。比烟头、塑料袋、包装纸和水瓶更丰富的是……微球。计算机根据志愿者的统计数字模拟推断，奥兰治县所有的海滩上可能隐藏着总计超过 1.05 亿颗的树脂小球，重量超过两吨。这不是说研究没有找到平常的海滩休闲垃圾，只不过是找到那些并不奇怪的，而发现微球则更令人震撼。在那个时候我们不知道这些微球是从哪里来的，难道它们是从当地工厂里滚出来的点源污染物吗？或者它们是海洋"吐"到岸上的非点源污染物？垃圾取证是必需的，一个令人意想不到的侦探开始行动了……

时间是 2002 年。本书中提到的每一部污染法律都已经被违背了。调查者是位很年轻的科学工作者，我首先是因为"阿尔基特"号制冷系统的维护一直存在问题才偶然遇见她的。该系统的设计者是美国宇航局的前工程师兰迪·辛普金斯，他在纽波特比奇有一家商店。由于他的科学背景，他自然而然地对我的研究感兴趣。在我的一次拜访中，他提到他上中学的女儿泰勒正在找一个科学研究项目，他问我有什么想法吗？那时我正好有个想法。我建议她选择一段海滩，并在一段时间内监测其中的微球数量。了解沉降速率是否改变是很有价值的，可能会有一种模式出现，这种模式可能会成为指向来源的线索。8 年后我决定和泰勒核实一下，看看她的进度并了解她这边的情况。

泰勒就像个海洋哺乳动物，她在游泳、浮潜和冲浪中长大，她形容自己"全身心迷恋着海洋"。她告诉我，在 7 岁的时候，她就知道自己未来的生活和工作将会与海洋相关。大约在泰勒的爸爸问了那个科学研究问题 1 周之后，她爸爸把泰勒带来见我。用泰勒的话说："就在那时，我开始对微球着迷了。"我们建立了一个假设，泰勒在圣安娜河口两侧沿着漂来物（高潮线）标出了一些站点。圣安娜河也是一条混凝土"河流"，它将雨水（和垃圾）从南加州流域引向海洋。泰勒的收集站位占地 1 平方米，深约 3 厘米，在 1 年中的暴风雨前后进行采样处理，她的爸爸负责运输。泰勒回忆道，她把每份样品"放在一个大桶里，然后运回我家，我在那里用大大小小网目的网筛筛出微球"。除了微球之外，泰勒发现常见的垃圾包括：水瓶、烟蒂和植物材料。她正在进行的数据分析显示，暴雨后的微球数量"显著"增加。她的结论是：如果微粒是从海里冲进来的，暴雨不会引发更高的沉积速率。但是，如果它们是从管理不善的工厂处理设施泄漏到排水沟中，经暴雨冲刷，然后进入海洋的，那么暴雨确实会导致微粒激增。

因此，泰勒成为了第一名明确证明预制塑料树脂微球直接来源的研究者，即来源于注塑成型行业。她很积极，还进行了一次大胆的"卧底调查"，和兰迪一起去了圣安娜流域的几个注塑厂。她借口学校需要提交一份塑料生产报告用来获得入厂许可，如果工厂让她进入，她会检查"设施的清洁程度……或匮乏程度"，许多工厂拒绝她这么做。

泰勒的题目为"塑料行业的肮脏小秘密"的科研项目，取得了当地的科学竞赛资格，这为她赢得州一级参评的机会。她在环境研究小组中名列第二，获得了探索频道年轻科学家挑战激烈的 3 轮面试资格。她从数百人中被挑选出来的，是全国仅有的 40 人之一。"虽然我是作为一名'加州金发冲浪小姐'来到这里，但我反对一切陈规旧习"，她回忆道。根据她的建议，通过潜水舱提供动力，她带领团队在卡丁车比赛中获胜，并登上了《华盛顿邮报》的头版。

回家之后，泰勒，这位天才艺术家，又继续争取到了一笔经费，用于支付她设计的海报的印刷费用，这些海报将在圣安娜河流域的 40 家注塑厂里展示。这些用英

语和西班牙语的双语海报强调了防止塑料微球流失不仅
对商业有益，而且对环境有益。只有一位工厂老板对她
的礼物做了回应，并邀请泰勒参观他的工厂，以亲眼看
看她的建议所带来的变化：更高的生产力，以及对"非
常昂贵"的机器的更少损坏。现在泰勒就读于圣迭戈大
学的海洋科学专业，她正在完善微球研究项目并扩展到
毒性研究领域，旨在同行评议的科学杂志上发表文章。

奥吉利塔基金会和其他组织已经作出最佳实践，与
工业界合作一起遏制它们的原料扩散。事实上，在所谓
的微塑料中，塑料粒子和降解碎片不是唯一的问题。还
有其他类别的"原生"微塑料，即那些为商业目的生产
的微型塑料，包括工业磨料和清洁用复合物、作为原料
用于聚氯乙烯管材和旋转成型的塑料粉末，以及作为磨
砂添加到洗面奶的"微珠"。当它们流入明沟暗渠时，大
多数会悄然通过污水处理设施和垃圾栅栏，最后流入河
流或海洋。实际上船员们也用其中一些树脂磨料来清洁
船体。

现在，微塑料污染受到了高度关注，但是确实也是
经过了多年的推动。首个海洋微塑料研讨会由美国国家
海洋与大气管理局赞助，于2008年9月在华盛顿大学塔
科马校区举行。出席者中有安东尼·安德拉德和奥吉利
塔基金会的马库斯·埃里克森。会议取得的一个重要的
成果是达成了共识，大家一致认为仍然存在严重的"知
识差距"，有进一步开展研究的必要。2011年，在檀香
山举行的第五届国际海洋垃圾大会最终聚焦在小型塑料
制品，而非废弃的渔具上，这在很大程度上归功于奥吉

利塔基金会为阐明这一问题所作的努力。

现在让我们在开始的地方结束，回到在生态海滩拾荒的一位朋友，是他在海豹滩上发现的神秘蓝色胶线圈。我从事塑料行业的一位朋友，他根本不知道那些看起来像卷发器的小东西是什么，也不知道这些东西为什么会在海豹滩上搁浅出现，但他也很好奇。因此，他在作销售代表的过程中做了一番调查，了解到它们被叫做"猪猡"。"猪猡"，在这儿是指被塞入管道以刮除堵塞污垢的边缘锋利的小物体或"洗刷器"的名称。我的朋友得到消息说，位于圣加布里埃尔河附近的南加州爱迪生发电厂正在使用这些"猪猡"，该发电厂正位于海豹滩上游。这个电厂将海水引入其冷却系统，海水中的藻类孢子会附着在管道内部，生长、繁衍，然后堵塞管道。这些螺旋形的"猪猡"被塞入管道以刮除藻类，然后随同产生的藻浆一起被轻率地冲进河里。冲洗是周期性进行的，这就解释了胶线圈每隔一段时间就会神秘出现的这一奇怪现象。

这怎么能被允许呢？一等到我们追踪到了海豹滩"猪猡"的来源，冲浪者基金会长滩/北奥兰治县分会就酝酿了一项行动计划。在这个时候，二十世纪九十年代，联邦和州的反污染法仍然是模棱两可的。我们的最好做法是援引一项国际条约，即《国际防止船舶污染公约》附则五，美国海岸警卫队负责在美国水域执行这项法规。我有几位朋友在洛杉矶港海岸警卫队站，我去拜访了他们。我手里拿着一封印有冲浪者基金会抬头的信笺，信里指出南加州爱迪生公司好像正在向美国的通航水域排放塑料"猪猡",这迫使海岸警卫队开始调查和执法。指挥官开始了调查工作,正式确认了电厂与海洋之间的河段是可以通航的。然后他给南加州爱迪生公司写了一封信,提醒他们在海豹滩上找到的塑料垃圾已经被追溯到了他们工厂,电力公司有义务采取措施防止排放。南加州爱迪生公司同意改变流程,防止"猪猡"将来被再次排放。但是偶尔仍有少量成功逃逸,被冲刷到海豹滩上;在那里,时至今日仍能找到"猪猡",沐浴在太阳的降解射线下,等待着被卷入海洋。

第十五章　清除我们的塑料足迹

确凿的事实可以被容易实现的希望反驳，但是不能被无法实现的希望反驳。

——本杰明·罗斯和史蒂夫·安特《污染者：我们被化学改变的环境的形成》

这好像是个套路：首先人为的环境危机被深入痛处地细细剖析，然后得出一系列深思熟虑后的"解决方法"，认真执行后环境恢复如初。看上去这是个好主意，但是鲜能奏效，为什么呢？因为要做出改变很难，有权势的个人和组织正是既得利益者。塑料是场高风险的游戏，那些经营它的人不可能丧失对游戏的控制。然而，要去除海洋中的塑料，就意味着我们须立即停止所有的塑料输入，而后再伺机而动。我们残留的塑料足迹——无法从河流、海岸中移除，以及无法从海洋中拣出的东西——将会留在那儿，按照它那还不为人所知的时间表降解或者搁浅。大概和原子能爆炸的时间相同，塑料"爆炸式"地进入了我们的生活，从此以后，这些长寿的精灵就再也没有被装回瓶子里了。但是，那不应该阻止我们采取合适的方式来使用它们，以确保它们不会给我们和支撑所有生命的地球自然系统造成危害。

需要重申的是，从 1960 年到 2007 年，美国每人每天产生的垃圾量翻了将近 1 倍，从 2.68 磅增加到 4.63 磅。我们已经看到，在这几十年里，美国人在面对突然激增的琳琅满目的商品时，如何变成了"消费者"，以及女性如何以前所未有的数量进入劳动力市场，并学会重视便利性的；我们已经看到，一次使用性是如何变得等同于便利和卫生，以及它是如何引导世界经济增长的；我们已经看到，即使是昂贵的商品，特别是电子产品，是如何一步步变成一次性使用物品的。一天一次、一周一次、一月一次、一年一次，当我们的东西坏了、磨损了、过时了、不流行了、或者，变糟了、厌烦了，我们就会更新换代，或者添置"大件"。我们几乎无人能免俗，而最近的真人秀明星，即囤积强迫症者，以一种极端的方式阐释了这种行为的结果。当这些物品慢慢地自我损坏时，不遗弃它们中的任何一件东西，这些古怪的家伙认为进入他们生活的所有的东西，无论是旧的还是新的、完好的还是破损的，便宜的还是昂贵的，都有情感价值或潜在的用处。虽然表面上看是疯狂的消费者，但是实际上囤积者代表着对持续更新的渴望。事实上，所有东西都将重新变得有用。我对他们对产品的意义和持久价值的不懈追求深表同情，觉得要把他们视为一个不合逻辑的系统的牺牲品，在他们这个系统中，我们宝贵的资源没有找到合理的归宿。

由于现代的消费模式导致了商品的迅速周转，因此回收再利用成为了最好的解决办法。1970 年，在加里·安德森 22 岁时（我当时也 22 岁），他为第一个地球日的组织者策划的一场竞赛创作了追溯模式的箭头标志。这种标志注册成循环再生标志，由此回收利用成为了市政垃圾管理国家平台的组成部分。大多数食品塑料包装和个人用品容器上都标着循环再生标志，然而塑料薄膜、泡沫船运材料和那些昂贵的小型电子产品、工具、小器具、弹出型药丸、美容化妆品的透明塑料包装（所谓的泡罩包装）上却明显没有标上这种标志，这种泡罩包装非常可恶，而且难以打开。标志内的阿拉伯数字 1-6 代表基底聚合物种类，但是循环再生计划并没有包括全部类别的聚合物。数字 7 的意思是"不是 1-6"。但即使是那些"需要回收"的树脂——通常 1，代表聚对苯二甲酸乙二醇酯（PET）；2，代表高密度聚乙烯（HDPE）；4 和 5，代表相对低密度的聚乙烯（LDPE）和聚丙烯（PP）——也不都是可回收的或者能在收集后马上得到回收利用的。分类、打成大包出售的数字 1 类和数字 2 类塑料回收利用中标企业，常常将它卖到劳动力成本较低地区，通常是中国。如果没有人去回收，分类好的塑料货板就被直接送到填埋场去。很多回收利用都是精心设计的骗局。

塑料的回收率跟不上用量的增长率。在了解了我遇到的那些企业家的各种各样将废塑料转化成利润的想法后，我感到很遗憾。这项工作并不容易。塑料已被证实很难在后续利用中再处理，因为它们没法被归并成单一组分的材料。北加州圣马特奥郡的一个名为"回收利用工作"的计划，宣称有五万种塑料。虽然它没有提供数据的引用来源，但是考虑到有热固性和热塑性这两大塑料类别，而在这些大类下面，塑料具有数以百万计的用途，这个统计数字看上去是站得住脚的。许多塑料需要具备某些特性，这种特性需要经过特殊化学组合才能获得：比如口香糖需要弹性，放在草坪上家具要求抗高温和抗氧化性，运货板包裹膜需要延展性，制造高级赛车车身、世界级赛用帆船的帆、防弹夹克、新一代火箭飞行器的碳纤维强化聚合物需要强度。将这么多种的制品分类成单一材质来回收利用是不切实际的，而且我们能看到新的种类还在源源不绝地冒出来。根据美国专利局"公报"，与聚合物相关的新专利平均每周超过十五种，很多涉及先进纳米材料、凝胶、涂层，和其他类似但很重要的相关包装用层压材料和新的发泡技术，还有下一波"轻质"包装用料，从而减少原材料使用，降低船运重量，而且可以作为绿色环保概念加以推销，或者至少可以说更绿色环保一些。

我们需要完整的、精确的，或者依我说，要用有帮助性的分类标签，来指导复杂产品的分类。但是，美国的主管机构，联邦贸易委员会没有权利为了任何的社会目标来推动标签向特定的方向发展。它只有管理虚假标签的权利。只要是真实的，产品制造商可以在包装上写上各种它想写的文字。这样，它们往往就会使用容易造成心理满足以及自我保护的宣传字眼，比如"新型的"或者"改进的"。但是还会有一些规定。1966 年的《公平包装与标签法》要求：（1）产品身份；（2）制造商、包装商和经销商的名称、营业地址；（3）以公制和/或英寸或磅为单位标识内装物的净含量。看上去不太可能因为容器有没有包含可回收利用或者一次性信息选项而导致贸易限制或信息过载。假如美国政府要求在每一件塑料包装和产品上清楚说明它的"生命终点"，或者，最好是标明它的"生命的下个阶段"，这类授权要如何颁布实行？是否像《洁净水法》一样，其"目标和政策的声明"直到40年后，即使是在那些最为重视的州和市里，也只得到零敲碎打的执行。

在二十世纪九十年代初，德国就决定通过加快在消费者层面上的区分来处理回收利用问题。带有押金的瓶子在商店有偿回购，不带押金的玻璃则按颜色分类（透明、棕色、绿色），放置在各个街区的公共垃圾箱内，但为避免产生噪声，不能在深夜或凌晨丢弃。蓝色和绿色的家庭垃圾箱用于回收废纸和硬纸板。在美国，棕色垃圾箱用于"生物制品"，"可生物降解的物品"。黄色垃圾箱或垃圾袋用于带有绿点标志的包装材料，包括塑料、铝和锡罐。灰色垃圾箱用于其他东西，比如烟头、一次性尿布、旧煎锅。在取出金属物质后，灰色垃圾箱内的垃圾将被焚烧。德国人只对放入棕色、蓝色/绿色、灰色垃圾箱中的东西计重收费。装入黄色垃圾箱和垃圾袋的绿点标志包装材料将由生产厂家来支付处理费。它们雇佣卡车和司机来收集运输，并雇佣工人去分类处理。对于包装材料，关键的理念是生产者付费。根据经验，每千克（2.2磅）包装材料回收成本约为1欧元（1.5美元），与回收利用这些材料的实际成本相挂钩。

绿点合规计划现在已被注册为商标，并在全球 170个国家中许可使用。如果被许可方为其产品的回收处理操作提供了规定的金额，则可免费使用绿点标志。在德国，经过 10 年的努力，回收利用这些材料的成本下降了75%。由于包装材料是主要的垃圾填埋物，所以该国能够将逐步关闭所有垃圾填埋场的最后期限设置在 2020年。颜色分类标记的垃圾箱体系也覆盖了公共区域和工作场所，使得垃圾分类能够得到很好地实施。回收利用的重要原则之一就是统一性。生产的统一性、收集的统一性、执法的统一性。只有统一性，才能更经济，然而它与美国推崇的个性和属地管理相悖。不对大量相同材质的塑料进行回收利用，则难以生产出有用的工业原料。目前尚不清楚重熔处理如何改变塑料的理想质量，或者是否有重熔处理限制，更不用说为了质量控制，必须在回收料中添加多少新的塑料了。对未分类的材料的利用是很受限制的，因此既缺乏需求，也没有利润。

在德国，焚烧垃圾和其他形式的热处理是不可回收垃圾的最后出路。但其他国家并非如此。在这些国家中，垃圾热处理被赋予了各种说法，"气化、热解、等离子弧、废物转化能源和热循环"等。在加州，地毯制造商正在推动指定其充满化学物质的产品为"燃料"，以使焚烧废旧地毯能成为行业强制"回收利用计划"的一部分。在德国，塑料行业在努力推动利用"热处理回收利用"来发电。这个问题受到了政治上的指责，大多数德国人坚定地支持关于焚烧混合塑料会对空气质量产生不利影响的科学结论，焚烧不仅会释放令全球变暖的二氧化碳，还会产生气态的二噁英类和呋喃类。尽管只有难以觉察的微小含量，但这些物质属于已知的毒性最强的化学物质。马萨诸塞州的市政固废处理方案报告中指出，所有这些系统都会产生"含有颗粒物质、挥发性有机物、重金属、二噁英类、二氧化硫、盐酸、汞和呋喃类的气体排放"。生态学家兼作家桑德拉·斯坦格雷伯写了一本关于人为致癌因素的书《生活在下游：一位生态学家对癌症与环境的个人调查》，他在书中写道"即使是最新最贵的焚烧炉，也会排放痕量的二噁英类和呋喃类到空气中……关于垃圾焚烧发电是否是一种真正的可再生能源形式，这个问题与我们所有人利害攸关"。在有氯供体的存在条件下，塑料燃烧会产生二噁英类物质。供体分子可以是有机的，也可以是无机的。对于那些偏好焚烧海洋塑料垃圾这种解决办法的人——在檀香山和其他一些地方开展了"渔网转换成能量"项目——请记住这一点：海洋垃圾表面沾附着海水，而我们获得食盐（氯化钠）的方法之一就是蒸发海水。因此，焚烧表面沾附着氯化钠的塑料会产生二噁英类物质。

　　大多数大型船舶上都安装了焚烧炉以处理船舶垃圾，包括塑料，但其烟囱常常没有用刷子清除有害的排放物。一位曾检查过这类船只的德国汉堡港口警务人员告诉我，这些焚烧炉操作存在问题。《国际防止船舶造成污染公约》附则要求先预热垃圾炉体，以确保完全焚烧至灰烬，然后才能合法地往海洋中倾倒。但操作者往往先把垃圾装入炉体，然后点燃火焰，这会导致温度较低和不完全焚烧，尤其是在堆芯处。直接倾倒由此形成的炉渣是不合法的。我认为,这种操作或许可以解释我的样品中出现的形状多变的混合塑料斑块的原因。随着全球商业的快速增长,海洋成为全世界首选的货物运输通道,可是它却受到了来自发动机排气和焚烧炉烟气的双重空气污染。研究表明,居住在工业港口附近的人群中,癌症和肺病患病率有所增加,因为船舶在装卸货物时会燃烧重质燃料来保持电机的运行。

然而,在德国授权了另一种叫做化学循环的先进技术应用于塑料垃圾。这种系统可处理混合的塑料,类似炼油厂的裂化反应,将这些聚合物在无氧条件下控制在高温高压状态,然后加入氢气。得到的产物和从原油中提炼出来的产物相同,包括基本的塑料原料。英国正在开发的一项先进系统能把混合的聚合物裂化为单体,比如,从聚苯乙烯中提取出苯乙烯,从聚酯塑料中提取出对苯二甲酸,这些提取出来的单体可以被重新使用。这些工厂的基本蓝图是制造燃料,低硫汽油和低硫柴油。它们的排放物是受控的,而且用它们自己的产品提供燃料。按照环保的"闭环"标准,它们还不是很完美,因为最初用于制造塑料的能量没有得到回收利用,而且还留下必须被填埋的有毒泥浆。在这种我们称为高温热解的技术方面,美国落后于欧洲。大量的初创企业在寻求投资者,但是还没有哪一家已经开始大规模运行。位于俄亥俄州阿克伦城的珀利弗洛公司就是这样一家企业。我曾于2010年春季在克利夫兰自然历史博物馆演讲时,遇到过这家公司的两位年轻负责人。他们事先就找过我,想了解更多关于太平洋垃圾带的信息,我意识到他们是希望他们的技术可以成为这一问题的解决方案。我对这项技术了解了很多，也很赞赏他们对这个问题的关注。阻止塑料垃圾流入海洋需要新的技术，这点没有问题，也会有处理在清理过程中收集的大量混合垃圾的技术需求，但是我听过的大多数想法，都无法解决世界各地不断增长的塑料产品和包装数量这一核心问题。一个简单的事实是，如果有一定比例的塑料物品流散了，那么即使是很小的比例都意味着很多的海洋垃圾。行业和政府资助的组织会避免对产品的供给侧施加压力，因为这不是美国的做法，或者说是反商业色彩的。美国人听得的最大声最清晰的话是"别乱丢垃圾"以及"回收利用"，这就把垃圾管理责任转移给了消费者。更小声，更没那么清晰的话是另外两个词："减少使用量"和"重复使用"，我倒觉得这两个词带着一点淡淡的"颠覆"的味道。大量优质的塑料回收利用原材料运往中国这件事也往往无人提及。每年大约 40 亿磅的塑料离开美国海岸到海外进行回收利用——平均每天超过 1 000 万磅。

在那些想把"废弃物"这个词从词典中删除的人看来，将塑料回收利用原材料出口到其他国家可不是一件好事。对于资源回收运动来说，无论在商品生命周期的哪个阶段，哪怕是已经不需要的阶段，每件商品仍有其价值。如果一切都是资源，那么我们所要做的就是要弄明白，如何在其生命周期的适当阶段重新使用，实现零废弃。旧货商店对那些仍有使用寿命的东西来说是挺适合的，而且它们也正在被整合到废物转运站。虽然将塑料包装和使用过的塑料制品视为资源，从理论上讲是容易的，但在实践中，这往往需要政府、行业或两者都为回收利用提供补贴，因为回收、分类、清洁、加工和重新制造变化无穷的塑料没有足够的利润，这也是为什么我们需要延伸生产者责任，这样行业就不用去做那些无法收回经济成本的事了。将来这种惯常的做法会不会有例外？当然有。那么是否会有很多例外？不会的，如果我们认真地清除我们的塑料足迹。

所有这些都绕过了一个关键问题，为什么用塑料制品以旧制新如此困难？对于玻璃、废纸、铝和铁，我们一直在这么做。再处理的其中一个限制条件就是低熔点。在玻璃、铝和钢的工业熔炉中，熔化过程必须达到非常高的温度——数千度，以至于不管杂质还是食物、油漆还是油都会蒸发掉。纸张则是通过化学和机械处理，重新制成纸浆。而塑料不同，大多数热塑性塑料在 212 华氏度（水的沸点）或更低的温度下就开始软化和熔解。塑料以旧制新要多一个步骤，那就是必须仔细清洗。即便如此，因为我们知道塑料是亲脂性的（吸油），导致其无法彻底清洁干净，所以生产出来的产品就不适合与食物接触。苗圃业中的某些再循环塑料盆仍然携带着植物病原体。在欧洲有种厚实的可再填充塑料，但随着使用年限增加和反复使用，有证据显示填充物会渗出，令这种做法受到质疑。

由于存在与塑料回收利用相关的各种问题，因此人们转而开发可堆肥的替代品就一点都不奇怪了，不过，有一点我们需要记住，即使使用植物材料制造"生物塑料"，也不能确保产品就是可生物降解的、可堆肥的或者可在海洋中降解的。用植物合成的聚合物主链上的碳键，其持久性用石油合成的聚合物没有什么区别，这取决于你是通过什么方式合成的。当今世界大多数的化学家都是高分子化学家。他们掌握的先进方法，使他们现在能够一个分子一个分子地定制聚合物分子。在制药行业，他们发明了能将药物送达特定的器官，针对靶向受体的仿生聚合物。他们还设计了其他的一些聚合物，能在完成使命后在恰当的时间生物降解，例如手术缝线能在切口愈合后自动溶解。一些公司正在销售一种添加在传统聚合物中的催速剂，这种催速剂能使碳链断裂，不需要完全或及时地进行生物降解。这种添加剂被添加到塑料环六罐包装的产品中，在之前令人震惊的照片中，我们已经看到塑料环缠绕在野生动物身上的情景。它们在化学上的作用相当于人们在处理塑料环时剪断它们的剪刀。合成聚合物断裂的真实情况不是确保它降解成最初形成聚合物的分子（主要是二氧化碳和水）。由于这个原因，很可能很多断开的塑料环以其前身碎片的形式，仍然继续漂浮在海上。

为了让塑料在海洋中消失，塑料在海洋中必须是可降解的，本质上要经历一个与陆地上有机物堆肥相同的过程。塑料会在堆肥中完全生物降解，但并不意味着它能在海洋中生物降解。海水温度比堆肥低得多，而一些可生物降解的塑料需要较高的温度条件（大约 140 华氏度）才能裂解成为组成它们的元素。在陆地上，堆肥中多种多样的生物可以产生热量，如迅速繁殖的真菌、细菌、昆虫都产生热量。但是在海洋中，这个过程几乎无法进行。我在海洋拖网中只找到一种昆虫，一种叫做海鼋的水鼋。真菌也很少，而且大多数只分布在沿岸海域中。细菌和病毒数量众多，但是它们处在相对低温的环境中，意味着降解速度也会相对较慢。根据经验，温度每升高 10 华氏度，细菌活性会增加 1 倍。所以很容易理解，从 60 度海水到 140 度的堆肥，其活性会大幅增加。

布朗德·罗杰斯是首批可堆肥的消费类产品包装的发明者，爱达荷大学邀请我在一个有他参与的活动中发言。他向我介绍了他在菲多利公司的团队是如何用以玉米为主食的微生物发酵生成乳酸，然后用乳酸制成塑料，最后再做出"阳光薯片"包装袋的。袋子外部是可堆肥的塑料，内部为了保持薯片脆度使用防潮的铝箔，还有一层塑料覆盖在紧挨着薯片的铝箔上，以防止氧化。这引起了我的好奇心，我在酒店附近的杂货店里买了几袋阳光薯片。它们看上去和其他薯片袋一样，但当从货架子上取下一袋时，你注意到的第一件事就是它发出的噼啪声。你真的无法在不发出噪声的情况下接触袋子，这种噪声就和你能想象到的最糟糕的静电一样。薯条本身尝起来像略甜而又没那么咸的芙乐多，玉米的味道被其他谷物如小麦、大米和燕麦所掩盖了。罗杰斯认为薯片传递了健康的信息，而新的袋子代表着"绿色"。对于消费者来说，两者的复合影响比单个影响大。聚乳酸需要一种"嗜热的"，即热堆肥中的微生物来分解。包装上有可降解的墨水，而铝是地壳最常见的金属，会重新回到土壤中。罗杰斯指出，堆肥的温度至少要达到 100 华氏度，否则袋子只会腐烂而不能成为堆肥。但在海洋中，除非靠近深海热液口，不然温度都不会超过 100 度。也

许在不久的将来，阳光薯片包装最终会接近成为一种
"在海洋中可生物降解的"袋子。发明既可堆肥又能在海
洋中快速降解的塑料包装对菲多利公司（和其他零食和
饮料公司）来说将会是又一个进步。在海洋中可降解
"可不是"在海洋中一次性使用！罗杰斯说他们正在朝这
个方向努力。然而在新袋子盛大首发的几个月之后，我
注意到，除了"原汁原味"之外，其他所有可堆肥袋子
都已退出了市场。除了加拿大（菲多利公司在其网站上
向这个地区提供免费耳塞）之外，顾客对噪声的抱怨超
过了对环保的关注。罗杰斯为了消除噼啪声于最近重新
设计了袋子，说明在某种情况下顾客的抱怨能够带来快
速的反馈，但是袋子仍然还不能在海洋中降解。

　　Metabolix 公司接受了挑战，为塑料行业生产在海洋
中可降解的原料。他们的工艺流程是以容易获得的糖、
植物油和淀粉等物质为原料，然后用专门的微生物对原
料进行合成。他们先把微生物培养成一个庞大的、健康
的种群，然后通过营养胁迫方式——剥夺它们通常可利
用的元素，如氮、磷和氧，来诱导它们储存能量。它们
通过储存能量生成一种叫做聚羟基脂肪酸酯（PHAs）[①]

---

　　① 聚羟基脂肪酸酯降解塑料在生物降解塑料中最有前途。2005 年 6 月，美
国 Metabolix 公司开发并商业化了一种有成本效益的包括聚羟基丁酸酯在内的聚羟
基脂肪酸酯通用制法，获得了美国总统绿色化学挑战奖（小型企业类）。2010 年，
全球的聚羟基脂肪酸酯的产能不到 8 万吨，Metabolix 公司产能大约 5 万吨，占据
了全球市场上的 60% 以上。但是尽管如此，Metabolix 还是陷入经济危机，2015 年
该公司年销售量下降 7%，亏损了将近 2 370 万美元。2014 年损失了将近 2 950 万
美元。2016 年，Metabolix 公司宣布退出生物塑料市场，据称将把重心转移到作物
增强技术的研发上——译者注。

的天然聚合物。聚羟基脂肪酸酯像石油基塑料一样疏水，但却能被海洋中的细菌快速消耗掉，这使得它具有很好的应用前景。研发目标不是要发明一种功能强大和生态友好的塑料，以至于其在第一次使用后就能满足负责任处置的需求，而是要取代占据了农业、水产养殖和渔业利基市场的传统塑料。例如，龙虾捕捉器。这种装置要求笼门在一个特定的时间段后能打开，也就是如果捕捉器丢失能把龙虾释放出来。海洋可降解塑料是这些笼门或门闩上佳的备选材料，同时，聚羟基脂肪酸酯也很适合替代传统的农用薄膜塑料。例如，草莓种植户用农用薄膜来抑制野草、保持湿度以及对植株周边的土壤进行保温，一旦季节过后，它必须被清除。如果它能像纸张一样，被犁入土壤，并在土壤微生物的作用下分解，那么事情就变得更简单了。

有一些人认为，如果资源变得不那么廉价，那么就能有效激励人们采取闭环经济模式。美国建筑师威廉·麦克唐纳和德国化学家迈克尔·布朗嘉特合著了《从摇篮到摇篮：循环经济设计之探索》一书，他们提倡一场能够带来闭环生产和消费的设计革命。他们的理念是一件产品的生命周期以作为另一件新产品获得重生而结束，就像是游戏的收官是另一局相同牌组新游戏的开场。这种"从摇篮到摇篮"的范式可与被称为汉诺威原则的一组令人振奋的概念联系在一起。汉诺威原则不但呼吁废除"废弃物"的概念，而且包含了两个涉及塑料污染的关键点：（1）坚持人与自然共处的权利；（2）创造长期价值的安全目标。"长期价值"不仅有持久耐用的意思，而且包含着回收利用的意思。这就把责任从消费问题转移到了工业设计上，使得工业设计必须为每一个产品设计可回收利用的成分。为实现零废弃物的目标和"从摇篮到摇篮"的社会，人们有必要尊重他们的有形商品，有必要节俭使用它们，通过将商品投入到新生产设备中，再制成新的产品来确保生活品质。问题是我们的产品附带着如此之多并非产品自身的东西，在某些情况下，产品的实际价值比包装物的价值还低。人们怎么能"买椟还珠"，不爱珍珠爱包装呢？比如"鼓舞人心的"泡罩包装，需要用笨重的剪刀以免在撬开或拉扯坚利边缘时弄伤手指。另一个障碍是要创建一个基础设施来重新吸收使用过的材料到生产设备中。除非我们坚持所有产品都明确设计为可回收利用，否则在经济上是不可能实现的。最后一个障碍是要克服我们原先认为有助于经济繁荣的浪费习惯，以及美国独有的错误观念，即认为将技术导向共同利益是专制的行为。

　　绿色环保化学的新领域最终会将我们带到一条迈向毒性较小的未来道路。在全国具有前瞻性的大学里，化学专业的学生正在学习一种新的思潮，指导他们优先发展环境友好型化学品以取代有毒化学品。绿色化学家确实是优秀的化学家，他们用安全的化学品开始实验，最后得到安全的化学产品。如果开发一种最终安全的产品必须要用到有害物质，那么有害物质则以"基于租赁"的形式使用，需要在制造流程结束后归还。这样，它们将不会传递给消费者。

　　让我们更仔细地看看塑料产品是如何制造的吧。如前所述，化工厂通过气体和液体的催化反应生产出"塑料米"。第二步再把"塑料米"送到"转换器"或者说是生产设备中，转化为产品。根据产品类型的不同，工厂将配备相应的设备来熔化"塑料米"，然后再吹塑、滚塑、压制、纺成纤维或压平成膜。但是最终产品还需要各种特性和属性，比如颜色、透明或不透明、光泽、弹性、硬度、抗紫外能力和耐热性，因此，这些基本的聚合物原料会在熔化之前或者期间混入一系列合适的添加剂，大多数是单体或单分子化学物质。现在已在使用的化学物质就有数千种，每年还有数百种新的化学物质正在全世界的实验室中改性和研发。正如我们所见，许多都是有毒物质和内分泌干扰物，都是会向外渗透的。我们不应该被迫在实用和安全之间做出选择。鉴于这些化合物几乎没有相关标准，因此，保证塑料制品最符合代价—效益原则是塑料制品厂家的责任。除非销售公司做出声明，否则小型运营商是无法确定添加剂是安全的还是有风险的。目前，绿色化学家正在开发新一代的添加剂和塑化剂，在不会带来毒性或不会让产品难以回收利用的前提下，确保产品具有理想的性能。

在塑料到达海洋之前，捕获这些难以控制的塑料是减少海洋污染的基本途径。鉴于在所有地方，海洋都处于低下位置，城镇的下水道系统普遍导入河流，所以无论沿途经过多少曲折，塑料最终都要进入海洋，这里更不能忘记风力的影响。由于强度重量比高，甚至可以说效用重量比高，极轻的塑料具有很多一次性的用途，尤其是食物配送，它很容易被吹入海中。正如市政府逐渐成为处理生活污水的责任实体一样，他们也负责管理固体废物。1972 年联邦《洁净水法》是一份"目标和政策的国会宣言"，寻求"恢复和保持国家水域的化学、物理和生物完整性"，并设定了一个乐观目标，"在 1985 年之前消除可通航水域的污染物排放"。首先，我认为我们必须承认海洋、湖泊和河流中的塑料是一种破坏其"物理完整性"的"污染物"。

美国主要城市的地面都是"硬质"水泥地，地下都是盘根错节的雨水径流输运管道。但这样的系统，在世界上普遍认同消费塑料生活方式的其他地方，却几乎看不到。即使在建有基础设施的地方，截获垃圾的代价也是高得让人难以承受。在欠发达国家，径流顺着自然地形流向小溪大河，或者横穿荒漠。在亚洲充满漂浮垃圾的河流中，人们划着小船，收集可供销售的塑料垃圾，这种照片俯拾皆是。如果污水可能含有污染物，没有人会建议我们在污水从管道末端排入海洋后才进行消毒。但是可能是因为塑料量大，又是固体和可见的，因此往往为塑料污染开出管端解决方案的药方。由志愿者组织和实施的海滩清理活动已经超过了冲浪和沙滩排球比赛，成为世界各地海滩上最常见的群体活动。海洋保护组织推动的海岸清理日，原本是一年一度的活动，现在已经成为全年性的活动，在某些地方每月都会开展。清理活动的范围是国际性的，已经扩展到了港湾、湖泊、河流和上游地区。现在，五个主要的大气高压环流区已被证实是从这些清理活动逃逸出来的塑料的聚集区，一些打算出海去清理它们的团体正在组建中。

　　一些回收行业企业家设想开发一套系统，可以将从海洋中收集的塑料垃圾抽真空，再将其加工成精美的产品，引起新闻轰动。有些已经开发出别出心裁的装置，甚至有垃圾发电供电的"岛屿"。荷兰鹿特丹的一个团队设计了一个神奇的海星似的岛屿，海星的触手上装着网和帆伞，帆伞负责拉网，把入网的塑料垃圾送到海星身体中心的处理单元。这些类型的解决方案都是徒劳无功的，主要有两个原因。第一，漂浮塑料辐合带的范围巨大；第二，垃圾分布高度分散。全世界百分之四十的海洋位于亚热带环流区，也是总面积 1.45 亿平方千米的辐合带。全世界陆地总面积也只比环流区大 500 万平方千米。垃圾焚烧发电厂焚烧 1 吨的塑料垃圾通常可以发电 550 千瓦时左右，够 1 栋典型的办公楼用 1 天。有证据表明，环流区的塑料含量是我们于 1999 年发现的两倍，这意味着每平方千米通过表层拖网能拖上来 10 千克的漂浮垃圾，每千克的垃圾可能需要花费数天时间来拖网。为了收集 1 吨的塑料碎片来为 1 座办公楼供电 1 天，你可能需要用几个月时间拖网 100 平方千米。当然，在那里也有一些大体积的"幽灵网"和漂浮物，在高含量区域可能每平方千米平均有 1 个。这些巨大的塑料可以相当大地提高收集量。在"阿尔基特"号上 1 周的时间里，我们可以下网收集或拖网拖到 500 千克左右的塑料，在这种情况下，1 周就可以为我们的办公楼提供 1 天的能源，但这仍然不划算。

　　所以，让我们不要带着任何商业动机去看待环流区清理活动。现在我们知道，整个环流都被塑料垃圾污染了，其含量大致和东部垃圾带含量相当，东部垃圾带位于难以定位、不断移动的环流区中心的附近，而塑料含量是从环流区中心向边缘逐渐变小的。但是由于垃圾数量增加很快，为方便讨论，我们假设它的分布是均匀的，即每平方千米 10 千克。记着，陆源塑料是乘着海流"高速公路"来到这些环流区的，海流"高速公路"则在辐合带外围流动。尽管如此，为了清理它们，我们从包括亚热带环流区的 1.45 亿平方千米开始。我们大胆一点作假设，假定一艘先进的清理船每天可以清理 5 平方千米（10 米宽的网以 20 千米每小时拖行，比目前所有在用的更宽更快），那么，这艘船需要 2 900 万天，或 79 000 年的时间，才能完成这项工作，或者为了资助计划书写作的目的，用另外一种说法，1 000 艘船没日没夜地工作 79 年。这只是表层垃圾，我们没有考虑对相关生物可能造成的损害，而且一艘先进的垃圾清理船每天的运行费用要数千美元。此外，最近在檀香山举办的第五届国际海洋垃圾会议上展示的最新研究结果表明，在 10 节的风速下，90% 的塑料垃圾是在表层以下，混合在水体中的。这是不是说我们什么也做不了，任务是不可能完成的？既不对，也对。海源塑料一旦进入敏感生境，就化身为杀手。西北夏威夷群岛有一片稀有的珊瑚丛，森林一样，品种多样，难以想象的美丽，但却被海源垃圾破坏了。就如我们所见，每年平均有 52 吨失落的渔具和缆绳影响着这片区域，需要花费纳税人数百万美元来小心地解开、剪下和清除。正因为如此，美国国家海洋与大气管理局研究了在这些"幽灵网"影响其管理的珊瑚环礁的裙礁之前，在海上将其捕获的可能性。第十二章中描述的追踪浮标部署，就是为了支持这项工作。但是更深入地了解这一工作，有助于阐明即使是最高科技的工具也无法应对漂浮的塑料筏。美国国家海洋与大气管理局科学家发现了两个易于卫星测量的海洋特征与垃圾含量密切相关，一个是海洋表层温度，另一个是叶绿素。其后他们飞到这片预测有垃圾的海域上空，果真发现确实有垃圾。他们用这个确证的信息创建了 DELI 指数。DELI 代表垃圾预估可能性指数。他们应用 DELI 指数预测的这片区域大约为 100 万平方海里（340 万平方千米），预测结果说明，这片区域有一些蓬松的云状垃圾聚集区和一些面积小点的热点区。下一步就是到那里，在无人机的帮助下获取资料。他们的模型预测的时段是晚春。2008 年 3 月 24 日到 4 月 9 日期间，美国国家海洋与大气管理局的考察船"奥斯卡埃尔顿塞特"号（一天 2 万~3 万美金）在檀香山以北海域行驶了 1 千英里，到达了他们希望找到并回收幽灵网的海域。他们有 1 台"马洛"号无人机可以使用，这架飞机由艾尔邦尼技术公司制造，翼展 7 英尺，配备了摄像头和传感器，能够按预先编好的程序飞行或者由母舰上的操作员控制。他们从船头手动发射无人机，然后用一艘充气小艇将其从海上降落点回收回来。无人机按照设定程序感知海面上的颜色差异，从而探测和记录大量垃圾的位置，以便随后将其捞回。他们运气不佳，目标区域起雾了，无人机什么都看不到。船上驾驶台上的巨型双筒望远镜也不起作用。他们发现的唯一的重要垃圾是一根大缆绳，不是网而是根绳子。他们想要回答的问题是：在海上要用什么来清除海洋垃圾？
答案是：我们现有的设备还不够。

　　很少有人会否认，作为全球经济的副产品，廉价塑
料制品快速增长是海洋塑料污染问题的核心。由于大型
组织为获得经营所需的资金，必须接受这种经济模式，
因此依靠他们自己脱离塑料困扰，改变经济模式是徒劳
的。像海洋保护和海星计划这样的团体组织，竟然寻求
和陶氏以及可口可乐公司这样的公司建立伙伴关系，利
用他们的资助清理海滩和海洋垃圾。但我更希望，他们
至少可以向底特律（比喻现在制造汽车的地方）施压，
让他们在更生态友好的新车型上安装垃圾压实机。是的，
迷你垃圾压实机。因为汽车制造商拒绝安装烟灰缸，那
么除了装进地板上的袋子里，没有其他地方可以放外卖
食品垃圾，而袋子很快就会装满，因此当你烦透的时候，
就会很经常地战胜内疚感将它随手扔出车外。

　　具有前瞻性的个人和小团体，已经首先毅然地脱离
了由塑料垃圾驱动的生活方式。艺术家往往站在最前沿，
因为他们可以将废塑料作为容易获得的材料创作作品。
有意识地或者无意识地，他们的作品从现行的以小饰品、
小配件为主的令人窒息的虚假繁荣中抽象出来，再打破
这种令人窒息的虚假繁荣。通过这种方式，他们正在开
启一个重新开始审视塑料的空间。在加州雷斯岬附近的
科霍海滩上，朱迪丝·塞尔比和理查德·朗第一次约会
时就捡起塑料垃圾，开始用塑料漂浮物将艺术创作与生
活结合在一起。他们用塑料漂浮物装饰自己的汽车，在
婚礼上穿着用它制作的礼服，他们还有一个装满了塑料

漂浮物的车库，这些都是他们在新世纪的第一个十年里
按颜色收集和分类的。他们用塑料垃圾组装作品，比如
2009 年为斯坦福大学制作了一个叫做"一次性的真相"
的艺术品。"我们完全被一次性塑料的神话出卖了。我们
抛弃了一次性塑料，但它会在我们身边停留几个世纪，
并最终将这个星球作为祭坛（原文如此）"。他们希望
"激发美感……为了说明塑料垃圾在我们的海洋中无处不
在"。

帕姆·隆戈巴尔迪是佐治亚州立大学的艺术教授。
她拍摄并收集了夏威夷偏远地区的塑料垃圾，并在意大
利、中国、斯洛伐克、波兰和其他国家完成了作品组装。
在参观了卡米罗海滩并看到一堆堆的塑料垃圾后，她描
述了两个阶段的感受：首先，有一点纯粹的视觉快感，
大量色彩明亮和造型粗犷的塑料物品，成团地缠绕在一
起的纹理结状流刺网，规模之大令人难以置信，小到高
尔夫球车，大到如鲸鱼般大小。转眼间，大脑"砰"的
一声回过神来，恶心地意识到这是垃圾，是日常生活的
残留物，是随手丢弃的司空见惯的东西。

安德鲁·布莱克威尔是一位艺术家，他在澳大利亚
布里斯班附近的海滩上收集垃圾。他用碎塑料块做成冲
浪板的雕塑，也用海滩上找到的碎冲浪板部件做成抽象
派雕塑。他的作品"平庸的环境景观"，"不过是消费文
化下塑料的一个快照，而塑料又与消费文化格格不入，
经常被扔在海上随波逐流，直到在你家附近的海滩上登
陆，或者被拖网从水道最表层拖走才告结束"。我曾把他
制作的冲浪板雕塑照片放在演示文稿里向冲浪者基金会

的地方分会和计算研究所展示，这个计算研究所引导社区居民用钩针编织珊瑚礁。这些艺术家都和我联系过，而且告诉我，我的研究给他们带来了灵感。

新闻媒体总是追踪报道自认为能够激励和吸引观众、读者或听众的故事。我们的研究航次和研究结果最先是报纸报道的，然后是纪录片制片人，再后来是广播、杂志和电视。

一旦艺术家创造了揭示可怕现实的抽象概念，媒体再在科学家和专家的帮助下完成了"揭示"工作，那么就该由激进分子来负责发起变革。于是，需要做的事情与在政治给定范围内可以做的事情开始作斗争，控制塑料妖魔的运动在小而广泛的范围内发展起来。像贝丝·特里这样的人开始个人寻求"无塑料生活"，鼓励其他人在她的网站"我的无塑料生活"上这样做，她觉得她在这项运动中发出了自己的"声音"。每周她都会称量塑料垃圾的重量，获取进入她生活的一次性用品的数量。她的目标是不再买新的塑料产品，包括任何用塑料包装的东西。她首先要面对的是什么样的产品挑战？购买瓶装的牛奶，纸装的面包，没有包装的当地蔬菜？尽管承认存在不便，她还是招募到了来自世界各地的 100 多人来接受她的挑战，列出每周的塑料用品，尽可能称重、拍照，然后填写问卷。网络社区不断地交流思想，制定策略，摆脱生活中的塑料。

转折点可能还很遥远，但消费者不断高涨的反塑料情绪是变革机构军火库中最有力的武器。在我的 10 年半的战斗岁月中，我已经看到了人们觉悟的提高。但是如果要改变现状的话，觉悟必须变成反抗，甚至是反叛。在美国，太多有政治影响力的人认为为了环境问题限制商业，和焚烧美国国旗没什么两样，这场运动必然是漫无目的的，而且往往集中在地方政策上。正如我们所见，只要不让大型的产品制造商召回它们的垃圾或承担处理费用，他们就会通过调整包装和产品体系，把自己涂成"绿色"。这些制造商已经知道，在兜售产品和包装的绿色化过程中，能够获得另一种绿色，即绿色的美元。通过回应坏保激进分子的要求，对商品进行重新利用，以及提出当地解决方案以消除随意扔弃商品，小一些的区域性生产商正在取得一些进展。一个接一个的社区正开始禁用薄购物袋和发泡聚苯乙烯快餐盒。分散的区域性努力会汇集在一起吗？不会那么快。加州的可赎回瓶子和罐子的回收率达到了82%，而密西西比州没有赎回计划，瓶子和罐子的回收率只有13%。

我相信贝丝·特里和她那些志同道合的人拒绝塑料垃圾的愿望是由本能的审美观和无意识形态的道德驱使的，这种道德拒绝过度消费社会的丑陋和压力，以及盲目的浪费。在大自然中，万物的使用和回收利用是无缝衔接的，这是一个美丽的体系，可能也是我们审美天性的核心。美丽的东西不是随意的，我们与其他人类和生物圈的相互支持也不是随意的。增长是驱动现代社会经济发展的动力，而增长是通过增加销售来实现的，现代经济中，产生废物的再利用或回收根本就不是无缝的，在把环境弄得一团糟的同时，废物回收也只是把能从中获利的废弃物收拢回来。税收是为商业领域之外的努力支付的，但由于设计是为了销售，因此只为回收利用设计容器和包装是不可能的。

　　现在有必要回顾一下我在奥吉利塔基金会的两位亲爱的同事——马库斯·埃里克森和安娜·康明斯——的工作了，他们曾在前面的章节提到过，但还是值得更多的关注。在知道尼古拉·马克西门科和彼得·尼勒关于全球海洋五大高压环流区存在潜在"垃圾带"的研究后，我的两位同事创办了五环流研究所，开始对北大西洋、南大西洋以及印度洋、北太平洋、南太平洋开展科学考察。他们的研究工作已经确定这些海洋中存在塑料，并做了定量测量。在短短两年多的时间里，两个人用 3 艘船组织了 5 次考察，揭示了隐藏在地球总表面积四分之一的水下的"肮脏的小秘密"。他们的格言是"通过探索、教育和行动了解塑料污染"。安娜·康明斯帮助奥吉利塔基金会组织了首届青年峰会，邀请了来自全球的 100 名学生到长滩为处理塑料污染集思广益。她和马库斯·埃里克森将继续担当阻止塑料污染运动的活跃分子，有望在未来的几年里与塑料灾害展开创造性的斗争。

　　让我相当吃惊的是，我们长期坚持不懈对抗塑料污染的斗争已经为我们赢得了一定的声望。奥吉利塔基金会能够请到艾德·阿斯纳主持我们在卡布里洛海洋水族馆里举办的"海岸和海洋连通庆典"。格拉汉姆·纳什在赫莫萨海滩上为我们举办了一场音乐会，在海滩上我们主持了一个海洋垃圾公众教育活动，并且展示了"侥幸"号筏，这个筏由埃里克森博士和环境特许中学的学生们以铝为框用聚乙烯瓶制成，并巧妙地用回收利用的 T 恤和塑料购物袋编成的绳子做成帆。制成之后，"侥幸"号筏成功完成了从圣巴巴拉到圣迭戈的航行。劳瑞·大卫在她家里主持了我的"科技、娱乐与设计"（TED）演讲，讨论小组还包括小艾德·博格里和托尼·海梅特，后者是斯克里普斯海洋研究所所长，由我的母校加州大学圣迭戈分校的发展部主任陪同。歌手杰克逊·布朗的妻子黛安娜·科恩是一个废塑料膜艺术家，她听了我们的演讲之后，跟我谈了她想发起一场反对塑料污染运动的愿望。她随后创立了"塑料污染联盟"组织，这个联盟将同道精英凝聚在一起，现在已经成为了一个国际组织。

因为只有这么少的塑料得到回收利用，而又有这么多的塑料携带可传播的化学物质进入海洋和人体，一次性使用塑料成了很多激进分子的主要议题。议题的要旨很简单：如果你是制造商，重新设计你的产品，直至它们无毒且容易被回收利用。我们相信这样做是有可能的，但是反对意见很多。这里，我们看到通过品牌认知进行营销和为强化回收利用而设计简单化之间存在的矛盾得到了明显的缓和。通过不可持续和不健康的废弃物盈利的经济学，与可重复利用和回收利用的可持续简单化的经济学之间的对抗是不必要的。我们的目标不是限制创造性而是激发真的"好"产品的艺术创造性，这些"好"产品将能够在无限的未来持续满足人类的需要，就如威廉·麦克唐纳所说的，"玩一场无穷尽的游戏"。那种认为因为没有别的体系，所以我们只能接受现行浪费型社会体系的想法，实际上是在游戏一开始就注定了失败的结局。实现可持续性的技术已经具备了，但是我们却只把人类视为客户，为了满足人类作为客户的"特殊的"——非常"特殊的"利益，这些技术没有得到实施。这样，客户就成为了变革的动因，因为如果没有他们的支持，这些非常特殊的利益将会失去获利能力，成功也会化为泡影。所以明白了我们为何烦恼了？这种理念的核心真谛是，组织消费者们进行真正明智的购物，这样我们才能拯救这个星球。

第十六章　拒绝塑料

如果各种技术不加以明智地、充分地引导和部署，那么我们战略性地改变对这个赖以生存的行星系统的破坏将是不可能的。但是，问题不在于我们是否利用了技术，而在于选择何种技术以及会带来何种风险。还有为了何种目的？

——黛安娜·杜迈洛斯基，《漫长夏日的结束：为什么我们必须重塑我们的文明才能在脆弱的地球上生存？》

2009年7月3日。凌晨4点15分，我在太平洋中部的海面下，正切割着一个缠绕在"阿尔基特"号螺旋桨上的幽灵网。对于完成这个任务，我有个用钱就能买到的最好工具：一把锋利的带锯齿的面包刀。我通过水下呼吸管呼吸，德鲁·惠勒带着"水肺"手持着水下摄像机在我边上踩水，我借着他摄像机的灯光工作。我们希望发动机没有损坏到无法修复的地步。其他4名船员也是这样想的，现在他们完全清醒了，正从"阿尔基特"号的船尾往下看，随时准备接过我下潜割下的那部分网。尽管"阿尔基特"号船是航海好手，但是已经停航一段时间了，而且情况不太妙，虽然柴油足够，但发动机熄火了。这是我们去国际日期变更线为期 1 个月航程的第 3 天，还有研究任务尚未完成。我们的任务是在前往日本的航路三分之二处采集一个断面的样品，美国国家海洋与大气管理局的科学家在那片海域发现了大批幽灵网。我们已经注意到有很多的"大件物品"在大洋中漂流，渔网、板条箱、浮标、水桶，还有一些奇怪的物件，比如马桶座。

在凌晨完成一次平安无事的拖网后，我回到铺位刚要睡着，就被一种令人不安的"声音"惊醒了，这是一种宁静般的无声无息的声音。当时值班的是参与过 2008 年航次的乔尔·巴斯加和来自奥吉利塔基金会的通信协调员尼可，尼可第一次参加我们的调查航次。尼克和我走到驾驶台，试着重新启动发动机。我们被铁和铝金属摩擦发出的刺耳的声音吓到，于是赶紧到机舱去，发现由于某种原因，交流发电机摩擦到了液压皮带防护罩。我们解开皮带防护罩，重试了一次。这次当我换挡时，没有了摩擦声，只是发出了一声"悲鸣"，发动机就熄火了。这提醒我一定是有什么东西卡住了螺旋桨，看来是需要带上面罩、脚蹼和呼吸管，下水去检查了。

这会儿，斯库巴·德鲁已经起床，正在准备水下摄像机和灯光组件。我们目前位于考艾岛以北约 250 英里的水域。考艾岛位于人口密集的夏威夷群岛的最北端。这里海面平静，在黎明前的黑暗中微风轻轻吹过索具。但是即使是在这么温和的天气下，想要从双体船的左舷螺旋桨上解除缠绕上面的两百平方英尺的绿色聚烯烃网丛，也不是一件安全或者容易的事，哪怕在白天也是如此，你可能会被缠入网中，就像很多海洋哺乳动物一样面临溺亡的命运。螺旋桨足够锋利，哪怕是船在很小的涌浪中摆动也能划出很大的伤口。有些故事你可能听说过。事实上，相关的朋友们似乎乐于把自己遇到的事情分享出来，比如有一件关于金枪鱼渔民的事，其中一位渔民给美国海岸警卫队写了一封信，警卫队把这事发到了网上……

他们就在离这里往南一些的海域，在 2002 拉尼娜年，当时两条"伙伴船"中的一条突然停了下来。螺旋桨被塑料网卷、缆绳和捆扎带轴承缠住了，后来他们发现上面写的是韩文。船长在没有潜水装置的情况下下水去清理螺旋桨，在 4 月汹涌的大海上险些溺死。在他喘着粗气回到甲板后，另一个船长离开他的船去继续完成这项讨厌的工作。在给海岸警卫队的信中，第二位船长描述了这样一幕，抱怨渔业船队遭遇"违规"垃圾的频率不断增加。他恳求海岸警卫队对此采取措施。

对于一个 10 多年来一直在记录北太平洋"违规"塑料的人来说，这种愤怒的嘶喊没有多少感人，反而有点可笑，这和一位火力发电厂经营者抱怨自己捕捞到的剑鱼受到汞污染一样。尽管有许多国际法规，但是根据联合国估计，每年仍有超过百分之十的渔网、渔线丢失或废弃。我们已经看到了网具造成的危害。巴斯加是美国国家海洋与大气管理局的船员，该局每年要从遥远的北夏威夷群岛清理出 50 多吨的塑料渔具，这些塑料渔具已经对脆弱的珊瑚礁和野生动物造成了一定的破坏。

可笑的事情还有很多。为了今后的研究，我们出海采集塑料垃圾样品，却常常发现自己被塑料捕获了，塑料扮演了捕食者的角色，而人却成了猎物。各种各样的塑料在海洋中存在的时间都比在陆地上长得多。我们已经发现这个人类用聪明才智创造的奇迹，这种防止自身自然腐烂却使自然界面临风险的物质，已经把它自己变成了海洋环境的组成部分。我们认为这是对自然界的大规模犯罪。它使得中太平洋北部变得非常危险，变得不适合一艘50英尺长乘25英尺宽的双体船在这儿开展调查。对于在这个海域航行的船长来说，确保船员安全和船舶完整变成了一个巨大的挑战。从前，我们担心的是船舶会被沿海海藻缠绕，现在那些残留的海藻自己都被塑料垃圾覆盖了，在海洋中央形成了人造塑料"巨藻林"。

我们很是幸运。随着最后一点渔网被割除，我们更近距离地察看了发动机。我们看到那张网用足够的力把传动轴拧停，把一台500磅重的发动机向前推移了1英寸，而唯一可见的损坏是液压皮带外壳上有一道凹槽——仅是表面损伤。把变速器挂在空挡上，我小心翼翼地转动点火钥匙，然后将发动机挂入挡位。它还真没被损坏。

螺旋桨网的危机发生在10周年航次3个航段中的第二个航段。这个航段是从檀香山往西北航行到国际日期变更线。最后一个航段是在返回阿拉米托斯湾的航行途中，按照1999年的采样计划重新进行一次采样。在最后一个航段，我有了一批新船员，包括我们很有价值的

"船中猴"，大副杰夫·恩斯特；奥吉利塔基金会的专职海洋生物学家，格温·拉廷；林赛·霍绍，最近毕业的新闻专业学生，他是第一个在"阿尔基特"号上发推特的人；邦妮·蒙特利昂，北卡罗来纳大学的研究生；比尔·库珀，加州大学欧文分校城市水研究中心主任。拖网从9月底开始，比1999年的研究晚了1个月，拖网的顺序也是相反的，从我们采样计划的西部边界开始。我们发现经过10年零1个月，情况发生了很大的变化。海况（蒲福风级，1表示风平浪静，12表示"完美风暴"）在采样全程是3到6级，风速15到25节，浪高3到4英尺，这样的海况对于水面拖网来说充其量属于中等条件。我们已经知道，在不利的海况时，颗粒状的塑料会向下翻滚，而较小的颗粒会缓慢地重新浮出水面。在1999年，海况良好，风速5到10节，浪高1到2英尺。1999年采集的塑料和浮游生物的混合物从来没有填满过曼塔网的底部收集管。而这个航次，在数次拖网中黏糊糊的浮游生物把收集袋塞满了，这表明汹涌的海水可能会搅起更多的营养物质。完成这个10年回顾性研究需要花3天时间。

1周后，我们驶入长滩港。这是2009年10月7日，星期三，在经历了4个月的旅程之后，我们高兴地回到了家，这是"阿尔基特"号最为漫长的航程。在码头和附近的奥吉利塔海洋研究基金会总部，我们受到热闹而愉快的欢迎，然后将样品送到了海洋实验室。分析方案与1999年的一样，只是这次浮游生物样品归并到一块，不单独分析数量和物种。这是一项高优先级的工作，由格温·拉廷、安·泽勒斯（10 年前她处理了我们的第一批样品）和几个实验室志愿者在较短的时间内完成。由于浮游生物很多，分析一份样品需要几周时间。

得到的结果很有趣。1999 年，我们共采集到 27 000 块塑料碎片。2009 年，我们"只"采集到 23 000 块。有点令人困惑的是，在 2008 年冬季航次（灯笼鱼研究航次）中，同样是 11 次拖网我们采集到了 62 000 块塑料碎片。像我们这样的研究通常是用变量来"校正"的，而 2009 年搅动的海况就是这样一个变量。但另一个测量结果，即重量，是一个更复杂的参数。1999 年，颗粒状塑料的总干重为 424 克，而 2008 年则为 669 克，2009 年却达到"异常重的" 881 克，近两磅，几乎是 1999 年重量的两倍。这一发现证实了我们的观点，即大块塑料垃圾在环流区的丰度不断增长。但是，1 个样品中如果出现几块相当大的塑料碎块可能会导致结果的扭曲，因此 2008 年和 2009 年样品之间的差异，似乎不如 2008 和 2009 年的样品重量都大大高于 1999 年的这一事实来得重要。在 2009 年，我们观察到的大件物体更多，缠绕的幽灵网只是其中的一个。有一点应该是可信的，那就是更早入海的塑料垃圾已经"纳米化"了，而大量的新鲜垃圾还处于走向完全降解的过程中。

现在我得花一些时间来处理一下关于塑料与浮游生物比值的问题。在我们的海洋环境塑料污染的各种测值中，这个引起的争议最大，因为海洋表层浮游生物的变化巨大，而正如我们所看到的，塑料的变化也一样。1999 年，以干重计量的塑料与浮游生物比为 6∶1。2008

年为 46:1，2009 年为 26:1，这个值高得令人惊讶，因为这批样品是我们采集过的浮游生物堵塞最严重的样品。提醒一下，我们之所以将浮游生物量与塑料量相比，是把它当作一个潜在危害的指标，因为对于不加选择的表层摄食者（从樽海鞘到信天翁、海龟、须鲸）来说，塑料和浮游生物混合形成了一种可食用的物体。夜晚的水下世界充满了奇幻的波动状的生命形式，这些生命形式我之前几乎没见过，在多次夜潜中，我仔细观察了灯笼鱼在表层水域的摄食行为。一旦这些鱼在夜间上升（可能是从 1 英里水深处上来的），它们不会从容地在浮游动物中挑拣。它们疯狂地摄食，肆意地穿梭、争抢，连珠炮似地啃咬食物。在我们 2008 年所做的鱼类摄食研究中发现，百分之三十五的鱼类摄食了各种颜色的塑料，它们在黑暗中显然对色彩不加选择。就像许多其他海洋生物一样，它们被塑料碎片愚弄了，这些碎块在大小、形状、质地和被动性上像极了天然食物。如果塑料与浮游生物的比值上升——在 1999 年我们就发现有一份样品的塑料碎片确实在数量上超过了浮游生物个数——那么接下来摄食浮游生物的动物对塑料的摄食也会增加。塑料由此便深入地进入到食物网中。

但是，同行研究人员和塑料工业的代言人已经向我们喊话了。他们说，你们的统计数字令人震惊，这是用统计数字诱导媒体。你们说得好像整个海洋都铺满了塑料，似乎我们注定要遭殃。然后还有关于真假等价性的争论。他们的论据是这样的，你不能根据样品就做出推断，因为浮游生物的数量在整个海洋环境属于变量，你的研究不可能得出某些地方浮游生物比塑料还多的结论。

第一个反对意见很容易解答。媒体自然而然地要抓住每个故事里最吸引眼球的部分。这是他们的本行，要干好这一行，他们必须激发好奇心。谁能改变这一点呢？当看到垃圾带被描述为"旋转的塑料大陆"时，我们已经感到有些难为情了。但是，当你拥有重要的信息时，能因为担心事实被扭曲就回避媒体吗？我们在信息传递方面非常慎重，也公开纠正了一些错误认识。但我们无法控制媒体对我们故事的解读，而且我们也大胆地希望他们的报道能带来一些正面的东西。第二个反对意见可由灯笼鱼来解答。没错，我们计算了塑料的密度和丰度，但真正的麻烦事是我们收集到的证据显示塑料缓慢地进入了海洋食物网。如果我们不去了解灯笼鱼可获取的食物的特征，并将其与塑料垃圾比较，那么我们将忽略了最为关键的问题。

在 15 年的海洋学研究中，"阿尔基特"号已经航行了 10 万海里。她是一艘现代化的、装备精良的科考船。而且她真的适合航行！由于技术先进，她配备了若干高级保养系统，其实所有的远洋船都具有高级保养系统。它们相当于是在一个腐蚀性的、不可压缩的盐水浴中航行，偶尔会与固定的和浮动的物体发生碰撞，有些物体是可见的，有些物体不可见。（在我参加《科尔伯特报告》电视节目时，当史蒂芬·科尔伯特讲到海洋"已经从平滑变得特别厚实"的时候，他已经揭示了这一点。）"阿尔基特"号的保养要求比现代汽车高出几个数量级。我要说的是所有船都是 FORDs，FORDs 的意思是在福特

T 型车的那个时代，车辆每天都需要大修或小修，FORDs
就是它的首个英文字母缩写。作为"阿尔基特"号的机
师和船长，我一直都在忙，忙着维护机械系统、忙着修
理设备、忙着设置和调整船帆，忙着领导研究工作，甚
至忙着做大部分的烹饪工作。工作很多，正如赞恩·格
雷所说，我得到了"劳动中的平静与安宁"。

浩瀚的海洋仍然需要开创性的研究，这正是"阿尔
基特"号唯一适合去做的，尤其是在中纬度环流区。我
正在对"阿尔基特"号做一些改造，让它更"耐垃圾"。
真正能让"阿尔基特"号"发光发热"的地方是遥远的
大洋，是全球公共水域，是那些市镇、城市、州或者国
家没有法定责任要监测或保护的地方。现在我需要想办
法让"阿尔基特"号的螺旋桨不被垃圾缠绕，强化位于
两个船体之间的水上金属护板，这块护板在巨大的波浪
冲击以及在夜间碰撞上硬质塑料漂浮物而穿孔和断裂了。

当船驶入温带地区的开阔大洋时，我感受到了大海
拥抱的活力。作为生命的创造者，作为气候的调节者和
我们"生物圈"最重要的组成部分，海洋应该被赋予法
律意义上的权利。我们应该了解在海洋身上正在发生些
什么，应该倾听海洋的抱怨，应该保护海洋。我们用人
类的词汇来描绘海洋，因为海洋也有其循环系统和脆弱
的平衡体系；海洋有情绪、神秘和魅力；海洋非常深邃。
海洋可能是健康的，也会生病；海洋很聪明，逐渐演变
得可以保持平衡，或者确切地说是达到体内稳态。在这
里，我志愿作为海洋的公共辩护人代表她提出一份"法
庭之友"意见书。大海有权要求摆脱人类文明产生的有

毒废物。我们无法在海洋上航行的时候，清除其中的有毒物质，就像我们不能在天空中飞行时，清除造成臭氧层空洞的氟氯烃一样。我们所能做的就是截断每天增加负荷的垃圾流，然后使海洋的同化能力有机会将我们排入的塑料降解到微不足道的程度。如果是这样，我们将记录到污染逐步减少，如同我们禁止氟氯烃排放后，臭氧空洞会逐渐缩小一样。

但合成聚合物不一样。在地球历史上，它们是全新的，至今还没有发展形成一种有效的同化机制。如果说，在生态系统中所有物质都可以被利用，那么地球生态系统将如何利用塑料废物呢？难道是"用"以杀死数以百万计的动物吗？难道毒害我们以及下一代的身体，仅仅是一个"副作用"吗？这是我们参与塑料时代获得特权和好处所需要付出的一个小小的代价吗？不管是个人或团体，都要意识到这点并采取行动。相关的法律法规已经建立，但就像我们所看到的，很多制造污染者常常被另一组不同体系的法律所庇护，造成了我们难以承受的僵局。我们需要坚定信念，需要发挥组织的影响力，一起来解决交叉目标的立法问题。

有一副景象一直在我心中……一片没有塑料的海洋，有着大量成熟的海洋生物，这曾经有过，现在却成了记忆。当"前塑料时代"离我们而去的时候，我长大了，我曾经见到过雅克·库斯托描绘的令人惊叹而又鼓舞人心的大海。我们这一代把塑料污染的阴影，作为遗产留给子孙后代去处理。科学已经用事实论证了这一悲哀的现实。留下这样的遗产是错误的，这是我们做出的有价值的判断。但这两者可以区分得开吗？我们的"塑料足迹"正在杀死数以百万计的海洋动物，难道这样一个事实不包含应该马上停止这一行为的有价值判断吗？有些人可能认为海洋塑料上细菌和固着生物的增加是生物量和新栖息地的增加，对于这些人来说，不知他们要如何对塑料废物造成动物饥饿、窒息和中毒做出辩解：这才是事实！外来生物通过塑料运输入侵到偏远的栖息地，造成了生物多样性的下降。塑料曾经创造了令人着迷的技术，然而现在可能正在制造出让我们厌恶和警惕的意想不到的后果。我们是否能比信天翁更快地做出应对，拒绝伤害我们和我们环境的塑料呢？

我所看到的发生在海洋上的这一切让我心痛不已，这使学界不得不开创一个尚未命名的科学领域。不知怎么地，我总觉得"海洋垃圾学"这个说法缺乏科学庄严感。当塑料每两年的产量就等于地球上所有男人、女人和小孩的体重总和时，当塑料变成我们想要的任何形状，在工作和娱乐时围绕着我们时，还有谁会对我们生活在一个塑料时代提出质疑？我把塑料叫作"固态石油"，认为它就像是一次极其分散，持续数百年的石油泄漏一样正在造成污染，吸附着有毒物质，像极了被摄食的食物。

柯蒂斯·埃贝斯迈尔问道："海洋中塑料的基本性质是什么？"他想要知道塑料覆盖了多少海洋表面，以及在所有地方塑料积累量是多少。世界各国对这个问题都负有责任，应当着手制定一个计划来寻找答案。"阿尔基特"号上训练有素的民间科学家，正在部署着"旅行拖网"，他们将对此有所帮助。但同时，在削减一次性塑料制品，停止城市径流输入的同时，让我们开展塑料的性质和效应研究，这应该是个好主意吧！太多时候，需要深入研究成了搁置整治措施的托辞。我成立奥吉利塔海洋研究基金会的原因是要缩短海洋环境研究和修复之间的距离。倡导百年石油工业战略的一群人，秉持"泄露、研究和搁置"的理念，要求在着手提出任何解决方案之前，先对毫无价值的事实进行科学研究，以对问题有个"完全的"机械的理解。为了达到完美的"可靠的科学"而进行的无休止的、有目的的拖延，对我们的理智来说是一种虐待，这种虐待是维护收益的需要驱动的，而不是为了社会的利益。因为对问题毫无价值的、机械的理解能从技术上驾驭材料和处理过程，它"交付出了产品"。但这是不合逻辑的，因为它产生了普遍存在的负面效应，这种负面效应被委婉地说成"意外后果"，实际上这是可预测但不受欢迎的后果，这些后果被尽可能地淡化了，目的是为了确保最初的快速盈利。

当然，我们想用最小的成本来达到最好的修复效果，但即使是最有影响力的委员会的最优秀大脑，都还没能找出控制塑料这个"怪兽"的好方法。国际海洋垃圾会议已经开了五届，现在距离第一届会议已经过去 25 年了，然而海洋塑料量还在持续增加。我们不能在经济上扭转这个趋势，因为我们的"战略计划"，即"地球的优势物种"人类在推进历史形成的文明品牌全球化中制定的"战略计划"，是在生产和消费更高增长水平的过程中，紧紧抓住机会、"一鼓作气"、更快实现以富裕国家为榜样的工作和消费的全球民主化。

我们面对着根本的矛盾。曾带给我们难以置信的财富和空前增长的经济体系无法给我们一个健康的星球，作为对我们生命、劳动和忠诚投资的基本回报。曾经承载着我们和各种动物走了这么远的诺亚方舟正在沉没，无法承载着我们走完剩下的旅程，走完到达对人类和动物技术安全的港湾的剩下的旅程，在那里，真正的富足和个体潜力得以实现，我们全体人民都在高生物多样性中茁壮成长。

对于一些人来说，看到丢弃的塑料垃圾危害到无辜的生命，对偏远地方的美丽环境造成损害时，无比的羞愧和愤怒会让他们产生这种"政治意愿"。我确实好像是在传递一些人们想听到的信息，从《真理报》到《福克斯新闻》；从《深夜秀》到《科尔伯特报告》；从美国的哥伦比亚广播公司、国家广播公司和美国广播公司的早间和晚间新闻到荷兰、澳大利亚、意大利和法国地位相当的广播公司；从"科技、娱乐与设计"会议到欧盟委员会、世界科学家联合会和罗马俱乐部的会议；从《塑料新闻》到"反对塑料灾害的运动"；从我小学母校的会堂到爱达荷州莫斯科镇那个寒冷多雨的星期一晚上，挤着600多人的房间；从星期五港的扶轮早餐到冲浪者基金会在檀香山举办的"摆脱塑料"会议，当时还有一部由韩国电视台摄制的电影以钻石头山为背景在恐慌角（Point Panic）取景——听众已经从我那听到，与我们的"碳足迹"相比，我们的塑料足迹可能会对海洋生物造成更直接的伤害。之后他们向我围过来，满怀着感动、愤怒和动力，要去改变他们的个人习惯，并传播这种思想。

本章的标题为"拒绝"。在原先提倡的"三 R"生活中，这第四个 R 代表了什么呢？它是否应该排第一位，即"Refuse"拒绝、"Reduce"减量、"Reuse"重复使用和"Recycle"回收利用呢？我将在一个更大的背景下理解它。对我而言，它意味着参与到一位加州大学圣迭戈分校教授所称的"伟大的拒绝"中来。

请让我这位水手停止"说唱"，重温初心吧。自从 1967 年我从大学中途退学以来，拒绝成为一个漠视经济弊端的人，拒绝漠视"副作用"和盲目支持获胜团队的获胜者，成为我的行动指南。拒绝从不意味着彻底决裂，因为我们总是要在"时代的贸易信风"中航行的。尽管不"参与游戏"会受到严厉的惩罚，但还是有很多东西是可以避免的。今天，通过购买当地生产的产品来支持当地经济的运动，对于消除全球化产生的包装是有好处的，这些包装哪怕不能说是占了海洋塑料污染的大部分，也可以说是占了相当大的比例。现在似乎是从全球商业中战略性退出，"全副武装"地开启重大变革的时候了。全球贸易还是现实情况，但是当地交易得越多，我们需要的一次性包装就越少。当前的成功是以污染为代价的，盲目的一次性经济已经走向了末路，而通过当地自力更生是改变现状的一个切实可行的办法。

美国当地自力更生研究所"与居民、社会活动家、政策制定者和企业家一起，共同设计面对当地或区域需求的体系、政策和企业；充分利用当地的人力、物力、自然和财力资源；确保这些体系和资源的获益能惠及当地所有居民"。自力更生运动已经在世界上一些开明的小范围区域中开始行动了，它不会被忽视。在 2011 年 2 月那期国际贸易电子通讯（www. Foodproductiondaily. com）令人吃惊地提出这样一则建议："食品行业不应该对当地食品系统专业化的想法不满，也不应在它们的萌芽成熟之前发动游说力量将其铲除。相反的，食品行业应当挖掘从当地食品获利的方式，并反过来支持它们发展。"这篇短文的标题是："为什么当地食品体系是行业的一个机遇？"知名品牌和市场的影响力是很难摆脱的，大企业的共同选择对此也始终是个威胁，但是能够"交付商品"的当地企业能创造就业并促进变革。

科学技术将把我们从污染和无意义的劳动中解放出来。资源和原材料将始于当地回收利用中心，叫它为"资源回收利用"中心更贴切。随着我们的塑料和碳"足迹"的消退，我们创造的就业机会将让我们以自己的方式生活，我们的工作也不再以牺牲美丽的环境为代价。我们可以按自己认为的科学方式发现和定义生活的真正需求，让它们自然发展或者小心地把它们生产出来，而不必屈从于要求快速增长和盈利回报的"变态的"压力。如果我们按当地规模大小拥有并熟练使用科学和工业生产设备，同时尊重并理智地去管理当地生态系统，我们是能做到这一点的。小商店和小农场也能办成大事。当学校孩子们在大学校园内自己制造电动汽车来进行比赛时，让我们赞助这场比赛来为当地有机产品制造最好的电动运载工具吧。

奥吉利塔基金会最早关注的焦点之一是原位污水处理，当时是为了应对著名的马里布冲浪者海滩的化粪池污染。我们的荣誉主席，比尔·威尔逊是该领域的专家，他自称是再生水推销员。他设计的当地污水处理系统，在一系列地下塑料沉淀池中进行处理，而后将处理过的污水在覆盖物覆盖下分配给景观植物，该系统得到了马里布市卫生部门的批准，这是南加州居住区的首例。你看，我们可以开发出基本设施，并把它们集成到"从摇篮到摇篮的""无穷尽的游戏"中。所以，我们能在没有增加危害的情况下，成功生产出生活必需品，这为消除塑料灾害奠定了基础。

我相信经济重心的转移将是结束海洋塑料垃圾污染的先决条件。

在新千年的第二个 10 年的开端，我们发现美国有 1 000 万的工人失业，虽然超市货架上始终是满满的，然而网络订单会在几天内将任何你想要的东西送到你手上，甚至你在为最好的朋友——狗选择各种各样的食物时，还可以根据狗的年龄和身体状况为它剪个指甲。那 1 400 万人打算做什么？扩大服务业？我们已经获得了自己所需要的一切，而且还能获得更多、更多。可是，人们却为"创新！"和"出口！"大唱颂歌（希望不仅是为了解决就业）。说得容易做起来难，我们被告知小企业是经济的支柱——但这是在工厂关闭以及围绕这些工厂发展起来的整个城市衰败之前说的。在任何情况下，如我们所见到的，发展往往意味着数百万"必需是"短生命周期的新产品（实际上是污染物），它们很快被送往填埋场，或者流失到海里。其他一些国家拒绝进口那些他们自己要生产的产品。现代治国之道的艺术，就是说服其他国家购买本国产品，即使你们廉价的、补贴的出口商品会压垮他们当地的经济。好处不多，但是获取的利润却很高。

可能这儿也存在讽刺的意味。我们寻求自力更生，以及为自力更生创造条件——一种保守的价值观，如果过去曾有过的话。即使一些主流的学校也正在适应一个似乎是新的现实，即在这个现实中没有好的就业机会，于是教授毕业生市场化技能就成了好课程。我们必须坚持"工作/学习"课程朝着对每个人都有意义、尊重支持自然环境的经济发展。

一代人，如果可以阻止塑料继续污染，那么这代人也将会摒弃垃圾不断输入、输出的经济发展方式。无意义的竞争和未经思考的消费行为将会被取代，取而代之的是人们将有意识地购买确有所需的、可持续使用的、坏了可以修复的商品。当这些商品完成自己的使命之后，它们将被重新制成某些有价值的东西。这些勤劳的、有创造力的、和平的战士将拒绝不令人满意的"新"商品财富，他们追求的是不浪费的美好、富有成效的生活，在这当中，他们将找到真正的财富。他们将拒绝低估和过度消费伪劣商品的生活方式，因为他们尊重有美感的有组织的劳动及其创造的奇妙有用的产品。他们心目中的"英雄"将会是那些能带来健康和幸福的真正必需品的生产者和再生产者。技术知识将会更容易共享，就像今天有机农场和园艺知识在从业者间共享一样。他们将不再害怕"大自然母亲"，而是看到她的另外一面，看到她正在像他们一样努力去完善生命的循环。他们不是"当下"的一代，追求能在被污染的大都市里"存在"。他们也非"下一代"，通过渐进的运动来"改良"受污染的星球。他们将是这样一代人，也许因危机而生，与过去决裂，就好比摆脱专横的父母，他们的压迫性规则和古老的生活方式已经过时了。他们所追求的新奇的事物不是新的消遣或伪便利，而是为自己和地球创造真正具有解放意义的东西。

亚当·斯密说过，有一只"看不见的手"通过经济上的自私自利行为来调控经济。那只看不见的手现在在大自然母亲看得见的手（指她的自身利益和不可商榷的限制）面前黯然失色。她是我们经济过程的起点和终点，我们必须了解和尊重她的"生态服务功能"。让我们结合这些理念来评估产品，这样当它们进入市场时，就可以用下述这些重要的特性来标记它们：

1. 闭环可回收性指数：产品的回收利用有多容易？

2. 延长的更换时间额定值：产品将使用多久？

3. 减少维护时间额定值：产品是否无需维护？（塑料制品属于长期使用，无需维护的产品。）

4. 更换或报废产品的潜在数量：产品是否能够取代我们对其他众多产品的需求？

5. 原料提取应力指数：产品是否利用后100%转化为材料？

6. 无害等级：从生物学角度看，这些成分是良性的吗？

为什么不用那些经常表达自由和个性解放的价值观来科学地评价产品呢？这些价值观正被僵化地援引来证明现状膨胀的合理性。"产品世界自由指数"和"产品人类解放指数"怎么样？（它们具备多少以上的品质？）这些价值观在当今国家领导人的有毒政治词汇中几乎不存在。让我们赋予这些概念真正的意义，并用它们来规范商品的生产吧！我们等待着认真理解这些术语的真正含义，然后把它们内化为存在的方式，等待的时间越久，我们给子孙后代带来的风险就越大。我们需要创造一个前途光明的空间，在那里"精神王国在自然中实现，自由王国在盲目必然性中实现，先天的潜在能力的实现转为现实。"①

我们消费越多，生活就会越富裕，这种诱人的观念已经过时了，而《塑料海洋》这本书就是许多见证者之一。谁会想到海洋本身会是一个如此有效的零废弃的倡导者呢？谁会想到，在广袤的大洋中漂浮的塑料碎片会推动一场改变生产方式和消费方式的重大政治运动呢？我们不难想象农业中的零废弃闭环系统，他们可将植物原料和食物废料堆肥，制成下一批作物使用的高效土壤，这已经运行了几千年。现在是时候闭合商品和产品的循环了。这肯定不像在农业方面那么简单，因为为了提供适合下一个循环生产的原材料，必须用人类的创造力取代堆肥生物，但我们有智慧、技巧，而且也很迫切。如果你帮助解决了塑料灾害，这个海洋星球将会感谢你。

我是一个有耐心的人，我已经学会了观察的艺术。我在海洋中间观察到了别人错过的小塑料碎片。我了解这个过程，并且通过实践学习。我知道在适当位置轻推一下是如何改变航向的，轻微地拽一下船舵将会把你引向一个完全不同的目的地。

---

① 出自赫伯特·马尔库塞的著作《理性与革命》——译者注。

致谢

　　作者需要感谢很多人。首先，我们希望本书中的关键人物和支持者，能感受到我们对他们的谢意和重要贡献的敬意。出版经纪人桑德拉·迪杰斯特拉的不懈努力，让本书得以最终发行。我们也感谢泰琳·法格尼斯和桑德拉的团队，尤其是极为稳重的艾利斯·卡普龙。我们高度赞赏梅根·纽曼，他的编辑敏锐眼光和睿智奉献精神使我们受益匪浅。埃米莉·莫纳森博士是本书策划的关键人物，始终对我们采取"随时奉陪"的态度。我们同样感谢萨拉·莫斯科博士、奥吉利塔海洋研究基金会的工作人员玛丽塔·弗朗西丝和珍妮·加拉赫，以及比尔·弗朗西丝主席！

　　感谢在本书写作期间，提供帮助的夏威夷大学希洛分校的博士杰森·阿道夫、卡拉·麦克德米德、汉克·卡森、伊丽莎白·格洛弗，以及朱迪思·福克斯-戈尔茨坦；北卡罗来纳大学的邦妮·蒙特利昂、加州大学欧文分校的比尔·库珀博士；哥本哈根大学的亨利克·莱夫斯博士；不列颠哥伦比亚大学的罗布·威廉姆斯博士；斯克里普斯海洋研究所的伊丽莎白·文瑞克博士；得克萨斯大学的乔治·比特纳博士；南加州大学卡隆实验室的大卫·卡隆博士；夏威夷野生动物基金会的梅根·拉姆森；美国鱼类及野生动物管理局的皮特·利里；国际鸟类救援圣佩德罗野生动物保护中心的海登·内维尔；加州资源回收协会联合创始人和"零垃圾"运动的早期领导人里克·安东尼；区域依赖性清单的开发者布朗文·斯科特，这个清单量化了区域内的本土生产能力。

查尔斯特别感谢以下诸位：萨马拉·康隆，我 40 年来的挚爱，她在我出海时持家有范，保证了家庭的温暖和舒适；我的父母亲，他们为我提供了一个活跃的智力环境，同时支持我走自己的路；我最好的大学朋友约翰·赫恩登，他为我提供了批判性的思维，并确保"我自己的路"不至于出格荒谬；我的祖父，汉考克石油公司总裁威尔·J. 瑞德，他也是一位环保主义者和"无限的鸭子"（译者注："无限的鸭子"是美国一家非盈利组织，致力于保护湿地和水禽）的首任总裁，他的基金会资助了奥吉利塔海洋研究基金会。芭芭拉·菲舍尔，和吉姆·阿克曼、尼克尔·戴夫、比尔·格拉格顿、玛丽塔·弗朗西丝一起，让奥吉利塔海洋研究基金会变成了一个专业组织。在科学研究方面，要对托尼·安德雷迪、理查德·汤普森、弗雷德里克·S. 沃姆萨尔、简·安德烈·范·弗兰克、《海洋污染通报》编辑查尔斯·谢泼德、追踪黑背信天翁的比尔·亨利，以及为我们第一个环流区研究航次进行塑料分类的塞西莉亚·埃里克森致以感谢。"激进主义者"不仅不是一个贬义词，假若当今科学家的工作是为了构建一个真正值得生活的世界，那

| VII

么他们还必须成为这样的人。需要感谢的还有那些在其各自领域里"激进的"人们：《塑料汤》的作者杰西·古森斯，玛丽亚·韦斯特博斯、大卫·库珀、文森特·彼得鲁斯·詹森·斯坦伯格，以及简·安德烈·冯·弗朗尼克，他们开启了荷兰式双截门，让我们得以管中窥豹；米莉恩·泽克，她在构建洛杉矶河流垃圾日最高总量（TMDL）时引用了我们的成果；米里亚姆·戈登，他是向加州海岸带委员会提交我们第 13 号研究方案的代表，也是塑料垃圾河流入海会议的组织者；迈克尔·贝文凯，夏威夷杰出的摄影师；加州海岸带委员会公众教育项目的埃本·施瓦兹和克里斯·帕里，他们在我首次告诉他们时就意识到了塑料污染问题的重要性；保罗·哥特里希，他很早就在他的网站 www.mindfully.org 上开始关注塑料毒性；斯蒂芬妮·巴格是地球资源基金会的首席执行官和由简·伦德伯格命名的反塑料灾害运动的发起人；还有那些所有邀请我到世界各地演讲的人们。对我在南加州的同事们，我也要表示谢意：湿地保护组织（译者注：Pro Esteros 组织成立于 1988 年，是一个墨西哥和美国的跨国基层组织，由两国的一批科学家成立，保护下加利福尼亚州的滨海湿地。目前该组织是墨西哥的一个民间组织）的劳拉·马丁内斯；生物渔业协会（译者注：Biopesca 协会是 1998 年在巴西圣保罗中部海岸普拉亚格兰德市建立的一家非营利性民间协会，该组织鼓励可持续渔业，避免在渔业中使用特定塑料）的古斯塔沃·里亚诺；下加利福尼亚州自治大学和恩塞纳达科学研究和高等教育中心（CICESE）的同事们；还有海军

基地的同事们，基地里有本西班牙语版《化学合成的海洋》静静地躺在图书馆书架上。海洋科考船"阿尔基特"号要向许多人表示谢意：布雷特·克劳瑟和托比·理查德森，是他们让我改变计划，选择理查森·德文海洋建造公司建造了这艘船，然后停靠在塔斯马尼亚霍巴特的麦格理码头；法坎多·里森迪兹，我那熟练的大副；南加州海洋研究所和"海洋观测"号的船长肯·基维特，他向我展示了研究船的方方面面，并把设备借给我；塞塔克公司的艾伦·布朗特，他设计和更换了"阿尔基特"号的桅杆；圣迭戈德里斯科尔船厂的迈克·本尼迪克和比尔·坎贝尔；布瑞恩·斯科尔斯，他完美地完成了船上的焊接任务；托马斯·罗加斯，液压工程师；还有其他所有确保"阿尔基特"号能正常航行，随时准备驶向环流区的工匠和志愿者们。

卡桑德拉希望藉此对美国农业部小企业创新和研究计划表达赞赏之情，这是个富有成效但面临危险的联邦拨款计划，它使非凡的创业者能够发展和商业化他们的想法。以一种奇怪的相互联系的方式，它把我引向了《塑料海洋》的编写。在这还要谢谢你，桑迪，谢谢你多年来对我坚定的支持。还要感谢的是我的丈夫鲍勃·伯基，我的孩子们比利和基利：你们是我的全部。最后怀着感恩之情，我希望把我为这本书所作的工作献给我卓越的父母亲，詹姆斯·A. 菲利普斯和劳里斯·贾丁·菲利普斯。